LES

QUADRUPÈDES

ANIMAUX DOMESTIQUES

ET ANIMAUX SAUVAGES EN FRANCE

PRÉCÉDÉS DU DISCOURS

SUR LA NATURE DES ANIMAUX

PAR BUFFON

BAR-LE-DUC

CONTANT-LAGUERRE, ÉDITEUR

1877

BIBLIOTHÈQUE DES CHEFS-D'ŒUVRE

Formats in-8° et grand in-12.

~~~~~~~~~~

Bernardin de Saint-Pierre.	ŒUVRES CHOISIES, 2 vol.
Boileau.	ŒUVRES CHOISIES, 1 vol.
Bossuet.	DISCOURS SUR L'HISTOIRE UNIVERSELLE, 2 vol.*
Buffon.	LA TERRE ET L'HOMME, 1 vol.
—	LES ANIMAUX DOMESTIQUES, 1 vol.*
—	LES QUADRUPÈDES, 1 vol.
—	LES OISEAUX, 2 vol.
Châteaubriand.	DESCRIPTIONS ET VOYAGES, 2 vol.
—	GÉNIE DU CHRISTIANISME, nouvelle édition, avec une Notice préliminaire et des notes, 2 vol.*
—	ITINÉRAIRE DE PARIS A JÉRUSALEM, nouvelle édition revue et annotée, 2 vol.*
Corneille.	ŒUVRES CHOISIES, 1 vol.*
Fénelon.	EXISTENCE DE DIEU; VÉRITÉS DE LA RELIGION, 1 vol.*
—	FABLES; DIALOGUE DES MORTS, 1 vol.
—	ŒUVRES LITTÉRAIRES, 1 vol.
—	AVENTURES DE TÉLÉMAQUE, précédées d'un Avant-Propos, 1 vol.*
La Bruyère.	ŒUVRES, comprenant : les Caractères de Théophraste; — les Caractères, ou les Mœurs du siècle; — le Discours prononcé dans l'Académie Française le lundi 15 juin 1693, précédé d'une Préface, 1 vol.*
Lacépède.	QUADRUPÈDES OVIPARES, précédés d'une Notice, 1 vol.*
La Fontaine.	FABLES, 1 vol.
Lamennais.	ŒUVRES CATHOLIQUES, 4 vol.
Michaud.	HISTOIRE DES CROISADES, 4 vol.
Molière.	ŒUVRES CHOISIES, comprenant : une Notice; — le Misanthrope (fragments); — le Médecin malgré lui; — l'Avare (fragments); — Monsieur de Pourceaugnac; — le Bourgeois gentilhomme; — les Femmes savantes; — le Malade imaginaire, 1 vol.*
Montesquieu.	GRANDEUR ET DÉCADENCE DES ROMAINS, 1 vol.
Pascal.	PENSÉES, 1 vol.
Plutarque.	HISTOIRE DES GRANDS HOMMES, 1 vol.
Racine (Jean).	ŒUVRES CHOISIES, comprenant : Andromaque (fragments); — les Plaideurs; — Britannicus; — Mithridate; — Iphigénie; — la Mort d'Hippolyte (extrait de *Phèdre*); — Esther; — Athalie, 1 vol.*
Regnard.	ŒUVRES CHOISIES, 2 vol.
Rousseau (J.-B.).	ŒUVRES, 1 vol.
Saint-Simon.	CHOIX DE MÉMOIRES, 4 vol.
Sévigné (Mᵐᵉ de).	LETTRES A MADAME DE GRIGNAN, précédées d'une Notice, 2 vol.*

Un grand nombre d'autres ouvrages sont en préparation.

BAR-LE-DUC, IMPRIMERIE CONTANT-LAGUERRE.

BIBLIOTHÈQUE

DES

CHEFS-D'ŒUVRE

IMPRIMERIE
CONTANT-LAGUERRE

LVX VITAM

BAR-LE-DUC

LES

QUADRUPÈDES

ANIMAUX DOMESTIQUES

ET ANIMAUX SAUVAGES EN FRANCE

PRÉCÉDÉS DU DISCOURS

SUR LA NATURE DES ANIMAUX

PAR BUFFON

BAR-LE-DUC

CONTANT-LAGUERRE, ÉDITEUR

1877

PRÉFACE GÉNÉRALE

DE

LA BIBLIOTHÈQUE DES CHEFS-D'OEUVRE.

OTRE siècle a ses partisans et ses détracteurs. Les uns l'exaltent outre mesure, les autres le dépriment avec excès. La vérité ne se trouvant jamais dans l'exagération, il ne convient de se laisser entraîner par aucun de ces deux partis. Ce dix-neuvième siècle, si intéressant et si tourmenté, montre des gloires et des hontes, des grandeurs et des faiblesses, de la vitalité et des plaies. Cela peut se dire, il est vrai, de toutes les époques dont l'histoire nous entretient. Aussi avouons-nous que ce mélange d'éléments opposés se présente aujourd'hui avec un caractère particulier qui distingue notre temps et qui justifie les préoccupations passionnées dont il est l'objet. Décadence ou transition, voilà le mot de cette énigme, l'explication de ce chaos.

Mais décadence ou transition n'autorisent ni un pessimisme oisif ni un aveugle optimisme : *Les nations sont guérissables;*

si l'homme ne peut arrêter brusquement le cours d'un torrent, il lui est possible de créer des canaux de dérivation qui en amortissent la fougue et le transforment en courant paisible et bienfaisant. Quand les murs craquent de toutes parts, quand les pierres sont disjointes, le ciment tombé, les fondements ébranlés, c'est une insigne folie de vouloir empêcher la ruine imminente; ce serait sagesse de prévenir cette dislocation, tandis qu'il en est temps, et d'opposer un travail opportun d'entretien et de réparation aux ravages de la vétusté. Alors l'édifice, en se revêtant des signes augustes de la durée, garderait la beauté et la solidité de sa jeunesse.

Supposé que le mot de l'énigme contemporaine soit décadence, il n'en faut pas conclure que nous sommes en présence d'une fatalité inexorable et que, sous sa main de fer, le seul parti à prendre soit de courber silencieusement la tête.

Supposez, au contraire, que le monde est emporté dans une voie de transition qui va le conduire à de nouvelles et brillantes destinées, ce n'est pas une raison d'assister dans l'inertie à ce mouvement universel. N'y a-t-il pas là des ardeurs et des élans pour lesquels une direction est nécessaire, trop susceptibles par eux-mêmes de s'égarer dans une fausse route et de se porter au mal et à l'abîme?

Voilà les pensées qui ont inspiré le dessein de la *Bibliothèque des Chefs-d'œuvre* et qui présideront à sa composition.

Notre siècle aime l'instruction et la lecture : c'est une de ses gloires; il se laisse servir l'élément intellectuel par une littérature avilie et sceptique, c'est-à-dire, en d'autres termes, qu'il livre son intelligence et son cœur au plus funeste des poisons : c'est son malheur et sa honte.

A cette société malade, mais aussi, nous persistons à le croire, pourvue des ressources d'une abondante vitalité, nous osons apporter notre modeste contingent d'efforts, pour substituer la nourriture saine, vigoureuse, aux substances vénéneuses ou frelatées.

Pendant les trois derniers siècles et au commencement de celui-ci, la France a produit d'innombrables chefs-d'œuvre, dignes de captiver les générations présentes, de leur offrir un idéal, de les éclairer dans le chemin de la vérité et du bonheur. Il faut y ajouter ces grandes œuvres enfantées chez d'autres peuples, mais regardées à bon droit comme le patrimoine de toutes les époques et de tous les pays, parce qu'elles honorent et représentent l'esprit humain dans ce qu'il a de meilleur. Telle est la source où nous puiserons.

Un jour on découvrit à Herculanum, dans cette ville ensevelie par une éruption du Vésuve en l'an 79 de l'ère chrétienne, des espèces de rouleaux noirs rangés avec symétrie. C'était une bibliothèque antique, composée de dix-huit cents volumes. Le P. Antonio Pioggi imagina une machine pour dérouler et fixer sur des membranes transparentes ces rouleaux calcinés et friables que le moindre contact réduisait en poudre. Admirable invention, malheureusement suivie d'une déception amère! On s'attendait à retrouver quelques monuments perdus des illustres génies de Rome et de la Grèce; on ne déchiffra que des œuvres médiocres, productions d'auteurs justement oubliés. La bibliothèque d'Herculanum avait été composée à la triste image de la société romaine du moment : c'était une bibliothèque de la décadence. On peut en dire autant de beaucoup de bibliothèques de nos jours, où vous chercheriez inutilement les noms de Bossuet, de Fénelon, de Corneille, de Racine, de La Bruyère, de Buffon, de Châteaubriand. Les livres alignés sur leurs rayons doivent un retentissement de quelques semaines aux caprices d'un goût affaibli qu'ils ont contribué à corrompre et que leurs successeurs achèveront de gâter.

Notre *Bibliothèque* sera tout à fait le contraire de celles-là : le remède en face du mal.

Nous attribuerons le premier rang aux écrivains qui se sont faits, pendant toute leur carrière, les serviteurs de la foi religieuse, de la vertu et du patriotisme. Des autres nous prendrons seulement les pages où resplendissent ces grandes choses et qui peuvent réparer, dans une certaine mesure, la déplorable influence d'autres écrits.

Il est des œuvres qui, sous un air léger et badin, entretiennent le ressort délié de l'esprit français, et perpétuent ses bonnes traditions, heureux mélange de sel gaulois, d'urbanité et d'atticisme. Nous ne les exclurons pas.

Religion, philosophie, morale, histoire, éloquence, poésie, gaieté saine et charmante, ces richesses variées se trouvent dans le trésor de notre littérature. A quoi notre siècle s'est-il avisé de donner la préférence?

Tout ce qui pourrait troubler le cœur ou blesser la délicatesse des âmes sera impitoyablement effacé. On doit cette marque de respect à tous les lecteurs, mais surtout à la jeunesse.

L'intégrité des principes, la fermeté des convictions, la rectitude des idées sont aussi des biens également nécessaires et délicats. Nous avons la résolution de ne pas laisser passer une ligne qui puisse y porter atteinte. Plus on affecte aujourd'hui d'en faire bon marché, plus nous voulons montrer combien il importe de les sauvegarder.

Cette œuvre, pour atteindre son but, réclame le concours de ceux qui lisent et de ceux qui dirigent les autres dans leurs études ou leurs lectures.

Nous espérons que notre appel sera entendu des pères et mères de famille; des supérieurs de communautés, de colléges, de pensionnats; des instituteurs, des directeurs de bibliothèques paroissiales ou communales, de cercles, d'associations.

Notre programme, relativement au choix des ouvrages, se résume dans ce mot spirituel et sensé : *Ne lisez pas de bons livres, n'en lisez que..... d'excellents*. Mais cela ne suffit point. Aujourd'hui on veut de beaux livres. Nous nous efforcerons de donner satisfaction à ce noble goût : le plus grand soin présidera à l'exécution typographique de nos volumes, et nous voulons qu'ils méritent, par leur élégance, d'être donnés en cadeaux dans les familles et distribués en prix dans toutes les écoles.

DISCOURS

SUR

LA NATURE DES ANIMAUX.

OMMENÇONS par simplifier les choses; resserrons l'étendue de notre sujet, qui d'abord paraît immense, et tâchons de le réduire à ses justes limites. Les propriétés qui appartiennent à l'animal, parce qu'elles appartiennent à toute matière, ne doivent point être ici considérées, du moins d'une manière absolue. Le corps de l'animal est étendu, pesant, impénétrable, figuré, capable d'être mis en mouvement ou contraint de demeurer en repos par l'action ou par la résistance des corps étrangers. Toutes ces propriétés, qui lui sont communes avec le reste de la matière, ne sont pas celles qui caractérisent la nature des animaux, et ne doivent être employées que d'une manière relative, en comparant, par exemple, la grandeur, le poids, la figure, etc., d'un animal avec la grandeur, le poids, la figure, etc., d'un autre animal.

De même nous devons séparer de la nature particulière des animaux les facultés qui sont communes à l'animal et au végétal; tous deux se nourrissent, se développent et se reproduisent : nous ne devons donc pas comprendre dans l'économie animale proprement dite ces facultés qui appartiennent aussi au végétal.

Ensuite, comme on comprend dans la classe des animaux

plusieurs êtres animés dont l'organisation est très-différente de la nôtre et de celle des animaux dont le corps est à peu près composé comme le nôtre, nous devons éloigner de nos considérations cette espèce de nature animale particulière, et ne nous attacher qu'à celle des animaux qui nous ressemblent le plus : l'économie animale d'une huître, par exemple, ne doit pas faire partie de celle dont nous avons à traiter.

Mais comme l'homme n'est pas un simple animal, comme sa nature est supérieure à celle des animaux, nous devons nous attacher à démontrer la cause de cette supériorité, et établir, par des preuves claires et solides, le degré précis de cette infériorité de la nature des animaux, afin de distinguer ce qui n'appartient qu'à l'homme de ce qui lui appartient en commun avec l'animal[1].

Pour mieux voir notre objet, nous venons de le circonscrire, nous en avons retranché toutes les extrémités excédantes, et nous n'avons conservé que les parties nécessaires. Divisons-le maintenant, pour le considérer avec toute l'attention qu'il exige; mais divisons-le par grandes masses : avant d'examiner en détail les parties de la machine animale et les fonctions de chacune de ses parties, voyons en général le résultat de cette mécanique; et, sans vouloir raisonner sur les causes, bornons-nous à constater les effets.

L'animal a deux manières d'être, l'état de mouvement et l'état de repos, la veille et le sommeil, qui se succèdent alternativement pendant toute la vie : dans le premier état tous les ressorts de la machine animale sont en action, dans le se-

---

[1] Sauf des taches légères, ce discours fait excellemment ressortir l'action de Dieu créateur, et surtout la distinction absolue, indestructible, de l'homme et de la bête. Mais il y a quelque inexactitude et quelque confusion dans la définition de cette faculté de sentir qui sépare l'animal de la plante. Buffon reconnaît aux animaux, outre les sens extérieurs, le sens intérieur. Seulement il réduit le sens intérieur à recevoir des impressions; il ne veut pas y voir la faculté d'imaginer, de se souvenir, de saisir certains rapports concrets. C'est pourtant ce qui fait l'instinct des animaux. Aussi Buffon est-il obligé, en présence des faits des abeilles, par exemple, de se jeter dans des explications assez obscures, dont l'insuffisance n'échappera pas au lecteur. (N. E.)

cond il n'y en a qu'une partie ; et cette partie qui est en action pendant le sommeil est aussi en action pendant la veille. Cette partie est donc d'une nécessité absolue, puisque l'animal ne peut exister d'aucune façon sans elle ; cette partie est indépendante de l'autre, puisqu'elle agit seule : l'autre, au contraire, dépend de celle-ci, puisqu'elle ne peut seule exercer son action. L'une est la partie fondamentale de l'économie animale, puisqu'elle agit continuellement, sans interruption, l'autre est une partie moins essentielle, puisqu'elle n'a d'exercice que par intervalles, et d'une manière alternative.

Cette première division d'économie animale me paraît naturelle, générale et bien fondée. L'animal qui dort ou qui est en repos est une machine moins compliquée, et plus aisée à considérer, que l'animal qui veille ou qui est en mouvement. Cette différence est essentielle, et n'est pas un simple changement d'état, comme dans un corps inanimé qui peut également et indifféremment être en repos ou en mouvement ; car un corps inanimé qui est dans l'un ou l'autre de ces états restera perpétuellement dans cet état, à moins que des forces ou des résistances étrangères ne le contraignent à en changer : mais c'est par ses propres forces que l'animal change d'état ; il passe du repos à l'action et de l'action au repos, naturellement et sans contrainte : le moment de l'éveil revient aussi nécessairement que celui du sommeil, et tous deux arriveraient indépendamment des causes étrangères, puisque l'animal ne peut exister que pendant un certain temps dans l'un ou dans l'autre état, et que la continuité non interrompue de la veille ou du sommeil, de l'action ou du repos, amènerait également la cessation de la continuité du mouvement vital.

Nous pouvons donc distinguer dans l'économie animale deux parties, dont la première agit perpétuellement sans aucune interruption, et la seconde n'agit que par intervalle : l'action du cœur et des poumons dans l'animal qui respire, paraît être cette première partie de l'économie animale ; l'action des sens et le mouvement du corps et des membres semblent constituer la seconde.

Si nous imaginions donc des êtres auxquels la nature n'eût accordé que cette première partie de l'économie animale, ces êtres, qui seraient nécessairement privés de sens et de mouvement progressif, ne laisseraient pas d'être des êtres animés, qui ne différeraient en rien des animaux qui dorment. Une huître, un zoophyte, qui ne paraît avoir ni mouvement extérieur sensible ni sens externe, est un être formé pour dormir toujours ; un végétal n'est dans ce sens qu'un animal qui dort ; et en général les fonctions de tout être organisé qui n'aurait ni mouvement ni sens pourraient être comparées aux fonctions d'un animal qui serait, par sa nature, contraint à dormir perpétuellement.

Dans l'animal, l'état de sommeil n'est donc pas un état accidentel, occasionné par le plus ou moins grand exercice de ses fonctions pendant la veille, cet état est au contraire une manière d'être essentielle, et qui sert de base à l'économie animale. C'est par le sommeil que commence notre existence ; l'enfant dort beaucoup plus qu'il ne veille.

Le sommeil qui paraît être un état purement passif, une espèce de mort, est donc au contraire le premier état de l'animal vivant et le fondement de la vie : ce n'est point une privation, un anéantissement ; c'est une manière d'être, une façon d'exister tout aussi réelle et plus générale qu'aucune autre : nous existons de cette façon avant d'exister autrement. Tous les êtres organisés qui n'ont point de sens n'existent que de cette façon ; aucun n'existe dans un état de mouvement continuel, et l'existence de tous participe plus ou moins à cet état de repos.

Si nous réduisons l'animal, même le plus parfait, à cette partie qui agit seule et continuellement, il ne nous paraîtra pas différent de ces êtres auxquels nous avons peine à accorder le nom d'*animal* ; il nous paraîtra, quant aux fonctions extérieures, presque semblable au végétal : car, quoique l'organisation intérieure soit différente dans l'animal et dans le végétal, l'un et l'autre ne nous offriront plus que les mêmes résultats ; ils se nourriront, ils croîtront, ils se développeront, ils auront les principes d'un mouvement interne, ils posséderont une vie végétale ; mais ils seront également privés de mouvement progressif, d'action, de sentiment, et ils n'auront aucun signe extérieur, aucun caractère apparent de vie animale. Mais revêtons cette partie intérieure d'une enveloppe convenable, c'est-à-dire donnons-lui des sens et des membres, bientôt la vie animale se manifestera ; et plus l'enveloppe contiendra de sens, de membres et d'autres parties extérieures, plus la vie animale nous paraîtra complète, et plus l'animal sera parfait. C'est donc par cette enveloppe que les animaux diffèrent entre eux : la partie intérieure qui fait le fondement de l'économie animale appartient à tous les animaux, sans aucune exception ; et elle est à peu près la même, pour la forme, dans l'homme et dans les animaux qui ont de la chair et du sang : mais l'enveloppe extérieure est très-différente ; et c'est aux extrémités de cette enveloppe que sont les plus grandes différences.

Comparons, pour nous faire mieux entendre, le corps de l'homme avec celui d'un animal, par exemple avec le corps du cheval, du bœuf, du cochon, etc. : la partie intérieure qui agit continuellement, c'est-à-dire le cœur et les poumons, ou plus généralement les organes de la circulation et de la respiration, sont à peu près les mêmes dans l'homme et dans l'animal ; mais la partie extérieure, l'enveloppe, est fort différente. La charpente du corps de l'animal, quoique composée de parties similaires à celles du corps humain, varie prodigieusement pour le nombre, la grandeur et la position ; les os y sont plus ou moins allongés, plus ou moins accourcis, plus ou moins arrondis, plus ou moins aplatis, etc.; leurs extrémités sont plus ou moins élevées, plus ou moins cavées : plusieurs sont soudés ensemble ; il y en a même quelques-uns qui manquent absolument, comme les clavicules ; il y en a d'autres qui sont en plus grand nombre, comme les cornets du nez, les vertèbres, les côtes, etc.; d'autres qui sont en plus petit nombre, comme les os du carpe, du métacarpe, du tarse, du métatarse, les phalanges, etc. : ce qui produit des différences très-considérables dans la forme du corps de ces animaux, relativement à la forme du corps de l'homme.

De plus, si nous y faisons attention, nous verrons que les plus grandes différences sont aux extrémités, et que c'est par ces extrémités que le corps de l'homme diffère le plus du corps de l'animal : car divisons le corps en trois parties principales,

le tronc, la tête et les membres; la tête et les membres, qui
sont les extrémités du corps, sont ce qu'il y a de plus différent dans l'homme et dans l'animal. Ensuite, en considérant
les extrémités de chacune de ces trois parties principales,
nous reconnaîtrons que la plus grande différence dans la partie
du tronc se trouve à l'extrémité supérieure et inférieure de
cette partie, puisque dans le corps de l'homme il y a des clavicules en haut, au lieu que ces parties manquent dans la plupart des animaux. Nous trouverons pareillement à l'extrémité
inférieure du tronc un certain nombre de vertèbres extérieures
qui forment une queue à l'animal; et ces vertèbres extérieures
manquent à cette extrémité inférieure du corps de l'homme.
De même l'extrémité inférieure de la tête, les mâchoires, et
l'extrémité supérieure de la tête, les os du front, diffèrent
prodigieusement dans l'homme et dans l'animal; les mâchoires, dans la plupart des animaux, sont fort allongées, et
les os frontaux sont au contraire fort raccourcis. Enfin, en
comparant les membres de l'animal avec ceux de l'homme,
nous reconnaîtrons encore aisément que c'est par leurs extrémités qu'ils diffèrent le plus, rien ne se ressemblant moins,
au premier coup d'œil, que la main humaine et le pied d'un
cheval ou d'un bœuf.

En prenant donc le cœur pour centre de la machine animale, je vois que l'homme ressemble parfaitement aux animaux par l'économie de cette partie et des autres qui en sont
voisines : mais plus on s'éloigne de ce centre, plus les différences deviennent considérables, et c'est aux extrémités où
elles sont les plus grandes; et lorsque dans ce centre même il
se trouve quelque différence, l'animal est alors infiniment plus
différent de l'homme; il est pour ainsi dire d'une autre nature
et n'a rien de commun avec les espèces d'animaux que nous
considérons. Dans la plupart des insectes, par exemple, l'organisation de cette principale partie de l'économie animale est
singulière : au lieu de cœur et de poumons, on y trouve des
parties qui servent de même aux fonctions vitales, et que, par
cette raison, l'on a regardées comme analogues à ces viscères, mais qui réellement en sont très-différentes, tant par
la structure que par le résultat de leur action : aussi les in-

sectes diffèrent-ils autant qu'il est possible de l'homme et des autres animaux. Une légère différence dans ce centre de l'économie animale est toujours accompagnée d'une différence infiniment plus grande dans les parties extérieures. La tortue, dont le cœur est singulièrement conformé, est aussi un animal extraordinaire, qui ne ressemble à aucun autre animal.

Que l'on considère l'homme, les animaux quadrupèdes, les oiseaux, les cétacés, les poissons, les amphibies, les reptiles, quelle prodigieuse variété dans la figure, dans la proportion de leur corps, dans le nombre et dans la position de leurs membres, dans la substance de leur chair, de leurs os, de leurs téguments! Les quadrupèdes ont assez généralement des queues, des cornes, et toutes les extrémités du corps différentes de celles de l'homme. Les cétacés vivent dans un autre élément, et sont très-différents des quadrupèdes par la forme, n'ayant point d'extrémités inférieures. Les oiseaux semblent en différer encore plus par leur bec, leurs plumes, leur vol et leur génération par des œufs. Les poissons et les amphibies sont encore plus éloignés de la forme humaine. Les reptiles n'ont point de membres. On trouve donc la plus grande diversité dans toute l'enveloppe extérieure : tous ont au contraire à peu près la même conformation intérieure; ils ont tous un cœur, un foie, un estomac, des intestins. Ces parties doivent donc être regardées comme les plus essentielles à l'économie animale, puisqu'elles sont, de toutes, les plus constantes et les moins sujettes à la variété.

Mais on doit observer que dans l'enveloppe même il y a aussi des parties plus constantes les unes que les autres; les sens, surtout certains sens, ne manquent à aucun de ces animaux. Ils ont tous une espèce de toucher; nous ne savons pas de quelle nature est leur odorat et leur goût : mais nous sommes assurés qu'ils ont tous le sens de la vue, et peut-être aussi celui de l'ouïe. Les sens peuvent donc être regardés comme une autre partie essentielle de l'économie animale, aussi bien que le cerveau et ses enveloppes, qui se trouve dans tous les animaux qui ont des sens, et qui en effet est la partie dont les sens tirent leur origine, et sur laquelle ils exercent leur première action. Les insectes mêmes, qui diffèrent si fort des autres animaux par le centre de l'économie animale, ont une partie, dans la tête, analogue au cerveau, et des sens dont les fonctions sont semblables à celles des autres animaux; et ceux qui, comme les huîtres, paraissent en être privés doivent être regardés comme des demi-animaux, comme des êtres qui font la nuance entre les animaux et les végétaux.

Le cerveau et les sens forment donc une seconde partie essentielle à l'économie animale; le cerveau est le centre de l'enveloppe, comme le cœur est le centre de la partie intérieure de l'animal. C'est cette partie qui donne à toutes les autres parties extérieures le mouvement et l'action, par le moyen de la moëlle de l'épine, et des nerfs, qui n'en sont que le prolongement; et de la même façon que le cœur et toute la partie intérieure communiquent avec le cerveau et avec toute l'enveloppe extérieure par les vaisseaux sanguins qui s'y distribuent, le cerveau communique aussi avec le cœur et toute la partie intérieure par les nerfs, qui s'y ramifient. L'union paraît intime et réciproque; et quoique ces deux organes aient des fonctions absolument différentes les unes des autres, lorsqu'on les considère à part, ils ne peuvent cependant être séparés sans que l'animal périsse à l'instant.

Le cœur et toute la partie intérieure agissent continuellement, sans interruption, et pour ainsi dire mécaniquement et indépendamment d'aucune cause extérieure; les sens au contraire et toute l'enveloppe n'agissent que par intervalles alternatifs, et par des ébranlements successifs causés par les objets extérieurs. Les objets exercent leur action sur les sens; les sens modifient cette action des objets, et en portent l'impression modifiée dans le cerveau, où cette impression devient ce que l'on appelle *sensation;* le cerveau, en conséquence de cette impression, agit sur les nerfs et leur communique l'ébranlement qu'il vient de recevoir, et c'est cet ébranlement qui produit le mouvement progressif et toutes les actions extérieures du corps et des membres de l'animal. Toutes les fois qu'une cause agit sur un corps, on sait que ce corps agit lui-même par sa réaction sur cette cause : ici les objets agissent sur l'animal par le moyen des sens, et l'animal réagit sur les objets par ses mouvements extérieurs; en général l'action est la cause, et la réaction l'effet.

On me dira peut-être qu'ici l'effet n'est point proportionnel à la cause; que dans les corps solides qui suivent les lois de la mécanique la réaction est toujours égale à l'action, mais que dans le corps animal il paraît que le mouvement extérieur ou la réaction est incomparablement plus grande que l'action, et que par conséquent le mouvement progressif et les autres mouvements extérieurs ne doivent pas être regardés comme de simples effets de l'impression des objets sur les sens. Mais il est aisé de répondre que si les effets nous paraissent proportionnels à leurs causes dans certains cas et dans certaines circonstances, il y a dans la nature un bien plus grand nombre de cas et de circonstances où les effets ne sont en aucune façon proportionnels à leurs causes apparentes. Avec une étincelle on enflamme un magasin à poudre et l'on fait sauter une citadelle; avec un léger frottement on produit par l'électricité un coup violent, une secousse vive qui se fait sentir dans l'instant même à de très-grandes distances, et qu'on n'affaiblit point en la partageant, en sorte que mille personnes qui se touchent ou se tiennent par la main en sont également affectées, et presque aussi violemment que si le coup n'avait porté que sur une seule : par conséquent il ne doit pas paraître extraordinaire qu'une légère impression sur les sens puisse produire dans le corps animal une violente réaction, qui se manifeste par les mouvements extérieurs.

Les causes que nous pouvons mesurer, et dont nous pouvons en conséquence estimer au juste la quantité des effets, ne sont pas en aussi grand nombre que celles dont les qualités nous échappent, dont la manière d'agir nous est inconnue, et dont nous ignorons par conséquent la relation proportionnelle qu'elles peuvent avoir avec leurs effets. Il faut, pour que nous puissions mesurer une cause, qu'elle soit simple, qu'elle soit toujours la même, que son action soit constante, ou, ce qui revient au même, qu'elle ne soit variable que suivant une loi qui nous soit exactement connue. Or, dans la nature, la plupart des effets dépendent de plusieurs causes différemment combinées, de causes dont l'action varie, de causes dont les degrés d'activité ne semblent suivre aucune règle, aucune loi constante, et que nous ne pouvons par conséquent ni mesurer ni même estimer que comme on estime des probabilités, en tâchant d'approcher de la vérité par le moyen des vraisemblances.

Je ne prétends donc pas assurer comme une vérité démontrée que le mouvement progressif et les autres mouvements extérieurs de l'animal aient pour cause, et pour cause unique, l'impression des objets sur les sens : je le dis seulement comme une chose vraisemblable, et qui me paraît fondée sur de bonnes analogies ; car je vois que dans la nature tous les êtres organisés qui sont dénués de sens sont aussi privés du mouvement progressif, et que tous ceux qui en sont pourvus ont tous aussi cette qualité active de mouvoir leurs membres et de changer de lieu. Je vois de plus qu'il arrive souvent que cette action des objets sur les sens met à l'instant l'animal en mouvement, sans même que la volonté paraisse y avoir part ; et qu'il arrive toujours, lorsque c'est la volonté qui détermine le mouvement, qu'elle a été elle-même excitée par la sensation qui résulte de l'impression actuelle des objets sur les sens, ou de la réminiscence d'une impression antérieure.

Pour le faire mieux sentir, considérons-nous nous-mêmes, et analysons un peu le physique de nos actions. Lorsqu'un objet nous frappe par quelque sens que ce soit, que la sensation qu'il produit est agréable, et qu'il fait naître un désir, ce désir ne peut être que relatif à quelques-unes de nos qualités et à quelques-unes de nos manières de jouir ; nous ne pouvons désirer cet objet que pour le voir, pour le goûter, pour l'entendre, pour le sentir, pour le toucher, nous ne le désirons que pour satisfaire plus pleinement le sens avec lequel nous l'avons aperçu, ou pour satisfaire quelques-uns de nos autres sens en même temps, c'est-à-dire pour rendre la première sensation encore plus agréable, ou pour en exciter une autre qui est une nouvelle manière de jouir de cet objet : car, si dans le moment même que nous l'apercevons, nous pouvions en jouir pleinement et par tous les sens à la fois, nous ne pourrions rien désirer. Le désir ne vient donc que de ce que nous sommes mal situés par rapport à l'objet que nous venons d'apercevoir; nous en sommes trop loin ou trop près : nous changeons donc naturellement de situation, parce qu'en même temps que nous avons aperçu l'objet nous avons aussi aperçu la distance ou la proximité qui fait l'incommodité de notre situation, et qui nous empêche d'en jouir pleinement. Le mouvement que nous faisons en conséquence du désir, et le désir lui-même, ne viennent donc que de l'impression qu'a faite cet objet sur nos sens.

Que ce soit un objet que nous ayons aperçu par les yeux et que nous désirions de toucher, s'il est à notre portée nous étendons le bras pour l'atteindre, et s'il est éloigné nous nous mettons en mouvement pour en approcher. Un homme profondément occupé d'une spéculation ne saisira-t-il pas, s'il a grand faim, le pain qu'il trouvera sous sa main? il pourra même le porter à sa bouche et le manger sans s'en apercevoir. Ces mouvements sont une suite nécessaire de la première impression des objets; ces mouvements ne manqueraient jamais de succéder à cette impression, si d'autres impressions qui se réveillent en même temps ne s'opposaient souvent à cet effet naturel, soit en affaiblissant, soit en détruisant l'action de cette première impression.

Un être organisé qui n'a point de sens, une huître par exemple, qui probablement n'a qu'un toucher fort imparfait, est donc un être privé non-seulement de mouvement progressif, mais même de sentiment et de toute intelligence, puisque l'un ou l'autre produirait également le désir, et se manifesterait par le mouvement extérieur. Je n'assurerais pas que ces êtres privés de sens soient aussi privés du sentiment même de leur existence; mais au moins peut-on dire qu'ils ne la sentent que très-imparfaitement puisqu'ils ne peuvent apercevoir ni sentir l'existence des autres êtres.

C'est donc l'action des objets sur les sens qui fait naître le désir, et c'est le désir qui produit le mouvement progressif. Pour le faire encore mieux sentir, supposons un homme qui, dans l'instant où il voudrait s'approcher d'un objet, se trouverait tout à coup privé des membres nécessaires à cette action; cet homme, auquel nous retranchons les jambes, tâcherait de marcher sur ses genoux. Otons-lui encore les genoux

et les cuisses, en lui conservant toujours le désir de s'approcher de l'objet, il s'efforcera alors de marcher sur ses mains.
Privons-le des bras et des mains, il rampera, il se traînera, il
emploiera toutes les forces de son corps et s'aidera de toute la
flexibilité des vertèbres pour se mettre en mouvement, il s'ac-
crochera par le menton ou avec les dents à quelque point d'appui pour tâcher de changer de lieu ; et quand même nous
réduirions son corps à un point physique, à un atome globu-
leux, si le désir subsiste, il emploiera toujours toutes ses
forces pour changer de situation : mais comme il n'aurait
alors d'autre moyen pour se mouvoir que d'agir contre le plan
sur lequel il porte, il ne manquerait pas de s'élever plus ou
moins haut pour atteindre à l'objet. Le mouvement extérieur
et progressif ne dépend donc point de l'organisation et de la
figure du corps et des membres, puisque, de quelque manière
qu'un être fût extérieurement conformé, il ne pourrait manquer de se mouvoir, pourvu qu'il eût des sens et le désir de
les satisfaire [1].

C'est, à la vérité, de cette organisation extérieure que dépendent la facilité, la vitesse, la direction, la continuité, etc.,
du mouvement ; mais la cause, le principe, l'action, la détermination, viennent uniquement du désir occasionné par l'impression des objets sur les sens : car supposons maintenant que,
la conformation extérieure étant toujours la même, un homme
se trouvât privé successivement de ses sens, il ne changera
pas de lieu pour satisfaire ses yeux, s'il est privé de la vue ; il
ne s'approchera pas pour entendre, si le son ne fait aucune
impression sur son organe ; il ne fera jamais aucun mouvement pour respirer une bonne odeur ou pour en éviter une
mauvaise, si son odorat est détruit ; il en est de même du toucher et du goût ; si ces deux sens ne sont plus susceptibles
d'impression, il n'agira pas pour les satisfaire : cet homme de-

---

[1] On s'exprimerait plus justement en disant qu'il est impossible, dans ces
conditions, d'imaginer un type régulier manquant de l'organisation requise
pour le mouvement. Mais ce défaut pourrait se rencontrer par suite de mons-
truosité. De plus, les accidents, les maladies peuvent rendre l'organisation
inefficace : le paralytique voudrait se sauver de l'incendie, il en est incapable.   (N. E.)

meurera donc en repos, et perpétuellement en repos; rien ne pourra le faire changer de situation et lui imprimer le mouvement progressif, quoique par sa conformation extérieure il fût parfaitement capable de se mouvoir et d'agir.

Les besoins naturels, celui, par exemple, de prendre de la nourriture, sont des mouvements intérieurs dont les impressions font naître le désir, l'appétit, et même la nécessité; ces mouvements intérieurs pourront donc produire des mouvements extérieurs dans l'animal; et pourvu qu'il ne soit pas privé de tous les sens extérieurs, pourvu qu'il y ait un sens relatif à ses besoins, il agira pour les satisfaire. Le besoin n'est pas le désir; il en diffère comme la cause diffère de l'effet, et il ne peut le produire sans le concours des sens. Toutes les fois que l'animal aperçoit quelque objet relatif à ses besoins, le désir ou l'appétit naît, et l'action suit.

Les objets extérieurs exerçant leur action sur les sens, il est donc nécessaire que cette action produise quelque effet; et on concevrait aisément que l'effet de cette action serait le mouvement de l'animal, si toutes les fois que ses sens sont frappés de la même façon, le même effet, le même mouvement succédait toujours à cette impression : mais comment entendre cette modification de l'action des objets sur l'animal, qui fait naître l'appétit ou la répugnance? comment concevoir ce qui s'opère au delà des sens à un terme moyen entre l'action des objets et l'action de l'animal? opération dans laquelle cependant consiste le principe de la détermination du mouvement, puisqu'elle change et modifie l'action de l'animal, et qu'elle la rend quelquefois nulle malgré l'impression des objets.

Cette question est d'autant plus difficile à résoudre que, étant par notre nature différents des animaux, l'âme a part à presque tous nos mouvements, et peut-être à tous, et qu'il nous est très-difficile de distinguer les effets de l'action de cette substance spirituelle, de ceux qui sont produits par les seules forces de notre être matériel; nous ne pouvons en juger que par analogie et en comparant à nos actions les opérations naturelles des animaux : mais comme cette substance spirituelle n'a été accordée qu'à l'homme, et que ce n'est que par elle qu'il pense et qu'il réfléchit, que l'animal est au contraire un être purement matériel, qui ne pense ni ne réfléchit, et qui cependant agit et semble se déterminer, nous ne pouvons pas douter que le principe de la détermination du mouvement ne soit dans l'animal un effet purement mécanique et absolument dépendant de son organisation.

Je conçois donc que dans l'animal l'action des objets sur les sens en produit une autre sur le cerveau, que je regarde comme un sens intérieur et général qui reçoit toutes les impressions que les sens extérieurs lui transmettent. Ce sens interne est non-seulement susceptible d'être ébranlé par l'action des sens et des organes extérieurs, mais il est encore, par sa nature, capable de conserver longtemps l'ébranlement que produit cette action, et c'est dans la continuité de cet ébranlement que consiste l'impression, qui est plus ou moins profonde à proportion que cet ébranlement dure plus ou moins de temps.

Le sens intérieur diffère donc des sens extérieurs, d'abord par la propriété qu'il a de recevoir généralement toutes les impressions, de quelque nature qu'elles soient; au lieu que les sens extérieurs ne les reçoivent que d'une manière particulière et relative à leur conformation, puisque l'œil n'est pas plus ébranlé par le son que l'oreille ne l'est par la lumière. Secondement, ce sens intérieur diffère des sens extérieurs par la durée de l'ébranlement que produit l'action des causes extérieures; mais, pour tout le reste, il est de la même nature que les sens extérieurs. Le sens intérieur de l'animal est, aussi bien que ses sens extérieurs, un organe, un résultat de mécanique, un sens purement matériel. Nous avons, comme l'animal, ce sens intérieur matériel, et nous possédons de plus un sens d'une nature supérieure et bien différente, qui réside dans la substance spirituelle qui nous anime et nous conduit.

Le cerveau de l'animal est donc un sens interne, général et commun, qui reçoit également toutes les impressions que lui transmettent les sens externes, c'est-à-dire tous les ébranlements que produit l'action des objets, et ces ébranlements durent et subsistent bien plus longtemps dans ce sens interne que dans les sens externes : on le concevra facilement si l'on fait attention que même dans les sens externes il y a une différence très-sensible dans la durée de leurs ébranlements. L'ébranlement que la lumière produit dans l'œil subsiste plus longtemps que l'ébranlement de l'oreille par le son : il ne faut, pour s'en assurer, que réfléchir sur des phénomènes fort connus. Lorsqu'on tourne avec quelque vitesse un charbon allumé, ou que l'on met le feu à une fusée volante, ce charbon allumé forme à nos yeux un cercle de feu, et la fusée volante une longue trace de flamme; on sait que ces apparences viennent de la durée de l'ébranlement que la lumière produit sur l'organe, et de ce que l'on voit en même temps la première et la dernière image du charbon ou de la fusée volante : or, le temps entre la première et la dernière impression ne laisse pas d'être sensible. Mesurons cet intervalle, et disons qu'il faut une demi-seconde, ou si l'on veut, un quart de seconde, pour que le charbon allumé décrive son cercle, et se retrouve au même point de la circonférence; cela étant, l'ébranlement causé par la lumière dure une demi-seconde ou un quart de seconde au moins. Mais l'ébranlement que produit le son n'est pas à beaucoup près d'une aussi longue durée, car l'oreille saisit de bien plus petits intervalles de temps : on peut entendre distinctement trois ou quatre fois le même son, ou trois ou quatre sons successifs, dans l'espace d'un quart de seconde, et sept ou huit dans une demi-seconde; la dernière impression ne se confond point avec la première, elle en est distincte et séparée; au lieu que dans l'œil la première et la dernière impression semblent être continues; et c'est par cette raison qu'une suite de couleurs qui se succéderaient aussi vite que des sons doit se brouiller nécessairement, et ne peut pas nous affecter d'une manière distincte comme le fait une suite de sons.

Nous pouvons donc présumer avec assez de fondement que les ébranlements peuvent durer beaucoup plus longtemps dans le sens intérieur qu'ils ne durent dans les sens extérieurs, puisque, dans quelques-uns de ces sens mêmes, l'ébranlement dure plus longtemps que dans d'autres, comme nous venons de le faire voir de l'œil, dont les ébranlements sont plus durables que ceux de l'oreille : c'est par cette raison que les impressions que ce sens transmet au sens intérieur sont plus fortes que les impressions transmises par l'oreille, et que nous nous représentons les choses que nous avons vues, beaucoup plus vivement que celles que nous avons entendues. Il paraît même que de tous les sens l'œil est celui dont les ébranlements ont le plus de durée, et qui doit par conséquent former les impressions les plus fortes, quoique en apparence elles soient les plus légères; car cet organe paraît, par sa nature, participer plus qu'aucun autre à la nature de l'organe intérieur. On pourrait le prouver par la quantité de nerfs qui arrivent à l'œil; il en reçoit presque autant lui seul que l'ouïe, l'odorat et le goût, pris ensemble.

L'œil peut donc être regardé comme une continuation du sens intérieur : ce n'est comme nous l'avons dit à l'article des sens, qu'un gros nerf épanoui, un prolongement de l'organe dans lequel réside le sens intérieur de l'animal; il n'est donc pas étonnant qu'il approche plus qu'aucun autre sens de la nature de ce sens intérieur : en effet, non-seulement ses ébranlements sont plus durables, comme dans le sens intérieur, mais il a encore des propriétés éminentes au-dessus des autres sens, et ces propriétés sont semblables à celles du sens intérieur.

L'œil rend au dehors les impressions intérieures; il exprime le désir que l'objet agréable qui vient de le frapper a fait naître; c'est, comme le sens intérieur, un sens actif : tous les autres sens au contraire sont presque purement passifs; ce sont de simples organes faits pour recevoir les impressions extérieures, mais incapables de les conserver, et plus encore de les réfléchir au dehors. L'œil les réfléchit parce qu'il les conserve; et il les conserve parce que les ébranlements dont il est affecté sont durables, au lieu que ceux des autres sens naissent et finissent presque dans le même instant.

Cependant, lorsqu'on ébranle très-fortement et très-longtemps quelque sens que ce soit, l'ébranlement subsiste et continue longtemps après l'action de l'objet extérieur. Lorsque l'œil est frappé par une lumière trop vive, ou lorsqu'il se fixe trop longtemps sur un objet, si la couleur de cet objet est éclatante, il reçoit une impression si profonde et si durable, qu'il porte ensuite l'image de cet objet sur tous les autres objets. Si l'on regarde le soleil un instant, on verra pendant plusieurs minutes, et quelquefois pendant plusieurs heures et même plusieurs jours, l'image du disque du soleil sur tous les autres objets. Lorsque l'oreille a été ébranlée pendant quelques heures de suite par le même air de musique, par des sons forts auxquels on aura fait attention, comme par des haut-bois ou par des cloches, l'ébranlement subsiste, on continue d'entendre les cloches et les hautbois; l'impression dure quelquefois plusieurs jours, et ne s'efface que peu à peu. De même, lorsque l'odorat et le goût ont été affectés par une odeur très-forte, et par une saveur très-désagréable, on sent encore longtemps après cette mauvaise odeur ou ce mauvais goût; et enfin lorsqu'on exerce trop le sens du toucher sur le même objet, lorsqu'on applique fortement un corps étranger sur quelque partie de notre corps, l'impression subsiste aussi pendant quelque temps, et il nous semble encore toucher et être touchés.

Tous les sens ont donc la faculté de conserver plus ou moins les impressions des causes extérieures; mais l'œil l'a plus que les autres sens : et le cerveau, où réside le sens intérieur de l'animal, a éminemment cette propriété; non-seulement il conserve les impressions qu'il a reçues, mais il en propage l'action en communiquant aux nerfs les ébranlements. Les organes des sens extérieurs, le cerveau qui est l'organe du sens intérieur, la moëlle épinière, et les nerfs qui se répandent dans toutes les parties du corps animal, doivent être regardés comme faisant un corps continu, comme une machine organique, dans laquelle les sens sont les parties sur lesquelles s'appliquent les forces ou les puissances extérieures; le cerveau est l'*hypomochlion* ou la masse d'appui, et les nerfs sont les parties que l'action des puissances met en mouvement. Mais ce qui rend cette machine si différente des autres machines, c'est que l'*hypomochlion* est non-seulement capable de résistance et de réaction, mais qu'il est lui-même actif, parce qu'il conserve longtemps l'ébranlement qu'il a reçu; et comme cet organe intérieur, le cerveau et les membranes qui l'environnent, est d'une très-grande capacité, et d'une très-grande

sensibilité, il peut recevoir un très-grand nombre d'ébranlements successifs et contemporains, et les conserver dans l'ordre où il les a reçus, parce que chaque impression n'ébranle
qu'une partie du cerveau, et que les impressions successives
ébranlent indifféremment la même partie, et peuvent ébranler
aussi des parties voisines et contiguës.

Si nous supposions un animal qui n'eût point de cerveau,
mais qui eût un sens extérieur fort sensible et fort étendu,
un œil, par exemple, dont la rétine eût une aussi grande
étendue que celle du cerveau, et eût en même temps cette
propriété du cerveau de conserver longtemps les impressions
qu'elle aurait reçues, il est certain qu'avec un tel sens l'animal verrait en même temps, non-seulement les objets qui le
frapperaient actuellement, mais encore tous ceux qui l'auraient frappé auparavant, parce que dans cette supposition les
ébranlements subsistant toujours, et la capacité de la rétine
étant assez grande pour les recevoir dans les parties différentes, il apercevrait également et en même temps les premières et les dernières images; et voyant ainsi le passé et le
présent du même coup d'œil, il serait déterminé mécaniquement à faire telle ou telle action, en conséquence du degré de
force et du nombre plus ou moins grand des ébranlements
produits par les images relatives ou contraires à cette détermination. Si le nombre des images propres à faire naître l'appétit surpasse celui des images propres à faire naître la répugnance, l'animal sera nécessairement déterminé à faire un
mouvement pour satisfaire cet appétit; et si le nombre ou la
force des images d'appétit sont égaux au nombre ou à la force
des images de répugnance, l'animal ne sera pas déterminé, il
demeurera en équilibre entre ces deux puissances égales, et il
ne fera aucun mouvement ni pour atteindre ni pour éviter. Je
dis que ceci se fera mécaniquement et sans que la mémoire y
ait aucune part; car l'animal voyant en même temps toutes les
images, elles agissent par conséquent toutes en même temps :
celles qui sont relatives à l'appétit se réunissent et s'opposent
à celles qui sont relatives à la répugnance, et c'est par la pré-
pondérance, ou plutôt par l'excès de la force et du nombre des
unes ou des autres, que l'animal serait, dans cette supposi-

tion, nécessairement déterminé à agir de telle ou telle façon.

Ceci nous fait voir que dans l'animal le sens intérieur ne diffère des sens extérieurs que par cette propriété qu'a le sens intérieur de conserver les ébranlements, les impressions qu'il a reçues : cette propriété seule est suffisante pour expliquer toutes les actions des animaux, et nous donner quelque idée de ce qui se passe dans leur intérieur ; elle peut aussi servir à démontrer la différence essentielle et infinie qui doit se trouver entre eux et nous, et en même temps à nous faire connaître ce que nous avons de commun avec eux.

Les animaux ont les sens excellents ; cependant ils ne les ont pas généralement tous aussi bons que l'homme, et il faut observer que les degrés d'excellence des sens suivent dans l'animal un autre ordre que dans l'homme. Le sens le plus relatif à la pensée et à la connaissance est le toucher : l'homme a ce sens plus parfait que les animaux. L'odorat est le sens le plus relatif à l'instinct, à l'appétit : l'animal a ce sens infiniment meilleur que l'homme ; aussi l'homme doit plus connaître qu'appéter, et l'animal doit plus appéter que connaître. Dans l'homme, le premier des sens pour l'excellence est le toucher, et l'odorat est le dernier ; dans l'animal, l'odorat est le premier des sens, et le toucher est le dernier : cette différence est relative à la nature de l'un et de l'autre. Le sens de la vue ne peut avoir de sûreté, et ne peut servir à la connaissance que par le secours du sens du toucher : aussi le sens de la vue est-il plus imparfait, ou plutôt acquiert moins de perfection dans l'animal que dans l'homme. L'oreille, quoique peut-être aussi bien conformée dans l'animal que dans l'homme, lui est cependant beaucoup moins utile par le défaut de la parole, qui, dans l'homme, est une dépendance du sens de l'ouïe, un organe de communication, organe qui rend ce sens actif, au lieu que dans l'animal l'ouïe est un sens presque entièrement passif. L'homme a donc le toucher, l'œil et l'oreille plus parfaits, et l'odorat plus imparfait que dans l'animal ; et comme le goût est un odorat intérieur, et qu'il est encore plus relatif à l'appétit qu'aucun des autres sens, on peut croire que l'animal a aussi ce sens plus sûr et peut-être plus exquis que l'homme. On pourrait le prouver par la répu-

gnance invincible que les animaux ont pour certains aliments,
et par l'appétit naturel qui les porte à choisir sans se tromper
ceux qui leur conviennent; au lieu que l'homme, s'il n'était
averti, mangerait le fruit du mancenillier comme la pomme,
et la ciguë comme le persil.

L'excellence des sens vient de la nature : mais l'art et l'habitude peuvent leur donner aussi un plus grand degré de perfection ; il ne faut pour cela que les exercer souvent et longtemps sur les mêmes objets. Un peintre, accoutumé à considérer attentivement les formes, verra du premier coup d'œil
une infinité de nuances et de différences qu'un autre homme
ne pourra saisir qu'avec beaucoup de temps , et que même il
ne pourra peut-être saisir. Un musicien, dont l'oreille est continuellement exercée à l'harmonie, sera vivement choqué d'une
dissonance; une voix fausse, un son aigre l'offensera, le bles-
sera; son oreille est un instrument qu'un son discordant
démonte et désaccorde. L'œil du peintre est un tableau où les
nuances les plus légères sont senties, où les traits les plus
délicats sont tracés. On perfectionne aussi les sens et même
l'appétit des animaux; on apprend aux oiseaux à répéter des
paroles et des chants ; on augmente l'ardeur d'un chien pour
la chasse en lui faisant curée.

Mais cette excellence des sens, et la perfection même qu'on
peut leur donner, n'ont des effets bien sensibles que dans
l'animal; il nous paraîtra d'autant plus actif et plus intelligent
que ses sens seront meilleurs ou plus perfectionnés. L'homme,
au contraire, n'en est pas plus raisonnable, pas plus spirituel,
pour avoir beaucoup exercé son oreille et ses yeux. On ne voit
pas que les personnes qui ont les sens obtus, la vue courte,
l'oreille dure, l'odorat détruit ou insensible, aient moins d'esprit que les autres ; preuve évidente qu'il y a dans l'homme
quelque chose de plus qu'un sens intérieur animal : celui-ci
n'est qu'un organe matériel, semblable à l'organe des sens
extérieurs, et qui n'en diffère que parce qu'il a la propriété de
conserver les ébranlements qu'il a reçus; l'âme de l'homme,
au contraire, est un sens supérieur, une substance spirituelle,
entièrement différente, par son essence et par son action, de
la nature des sens extérieurs.

Ce n'est pas qu'on puisse nier pour cela qu'il y ait dans l'homme un sens intérieur matériel, relatif comme dans l'animal aux sens extérieurs; l'inspection seule le démontre. La conformité des organes dans l'un et dans l'autre, le cerveau qui est dans l'homme comme dans l'animal, et qui même est d'une plus grande étendue, relativement au volume du corps, suffisent pour assurer dans l'homme l'existence de ce sens intérieur matériel. Mais ce que je prétends, c'est que ce sens est infiniment subordonné à l'autre. La substance spirituelle le commande; elle en détruit ou en fait naître l'action : ce sens, en un mot, qui fait tout dans l'animal, ne fait dans l'homme que ce que le sens supérieur n'empêche pas; il fait aussi ce que le sens supérieur ordonne. Dans l'animal, ce sens est le principe de la détermination du mouvement et de toutes les actions; dans l'homme, ce n'en est que le moyen ou la cause secondaire.

Développons, autant qu'il nous sera possible, ce point important; voyons ce que ce sens intérieur matériel peut produire : lorsque nous aurons fixé l'étendue de la sphère de son activité, tout ce qui n'y sera pas compris dépendra nécessairement du sens spirituel; l'âme fera tout ce que ce sens matériel ne peut faire. Si nous établissons des limites certaines entre ces deux puissances, nous reconnaîtrons clairement ce qui appartient à chacune; nous distinguerons aisément ce que les animaux ont de commun avec nous, et ce que nous avons au-dessus d'eux.

Le sens intérieur matériel reçoit également toutes les impressions que chacun des sens extérieurs lui transmet; ces impressions viennent de l'action des objets, elles ne font que passer par les sens extérieurs, et ne produisent dans ces sens qu'un ébranlement très-peu durable, et, pour ainsi dire, instantané : mais elles s'arrêtent sur le sens intérieur, et produisent dans le cerveau, qui en est l'organe, des ébranlements durables et distincts. Ces ébranlements sont agréables ou désagréables, c'est-à-dire, sont relatifs ou contraires à la nature de l'animal, et font naître l'appétit ou la répugnance, selon l'état et la disposition présente de l'animal. Prenons un animal au moment de sa naissance : dès que par les soins de la mère il se trouve débarrassé de ses enveloppes, qu'il a commencé à respirer, et que le besoin de prendre de la nourriture se fait sentir, l'odorat, qui est le sens de l'appétit, reçoit les émanations et l'odeur du lait, qui est contenu dans les mamelles de la mère ; ce sens ébranlé par les particules odorantes communique cet ébranlement au cerveau ; et le cerveau agissant à son tour sur les nerfs, l'animal fait des mouvements et ouvre la bouche pour se procurer cette nourriture dont il a besoin. Le sens de l'appétit étant bien plus obtus dans l'homme que dans l'animal, l'enfant nouveau-né ne sent que le besoin de prendre de la nourriture ; il l'annonce par des cris ; mais il ne peut se la procurer seul ; il n'est point averti par l'odorat ; rien ne peut déterminer ses mouvements pour trouver cette nourriture ; il faut la lui faire sentir et toucher avec la bouche : alors ses sens ébranlés communiqueront leur ébranlement à son cerveau ; et le cerveau agissant sur les nerfs, l'enfant fera les mouvements nécessaires pour recevoir et sucer cette nourriture. Ce ne peut être que par l'odorat et par le goût, c'est-à-dire par les sens de l'appétit, que l'animal est averti de la présence de la nourriture et du lieu où il faut la chercher : ses yeux ne sont point encore ouverts ; et, le fussent-ils, ils seraient dans ces premiers instants inutiles à la détermination du mouvement. L'œil, qui est un sens plus relatif à la connaissance qu'à l'appétit, est ouvert dans l'homme au moment de sa naissance, et demeure dans la plupart des animaux fermé pour plusieurs jours. Les sens de l'appétit, au contraire, sont bien plus parfaits et bien plus développés dans l'animal que dans l'enfant ; autre preuve que dans l'homme les organes de l'appétit sont moins parfaits que ceux de la connaissance, et que dans l'animal ceux de la connaissance le sont moins que ceux de l'appétit.

Les sens relatifs à l'appétit sont donc plus développés dans l'animal qui vient de naître, que dans l'enfant nouveau-né. Il en est de même du mouvement progressif et de tous les autres mouvements extérieurs : l'enfant peut à peine mouvoir ses membres, il se passera beaucoup de temps avant qu'il ait la force de changer de lieu : le jeune animal, au contraire, acquiert en très-peu de temps toutes ses facultés. Comme elles

ne sont dans l'animal que relatives à l'appétit, que cet appétit
est véhément et promptement développé, et qu'il est le principe unique de la détermination de tous les mouvements ; que
dans l'homme, au contraire, l'appétit est faible, ne se développe que plus tard, et ne doit pas influer autant que la connaissance sur la détermination des mouvements, l'homme est,
à cet égard, plus tardif que l'animal.

Tout concourt donc à prouver, même dans le physique, que
l'animal n'est remué que par l'appétit, et que l'homme est
conduit par un principe supérieur : s'il y a toujours eu du
doute sur ce sujet, c'est que nous ne concevons pas bien comment l'appétit seul peut produire dans l'animal des effets si
semblables à ceux que produit chez nous la connaissance, et
que d'ailleurs nous ne distinguons pas aisément ce que nous
faisons en vertu de la connaissance, de ce que nous ne faisons
que par la force de l'appétit. Cependant il me semble qu'il
n'est pas impossible de faire disparaître cette incertitude, et
même d'arriver à la conviction, en employant le principe que
nous avons établi. Le sens intérieur matériel, avons-nous dit,
conserve longtemps les ébranlements qu'il a reçus ; ce sens
existe dans l'animal, et le cerveau en est l'organe ; ce sens
reçoit toutes les impressions que chacun des sens extérieurs
lui transmet. Lorsqu'une cause extérieure, un objet, de quelque nature qu'il soit, exerce donc son action sur les sens
extérieurs, cette action produit un ébranlement durable dans
le sens intérieur ; cet ébranlement communique du mouvement
à l'animal. Ce mouvement sera déterminé, si l'impression
vient des sens de l'appétit, car l'animal avancera pour atteindre, ou se détournera pour éviter l'objet de cette impression, selon qu'il en aura été flatté ou blessé. Ce mouvement
peut aussi être incertain, lorsqu'il sera produit par les sens
qui ne sont pas relatifs à l'appétit, comme l'œil et l'oreille.
L'animal qui voit ou qui entend pour la première fois est, à
la vérité, ébranlé par la lumière ou par le son : mais l'ébranlement ne produira d'abord qu'un mouvement incertain, parce
que l'impression de la lumière ou du son n'est nullement relative à l'appétit ; ce n'est que par des actes répétés, et lorsque
l'animal aura joint aux impressions du sens de la vue ou de

l'ouïe celles de l'odorat, du goût ou du toucher, que le mouvement deviendra déterminé, et qu'en voyant un objet ou en
entendant un son, il avancera pour atteindre, ou reculera
pour éviter la chose qui produit ces impressions devenues par
l'expérience relatives à ses appétits.

Pour mieux nous faire entendre, considérons un animal
instruit, un chien, par exemple, qui, quoique pressé d'un
violent appétit, semble n'oser toucher et ne touche point en
effet à ce qui pourrait le satisfaire, mais en même temps fait
beaucoup de mouvements pour l'obtenir de la main de son
maître ; cet animal ne paraît-il pas combiner des idées ? ne
paraît-il pas désirer et craindre ; en un mot raisonner à peu
près comme un homme qui voudrait s'emparer du bien d'autrui, et qui, quoique violemment tenté, est retenu par la
crainte du châtiment ? Voilà l'interprétation vulgaire de la
conduite de l'animal. Comme c'est de cette façon que la chose
se passe chez nous, il est naturel d'imaginer et on imagine en
effet qu'elle se passe de même dans l'animal. L'analogie, dit-
on, est bien fondée, puisque l'organisation et la conformation
des sens, tant à l'extérieur qu'à l'intérieur, sont semblables
dans l'animal et dans l'homme. Cependant ne devrions-nous
pas voir que, pour que cette analogie fût en effet bien fondée,
il faudrait quelque chose de plus ; qu'il faudrait du moins que
rien ne pût la démentir ; qu'il serait nécessaire que les animaux pussent faire, et fissent, dans quelques occasions, tout
ce que nous faisons ? Or, le contraire est évidemment démontré ; ils n'inventent, ils ne perfectionnent rien ; ils ne réfléchissent par conséquent sur rien ; ils ne font jamais que les
mêmes choses de la même façon : nous pouvons donc déjà
rabattre beaucoup de la force de cette analogie ; nous pouvons
même douter de sa réalité, et nous devons chercher si ce
n'est pas par un autre principe différent du nôtre qu'ils sont
conduits, et si leurs sens ne suffisent pas pour produire leurs
actions, sans qu'il soit nécessaire de leur accorder une connaissance de réflexion.

Tout ce qui est relatif à leur appétit ébranle très-vivement
leur sens intérieur ; et le chien se jetterait à l'instant sur l'objet de cet appétit, si ce même sens intérieur ne conservait pas

les impressions antérieures de douleur dont cette action a été précédemment accompagnée : les impressions extérieures ont modifié l'animal; cette proie qu'on lui présente n'est pas offerte à un chien simplement, mais à un chien battu; et comme il a été frappé toutes les fois qu'il s'est livré à ce mouvement d'appétit, les ébranlements de douleur se renouvellent en même temps que ceux de l'appétit se font sentir, parce que ces deux ébranlements se sont toujours faits ensemble. L'animal étant donc poussé tout à la fois par deux impulsions contraires qui se détruisent mutuellement, il demeure en équilibre entre ces deux puissances égales; la cause déterminante de son mouvement étant contre-balancée, il ne se mouvra pas pour atteindre à l'objet de son appétit. Mais les ébranlements de l'appétit et de la répugnance, ou, si l'on veut, du plaisir et de la douleur, subsistant toujours ensemble dans une opposition qui en détruit les effets, il se renouvelle en même temps dans le cerveau de l'animal un troisième ébranlement, qui a souvent accompagné les deux premiers : c'est l'ébranlement causé par l'action de son maître, de la main duquel il a souvent reçu ce morceau qui est l'objet de son appétit, et comme ce troisième ébranlement n'est contre-balancé par rien de contraire, il devient la cause déterminante du mouvement. Le chien sera donc déterminé à se mouvoir vers son maître, et à s'agiter jusqu'à ce que son appétit soit satisfait en entier.

On peut expliquer de la même façon et par les mêmes principes toutes les actions des animaux, quelque compliquées qu'elles puissent paraître, sans qu'il soit besoin de leur accorder ni la pensée, ni la réflexion; leur sens intérieur suffit pour produire tous leurs mouvements. Il ne reste plus qu'une chose à éclaircir, c'est la nature de leurs sensations, qui doivent être, suivant ce que nous venons d'établir, bien différentes des nôtres. Les animaux, nous dira-t-on, n'ont-ils donc aucune connaissance? leur ôtez-vous la conscience de leur existence, le sentiment; puisque vous prétendez expliquer mécaniquement toutes leurs actions, ne les réduisez-vous pas à n'être que de simples machines, que d'insensibles automates?

Si je me suis bien expliqué, on doit avoir déjà vu que, bien loin de tout ôter aux animaux, je leur accorde tout, à l'exception de la pensée et de la réflexion ; ils ont le sentiment, ils l'ont même à un plus haut degré que nous ne l'avons ; ils ont aussi la conscience de leur existence actuelle, mais ils n'ont pas celle de leur existence passée ; ils ont des sensations, mais il leur manque la faculté de les comparer, c'est-à-dire la puissance qui produit les idées ; car les idées ne sont que des sensations comparées, ou pour mieux dire, des associations de sensations[1].

Considérons en particulier chacun de ces objets. Les animaux ont le sentiment même plus exquis que nous ne l'avons. Je crois ceci déjà prouvé par ce que nous avons dit de l'excellence de ceux de leurs sens qui sont relatifs à l'appétit, par la répugnance naturelle et invincible qu'ils ont pour de certaines choses, et l'appétit constant et décidé qu'ils ont pour d'autres choses, par cette faculté qu'ils ont bien supérieurement à nous de distinguer sur-le-champ, et sans aucune incertitude, ce qui leur convient de ce qui leur est nuisible. Les animaux ont donc, comme nous, de la douleur et du plaisir : ils ne connaissent pas bien le mal, mais ils le sentent. Ce qui leur est agréable est bon ; ce qui leur est désagréable est mauvais : l'un et l'autre ne sont que des rapports convenables ou contraires à leur nature, à leur organisation. Le plaisir que le chatouillement nous donne, la douleur que nous cause une blessure, sont des douleurs et des plaisirs qui nous sont communs avec les animaux, puisqu'ils dépendent absolument d'une cause extérieure matérielle, c'est-à-dire d'une action plus ou moins forte sur les nerfs, qui sont les organes du sentiment. Tout ce qui agit mollement sur ces organes, tout ce qui les remue délicatement, est une cause de plaisir ; tout ce qui les ébranle violemment, tout ce qui les agite fortement, est une cause de douleur. Toutes les sensations sont donc des sources de plaisir, tant qu'elles sont douces, tempérées et

[1] Cette phrase contient en germe toute la théorie des philosophes sensualistes. L'idée est quelque chose d'intellectuel. La sensation ne peut donc en être l'élément proprement dit : ce ne peut être que la matière, dont l'esprit, par son action propre, dégage l'idée.   (N. E.)

naturelles; mais dès qu'elles deviennent trop fortes, elles produisent la douleur, qui, dans le physique, est l'extrême plutôt que le contraire du plaisir.

En effet, une lumière trop vive, un feu trop ardent, un trop grand bruit, une odeur trop forte, un mets insipide ou grossier, un frottement dur, nous blessent ou nous affectent désagréablement, au lieu qu'une couleur tendre, une chaleur tempérée, un son doux, un parfum délicat, une saveur fine, un attouchement léger nous flattent, et souvent nous remuent délicieusement. Tout effleurement des sens est donc un plaisir, et toute secousse forte, tout ébranlement violent est une douleur; et comme les causes qui peuvent occasionner des commotions et des ébranlements violents se trouvent plus rarement dans la nature que celles qui produisent des mouvemens doux et modérés, que d'ailleurs les animaux, par l'exercice de leurs sens, acquièrent en peu de temps les habitudes non-seulement d'éviter les rencontres offensantes, et de s'éloigner des choses nuisibles, mais même de distinguer les objets qui leur conviennent et de s'en approcher, il n'est pas douteux qu'ils n'aient beaucoup plus de sensations agréables que de sensations désagréables, et que la somme du plaisir ne soit plus grande que celle de la douleur.

Si dans l'animal le plaisir n'est autre chose que ce qui flatte les sens, et que dans le physique ce qui flatte les sens ne soit que ce qui convient à la nature; si la douleur, au contraire, n'est que ce qui blesse les organes et ce qui répugne à la nature; si, en un mot, le plaisir est le bien, et la douleur est le mal physique, on ne peut guère douter que tout être sentant n'ait en général plus de plaisir que de douleur : car tout ce qui est convenable à sa nature, tout ce qui peut contribuer à sa conservation, tout ce qui soutient son existence est plaisir; tout ce qui tend au contraire à sa destruction, tout ce qui peut déranger son organisation, tout ce qui change son état naturel est douleur. Ce n'est donc que par le plaisir qu'un être sentant peut continuer d'exister; et si la somme des sensations flatteuses, c'est-à-dire des effets convenables à sa nature, ne surpassait pas celle des sensations douloureuses, ou des effets qui lui sont contraires, privé du plaisir, il languirait d'abord faute de bien ; chargé de douleur, il périrait ensuite par l'abondance du mal.

Dans l'homme, le plaisir et la douleur physiques ne font que la moindre partie de ses peines et de ses plaisirs : son imagination, qui travaille continuellement, fait tout, ou plutôt ne fait rien que pour son malheur ; car elle ne présente à l'âme que des fantômes vains ou des images exagérées, et la force à s'en occuper. Plus agitée par ces illusions qu'elle ne le peut être par les objets réels, l'âme perd sa faculté de juger, et même son empire ; elle ne compare que des chimères ; elle ne veut plus qu'en second, et souvent elle veut l'impossible : sa volonté, qu'elle ne détermine plus, lui devient donc à charge ; ses désirs outrés sont des peines ; et ses vaines espérances sont tout au plus des faux plaisirs, qui disparaissent et s'évanouissent dès que le calme succède, et que l'âme, reprenant sa place, vient à les juger.

Nous nous préparons donc des peines toutes les fois que nous cherchons des plaisirs ; nous sommes malheureux dès que nous désirons d'être plus heureux. Le bonheur est au dedans de nous-mêmes, il nous a été donné ; le malheur est au dehors, et nous l'allons chercher. Pourquoi ne sommes-nous pas convaincus que la jouissance paisible de notre âme est notre seul et vrai bien, que nous ne pouvons l'augmenter sans risquer de le perdre, que moins nous désirons, et plus nous possédons, qu'enfin tout ce que nous voulons au delà de ce que la nature peut nous donner, est peine, et que rien n'est plaisir que ce qu'elle nous offre ?

Or, la nature nous a donné et nous offre encore à tout instant des plaisirs sans nombre ; elle a pourvu à nos besoins, elle nous a munis contre la douleur. Il y a dans le physique infiniment plus de bien que de mal : ce n'est donc pas la réalité, c'est la chimère qu'il faut craindre ; ce n'est ni la douleur du corps, ni les maladies, ni la mort, mais l'agitation de l'âme, les passions et l'ennui qui sont à redouter.

Les animaux n'ont qu'un moyen d'avoir du plaisir, c'est d'exercer leur sentiment pour satisfaire leur appétit : nous avons cette même faculté, et nous avons de plus un autre moyen de plaisir, c'est d'exercer notre esprit, dont l'appétit est de savoir. Cette source de plaisir serait la plus abondante et la plus pure, si nos passions, en s'opposant à son cours, ne venaient à la troubler; elles détournent l'âme de toute contemplation : dès qu'elles ont pris le dessus, la raison est dans le silence, ou du moins elle n'élève plus qu'une voix faible et souvent importune; le dégoût de la vérité suit; le charme de l'illusion augmente; l'erreur se fortifie, nous entraîne et nous conduit au malheur : car quel malheur plus grand que de ne plus rien voir tel qu'il est, de ne plus rien juger que relativement à sa passion, de n'agir que par son ordre, de paraître en conséquence injuste ou ridicule aux autres, et d'être forcé de se mépriser soi-même lorsqu'on vient à s'examiner !

Dans cet état d'illusion et de ténèbres, nous voudrions changer la nature même de notre âme : elle ne nous a été donnée que pour connaître, nous ne voudrions l'employer qu'à sentir; si nous pouvions étouffer en entier sa lumière, nous n'en regretterions pas la perte, nous envierions volonlontiers le sort des insensés. Comme ce n'est que par intervalles que nous sommes raisonnables, et que ces intervalles de raison nous sont à charge, et se passent en reproches secrets, nous voudrions les supprimer. Ainsi, marchant toujours d'illusions en illusions, nous cherchons volontairement à nous perdre de vue, pour arriver bientôt à ne nous plus connaître, et finir par nous oublier.

Une passion sans intervalles est démence; et l'état de démence est pour l'âme un état de mort. De violentes passions avec des intervalles sont des accès de folie, des maladies de l'âme d'autant plus dangereuses qu'elles sont plus longues et plus fréquentes. La sagesse n'est que la somme des intervalles de santé que ces accès nous laissent : cette somme n'est point celle de notre bonheur; car nous sentons alors que notre âme a été malade; nous blâmons nos passions, nous condamnons nos actions. La folie est le germe du malheur; et c'est la sagesse qui le développe. La plupart de ceux qui se disent malheureux sont des hommes passionnés, c'est-à-dire des fous, auxquels il reste quelques intervalles de raison, pendant lesquels ils connaissent leur folie, et sentent par conséquent leur malheur; et comme il y a dans les condi-

tions élevées plus de faux désirs, plus de vaines préten-
tions, plus de passions désordonnées, plus d'abus de son
âme, que dans les états inférieurs, les grands sont sans doute
de tous les hommes les moins heureux.

Mais détournons les yeux de ces tristes objets et de ces vé-
rités humiliantes : considérons l'homme sage, le seul qui soit
digne d'être considéré, maître de lui-même, il l'est des événements; content de son état, il ne veut être que comme il a
toujours été, ne vivre que comme il a toujours vécu; se suf-
fisant à lui-même, il n'a qu'un faible besoin des autres, il
ne peut leur être à charge : occupé continuellement à exercer
les facultés de son âme, il perfectionne son entendement, il
cultive son esprit, il acquiert de nouvelles connaissances,
et se satisfait à tout instant sans remords, sans dégoût; il
jouit de tout l'univers en jouissant de lui-même.

Un tel homme est sans doute l'être le plus heureux de la nature; il joint aux plaisirs du corps, qui lui sont communs avec
les animaux, les joies de l'esprit, qui n'appartiennent qu'à
lui : il a deux moyens d'être heureux qui s'aident et se fortifient mutuellement; et si par un dérangement de santé, ou
par quelque autre accident il vient à ressentir de la douleur,
il souffre moins qu'un autre; la force de son âme le soutient,
la raison le console : il a même de la satisfaction en souffrant,
c'est de se sentir assez fort pour souffrir.

La santé de l'homme est moins ferme et plus chancelante
que celle d'aucun des animaux; il est malade plus souvent
et plus longtemps, il périt à tout âge; au lieu que les animaux
semblent parcourir d'un pas égal et ferme l'espace de la vie.
Cela me paraît venir de deux causes, qui, quoique bien différentes, doivent toutes deux contribuer à cet effet. La première est l'agitation de notre âme: elle est occasionnée par
le dérèglement de notre sens intérieur matériel : les passions
et les malheurs qu'elles entraînent influent sur la santé, et
dérangent les principes qui nous animent. Si l'on observait
les hommes, on verrait que presque tous mènent une vie ou
timide ou contentieuse, et que la plupart meurent de chagrin.
La seconde est l'imperfection de ceux de nos sens qui sont
relatifs à l'appétit. Les animaux sentent bien mieux que nous

ce qui convient à leur nature, ils ne se trompent pas dans le choix de leurs aliments, ils ne s'excèdent pas dans leurs plaisirs; guidés par le seul sentiment de leurs besoins actuels, ils se satisfont sans chercher à en faire naître de nouveaux. Nous, indépendamment de ce que nous voulons tout à l'excès, indépendamment de cette espèce de fureur avec laquelle nous cherchons à nous détruire en cherchant à forcer la nature, nous ne savons pas trop ce qui nous convient ou ce qui nous est nuisible; nous ne distinguons pas bien les effets de telle ou telle nourriture; nous dédaignons les aliments simples, et nous leur préférons des mets composés, parce que nous avons corrompu notre goût, et que d'un sens de plaisir nous en avons fait un organe de débauche qui n'est flatté que de ce qui l'irrite.

Il n'est donc pas étonnant que nous soyons, plus que les animaux, sujets à des infirmités, puisque nous ne sentons pas aussi bien qu'eux ce qui nous est bon ou mauvais, ce qui peut contribuer à conserver ou à détruire notre santé; que notre expérience est à cet égard bien moins sûre que leur sentiment, que d'ailleurs nous abusons infiniment plus qu'eux de ces mêmes sens de l'appétit, qu'ils ont meilleurs et plus parfaits que nous, puisque ces sens ne sont pour eux que des moyens de conservation et de santé, et qu'ils deviennent pour nous des causes de destruction et de maladie. L'intempérance détruit et fait languir plus d'hommes elle seule, que tous les autres fléaux de la nature humaine réunis.

Toutes ces réflexions nous portent à croire que les animaux ont le sentiment plus sûr et plus exquis que nous ne l'avons; car quand même on voudrait m'opposer qu'il y a des animaux qu'on empoisonne aisément, que d'autres s'empoisonnent eux-mêmes, et que par conséquent ces animaux ne distinguent pas mieux que nous ce qui peut leur être contraire, je répondrai toujours qu'ils ne prennent le poison qu'avec l'appât dont il est enveloppé ou avec la nourriture dont il se trouve environné; que d'ailleurs ce n'est que quand ils n'ont point à choisir, quand la faim les presse, et quand le besoin devient nécessité, qu'ils dévorent en effet tout ce qu'ils trouvent ou tout ce qui leur est présenté; et encore arrive-t-il que la plupart se laissent consumer d'inanition, et périr de faim plutôt que de prendre des nourritures qui leur répugnent.

Les animaux ont donc le sentiment même à un plus haut degré que nous ne l'avons ; je pourrais le prouver encore par l'usage qu'ils font de ce sens admirable, qui seul pourrait leur tenir lieu de tous les autres sens. La plupart des animaux ont l'odorat si parfait, qu'ils sentent de plus loin qu'ils ne voient : non-seulement ils sentent de très-loin les corps présents et actuels, mais ils en sentent les émanations et les traces longtemps après qu'ils sont absents et passés. Un tel sens est un organe universel de sentiment ; c'est un œil qui voit les objets non-seulement où ils sont, mais même partout où ils ont été ; c'est un organe de goût par lequel l'animal savoure non-seulement ce qu'il peut toucher et saisir, mais même ce qui est éloigné et qu'il ne peut atteindre ; c'est le sens par lequel il est le plus tôt, le plus souvent et le plus sûrement averti, par lequel il agit, il se détermine, par lequel il reconnaît ce qui est convenable ou contraire à sa nature, par lequel enfin il aperçoit, sent, et choisit ce qui peut satisfaire son appétit.

Les animaux ont donc les sens relatifs à l'appétit plus parfaits que nous ne les avons, et par conséquent ils ont le sentiment plus exquis et à un plus haut degré que nous ne l'avons ; ils ont aussi la conscience de leur existence actuelle, mais ils n'ont pas celle de leur existence passée. Cette seconde proposition mérite, comme la première, d'être considérée ; je vais tâcher d'en prouver la vérité.

La conscience de son existence, ce sentiment intérieur qui constitue le *moi*, est composé chez nous de la sensation de notre existence actuelle, et du souvenir de notre existence passée. Ce souvenir est une sensation tout aussi présente que la première ; elle nous occupe même quelquefois plus fortement et nous affecte plus puissamment que les sensations actuelles ; et comme ces deux espèces de sensations sont différentes, et que notre âme a la faculté de les comparer et d'en former des idées, notre conscience d'existence est d'autant plus certaine et d'autant plus étendue, que nous nous représentons plus souvent et en plus grand nombre les choses passées, et que par nos réflexions nous les comparons et les combinons davantage entre elles et avec les choses présentes. Chacun conserve dans soi-même un certain nombre de sensations relatives aux différentes existences, c'est-à-dire aux différents états où l'on s'est trouvé ; ce nombre de sensations est devenu une succession et a formé une suite d'idées, par la comparaison que notre âme a faite de ces sensations entre elles. C'est dans cette comparaison de sensations que consiste l'idée du temps ; et même toutes les autres idées ne sont, comme nous l'avons déjà dit, que des sensations comparées. Mais cette suite de nos idées, cette chaîne de nos existences, se présente à nous souvent dans un ordre fort différent de celui dans lequel nos sensations nous sont arrivées : c'est l'ordre de nos idées, c'est-à-dire des comparaisons que notre âme a faites de nos sensations, que nous voyons, et point du tout l'ordre de ces sensations, et c'est en cela principalement que consiste la différence des caractères et des esprits : car de deux hommes que nous supposerons semblablement organisés, et qui auront été élevés ensemble et de la même façon, l'un pourra penser bien différemment de l'autre, quoique tous deux aient reçu leurs sensations dans le même ordre ; mais comme la trempe de leurs âmes est différente, et que chacune de ces âmes a comparé et combiné ces sensations semblables d'une manière qui lui est propre et particulière, le résultat général de ces comparaisons, c'est-à-dire les idées, l'esprit et le caractère acquis, seront aussi différents.

Il y a quelques hommes, dont l'activité de l'âme est telle, qu'ils ne reçoivent jamais deux sensations sans les comparer, et sans en former par conséquent une idée ; ceux-ci sont les plus spirituels, et peuvent, suivant les circonstances, devenir les premiers des hommes en tout genre. Il y en a d'autres, en assez grand nombre, dont l'âme moins active laisse échapper toutes les sensations qui n'ont pas un certain degré de force, et ne compare que celles qui l'ébranlent fortement ; ceux-ci ont moins d'esprit que les premiers, et d'autant moins que leur âme se porte moins fréquemment à comparer leurs

sensations et à en former des idées. D'autres enfin, et c'est
la multitude, ont si peu de vie dans l'âme, et une si grande
indolence à penser, qu'ils ne comparent et ne combinent rien,
rien au moins du premier coup d'œil ; il leur faut des sensations fortes et répétées mille et mille fois, pour que leur âme
vienne enfin à en comparer quelqu'une et à former une idée :
ces hommes sont plus ou moins stupides ; et semblent ne
différer des animaux que par ce petit nombre d'idées que leur
âme a tant de peine à produire.

La conscience de notre existence étant donc composée non-
seulement de nos sensations actuelles ; mais même de la
suite d'idée qui a fait naître la comparaison de nos sensations
et de nos existences passées, il est évident que plus on a d'i-
dée, plus on est sûr de son existence ; que plus on a d'esprit,
plus on existe ; qu'enfin c'est par la puissance de réfléchir
qu'a notre âme, et par cette seule puissance que nous sommes certains de nos existences passées, et que nous voyons
nos existences futures, l'idée de l'avenir n'étant que la
comparaison inverse du présent au passé, puisque dans cette
vue de l'esprit le présent est passé, et l'avenir est présent.

Cette puissance de réfléchir ayant été refusée aux animaux,
il est donc certain qu'ils ne peuvent former d'idées, et que
par conséquent leur conscience est moins sûre et moins étendue que la nôtre ; car ils ne peuvent avoir aucune idée du
temps, aucune connaissance du passé, aucune notion de l'a-
venir : leur conscience d'existence est simple ; elle dépend
uniquement des sensations qui les affectent actuellement et
consiste dans le sentiment intérieur que ces sensations produisent.

Ne pouvons-nous pas concevoir ce que c'est que cette conscience d'existence dans les animaux, en faisant réflexion sur
l'état où nous nous trouvons lorsque nous sommes fortement
occupés d'un objet, ou violemment agités par une passion
qui ne nous permet de faire aucune réflexion sur nous-mêmes?

On exprime l'idée de cet état en disant qu'on est hors de
soi, et l'on est en effet hors de soi dès que l'on n'est occupé
que des sensations actuelles, et l'on est d'autant plus hors de
soi que ces sensations sont plus vives, plus rapides, et

qu'elles donnent moins de temps à l'âme pour les considérer : dans cet état, nous nous sentons, nous sentons même le plaisir et la douleur dans toutes leurs nuances ; nous avons donc le sentiment, la conscience de notre existence, sans que notre âme semble y participer. Cet état, où nous ne nous trouvons que par instants, est l'état habituel des animaux ; privés d'idées et pourvus de sensations, ils ne savent point qu'ils existent, mais ils le sentent.

Pour rendre plus sensible la différence que j'établis ici entre les sensations et les idées, pour démontrer en même temps que les animaux ont des sensations et qu'ils n'ont point d'idées, considérons en détail leurs facultés et les nôtres, et comparons leurs opérations à nos actions. Ils ont comme nous des sens et par conséquent ils reçoivent les impressions des objets extérieurs ; ils ont comme nous un sens intérieur, un organe qui conserve les ébranlements causés par ces impressions, et par conséquent ils ont des sensations qui, comme les nôtres, peuvent se renouveler et sont plus ou moins fortes, et plus ou moins durables ; cependant ils n'ont ni l'esprit, ni l'entendement, ni la mémoire comme nous l'avons, parce qu'ils n'ont pas la puissance de comparer leurs sensations, et que ces trois facultés de notre âme dépendent de cette puissance.

Les animaux n'ont pas la mémoire? le contraire paraît démontré, me dira-t-on ; ne reconnaissent-ils pas après une absence les personnes auprès desquelles ils ont vécu, les lieux qu'ils ont habités, les chemins qu'ils ont parcourus? ne se souviennent-ils pas des châtiments qu'ils ont essuyés, des caresses qu'on leur a faites, des leçons qu'on leur a données? Tout semble prouver qu'en leur ôtant l'entendement et l'esprit on ne peut leur refuser la mémoire, et une mémoire active, étendue et peut-être plus fidèle que la nôtre. Cependant, quelque grandes que soient ces apparences, et quelque fort que soit le préjugé qu'elles ont fait naître, je crois qu'on peut démontrer qu'elles nous trompent ; que les animaux n'ont aucune connaissance du passé, aucune idée du temps, et que par conséquent ils n'ont pas la mémoire.

Chez nous, la mémoire émane de la puissance de réfléchir ;

car le souvenir que nous avons des choses passées suppose
non-seulement la durée des ébranlements de notre sens intérieur matériel, c'est-à-dire le renouvellement de nos sensations antérieures, mais encore les comparaisons que notre
âme a faites de ces sensations, c'est-à-dire les idées qu'elle
en a formées. Si la mémoire ne consistait que dans le renouvellement des sensations passées, ces sensations se représen-
teraient à notre sens intérieur sans y laisser une impression
déterminée; elles se présenteraient sans aucun ordre, sans
liaison entre elles, à peu près comme elles se présentent
dans l'ivresse ou dans certains rêves, où tout est si décousu,
si peu suivi, si peu ordonné, que nous ne pouvons en conserver le souvenir : car nous ne nous souvenons que des
choses qui ont des rapports avec celles qui les ont précédées
ou suivies, et toute sensation isolée, qui n'aurait aucune
liaison avec les autres sensations, quelque forte qu'elle pût
être, ne laisserait aucune trace dans notre esprit : or c'est
notre âme qui établit ces rapports entre les choses, par la
comparaison qu'elle fait des unes avec les autres; c'est elle
qui forme la liaison de nos sensations et qui ourdit la trame
de nos existences par un fil continu d'idées. La mémoire consiste donc dans une succession d'idées, et suppose nécessairement la puissance qui les produit.

Mais pour ne laisser, s'il est possible, aucun doute sur ce
point important, voyons quelle est l'espèce de souvenir que
nous laissent nos sensations, lorsqu'elles n'ont point été ac-
compagnées d'idées. La douleur et le plaisir sont de pures
sensations, et les plus fortes de toutes : cependant, lorsque
nous voulons nous rappeler ce que nous avons senti dans les
instants les plus vifs de plaisir ou de douleur, nous ne pouvons le faire que faiblement, confusément; nous nous souvenons seulement que nous avons été flattés ou blessés, mais
notre souvenir n'est pas distinct; nous ne pouvons nous représenter ni l'espèce, ni le degré, ni la durée de ces sensations qui nous ont cependant si fortement ébranlés, et nous
sommes d'autant moins capables de nous les représenter qu'elles ont été moins répétées et plus rares. Une douleur, par
exemple, que nous n'aurons éprouvée qu'une fois, qui n'aura

duré que quelques instants, et qui sera différente des douleurs
que nous éprouvons habituellement, sera nécessairement bientôt oubliée, quelque vive qu'elle ait été; et quoique nous
nous souvenions que dans cette circonstance nous avons
ressenti une grande douleur, nous n'avons qu'une faible réminiscence de la sensation même, tandis que nous avons
une mémoire nette des circonstances qui l'accompagnaient et
du temps où elle nous est arrivée.

Pourquoi tout ce qui s'est passé dans notre enfance est-il
presque entièrement oublié? et pourquoi les vieillards ont-ils
un souvenir plus présent de ce qui leur est arrivé dans le
moyen âge, que de ce qui leur arrive dans leur vieillesse?
Y a-t-il une meilleure preuve que les sensations toutes seules
ne suffisent pas pour produire la mémoire, et qu'elle n'existe
en effet que dans la suite des idées que notre âme peut tirer
de ces sensations? car, dans l'enfance, les sensations sont
aussi et peut-être plus vives et plus rapides que dans le
moyen âge, et cependant elles ne laissent que peu ou point
de traces, parce qu'à cet âge la puissance de réfléchir, qui
seule peut former des idées, est dans une inaction presque
totale, et que dans les moments où elle agit, elle ne compare
que des superficies, elle ne combine que de petites choses
pendant un petit temps, elle ne met rien en ordre, elle ne
réduit rien en suite. Dans l'âge mûr, où la raison est entièrement développée, parce que la puissance de réfléchir est
en entier exercice, nous tirons de nos sensations tout le
fruit qu'elles peuvent produire, et nous nous formons plusieurs ordres d'idées, et plusieurs chaînes de pensées dont
chacune fait une trace durable, sur laquelle nous repassons
si souvent qu'elle devient profonde, ineffaçable, et que plusieurs années après, dans le temps de notre vieillesse, ces
mêmes idées se présentent avec plus de force que celles que
nous pouvons tirer immédiatement des sensations actuelles,
parce qu'alors ces sensations sont faibles, lentes, émoussées,
et qu'à cet âge l'âme même participe à la langueur du corps.
Dans l'enfance, le temps présent est tout; dans l'âge mûr,
on jouit également du passé, du présent et de l'avenir; et
dans la vieillesse on sent peu le présent, on détourne les yeux

de l'avenir, et on ne vit que dans le passé. Ces différences ne
dépendent-elles pas entièrement de l'ordonnance que notre
âme a faite de nos sensations, et ne sont-elles pas relatives
au plus ou moins de facilité que nous avons dans ces différents âges à former, à acquérir et à conserver des idées?
L'enfant qui jase, et le vieillard qui radote, n'ont ni l'un ni
l'autre le ton de la raison, parce qu'ils manquent également
d'idées : le premier ne peut encore en former, et le second
n'en forme plus.

Un imbécile, dont les sens et les organes corporels nous
paraissent sains et bien disposés, a comme nous des sensations de toute espèce ; il les aura aussi dans le même ordre,
s'il vit en société, et qu'on l'oblige à faire ce que font les
autres hommes : cependant, comme ces sensations ne lui font
point naître d'idées, qu'il n'y a point de correspondance entre
son âme et son corps, et qu'il ne peut réfléchir sur rien, il
est en conséquence privé de la mémoire et de la connaissance
de soi-même. Cet homme ne diffère en rien de l'animal quant
aux facultés extérieures ; car quoiqu'il ait une âme, et que
par conséquent il possède en lui le principe de la raison,
comme ce principe demeure dans l'inaction, et qu'il ne reçoit
rien des organes corporels avec lesquels il n'a aucune correspondance, il ne peut influer sur les actions de cet homme,
qui dès lors ne peut agir que comme un animal uniquement
déterminé par ses sensations, et par le sentiment de son
existence actuelle et de ses besoins présents. Ainsi l'homme
imbécile et l'animal sont des êtres dont les résultats et les
opérations sont les mêmes à tous égards, parce que l'un n'a
point d'âme, et que l'autre ne s'en sert point : tous deux
manquent de la puissance de réfléchir, et n'ont par conséquent ni entendement, ni esprit, ni mémoire, mais tous deux
ont des sensations, du sentiment et du mouvement.

Cependant, me répétera-t-on toujours, l'homme imbécile
et l'animal n'agissent-ils pas souvent comme s'ils étaient déterminés par la connaissance des choses passées? ne reconnaissent-ils pas les personnes avec lesquelles ils ont vécu,
les lieux qu'ils ont habités, etc. ? ces actions ne supposent-elles
pas nécessairement la mémoire? et cela ne prouverait-il pas

au contraire qu'elle n'émane point de la puissance de réfléchir?

Si l'on a donné quelque attention à ce que je viens de dire, on aura déjà senti que je distingue deux espèces de mémoires infiniment différentes l'une de l'autre par leur cause, et qui peuvent cependant se ressembler en quelque sorte par leurs effets; la première est la trace de nos idées; et la seconde, que j'appellerais volontiers *réminiscence* plutôt que *mémoire*, n'est que le renouvellement des sensations, ou plutôt des ébranlements qui les ont causées. La première émane de l'âme; et, comme je l'ai prouvé, elle est pour nous bien plus parfaite que la seconde : cette dernière au contraire n'est produite que par le renouvellement des ébranlements du sens intérieur matériel, et elle est la seule qu'on puisse accorder à l'animal ou à l'homme imbécile. Leurs sensations antérieures sont renouvelées par les sensations actuelles; elles se réveillent avec toutes les circonstances qui les accompagnaient; l'image principale et présente appelle les images anciennes et accessoires : ils sentent comme ils ont senti; ils agissent donc comme ils ont agi; ils voient ensemble le présent et le passé, mais sans les distinguer, sans les comparer, et par conséquent sans les connaître.

Une seconde objection qu'on me fera sans doute, et qui n'est cependant qu'une conséquence de la première, mais qu'on ne manquera pas de donner comme une autre preuve de l'existence de la mémoire dans les animaux, ce sont leurs rêves. Il est certain que les animaux se représentent dans le sommeil les choses dont ils ont été occupés pendant la veille : les chiens japent souvent en dormant; et quoique cet aboiement soit sourd et faible, on y reconnaît cependant la voix de la chasse, les accents de la colère, les sons du désir ou du murmure, etc. On ne peut donc pas douter qu'ils n'aient des choses passées un souvenir très-vif, très-actif, et différent de celui dont nous venons de parler, puisqu'il se renouvelle indépendamment d'aucune cause extérieure qui pourrait y être relative.

Pour éclaircir cette difficulté, et répondre d'une manière satisfaisante, il faut examiner la nature de nos rêves, et

chercher s'ils viennent de notre âme, ou s'ils dépendent
seulement de notre sens intérieur matériel. Si nous pouvions
prouver qu'ils y résident en entier, ce serait non-seulement
une réponse à l'objection, mais une nouvelle démonstration
contre l'entendement et la mémoire des animaux.

Les imbéciles, dont l'âme est sans action, rêvent comme
les autres hommes; il se produit donc des rêves indépendamment de l'âme, puisque dans les imbéciles l'âme ne
produit rien. Les animaux, qui n'ont point d'âme, peuvent
donc rêver aussi; et non-seulement il se produit des rêves
indépendamment de l'âme, mais je serais fort porté à croire
que tous les rêves en sont indépendants. Je demande seulement que chacun réfléchisse sur ses rêves, et tâche à
reconnaître pourquoi les parties en sont si mal liées, et les
événements si bizarres : il m'a paru que c'était principalement parce qu'ils ne roulent que sur des sensations, et point
du tout sur des idées. L'idée du temps, par exemple, n'y
entre jamais. On se représente bien les personnes que l'on
n'a pas vues, et même celles qui sont mortes depuis plusieurs
années; on les voit vivantes et telles qu'elles étaient : mais
on les joint aux choses actuelles et aux personnes présentes,
ou à des choses et à des personnes d'un autre temps. Il en
est de même de l'idée du lieu; on ne voit pas où elles étaient
les choses qu'on se représente, on les voit ailleurs, où elles
ne pouvaient être. Si l'âme agissait, il ne lui faudrait qu'un
instant pour mettre de l'ordre dans cette suite décousue,
dans ce chaos de sensations : mais ordinairement elle n'agit
point, elle laisse les représentations se succéder en désordre,
et quoique chaque objet se présente vivement, la succession
en est souvent confuse et toujours chimérique; et s'il arrive
que l'âme soit à demi-réveillée par l'énormité de ces dispa-
rates ou seulement par la force de ces sensations, elle jettera
sur-le-champ une étincelle de lumière au milieu des ténèbres,
elle produira une idée réelle dans le sein même des chimères;
on rêvera que tout cela pourrait bien n'être qu'un rêve : je
devrais dire, on pensera; car quoique cette action ne soit
qu'un petit signe de l'âme, ce n'est point une sensation ni un
rêve, c'est une pensée, une réflexion, mais qui, n'étant pas

assez forte pour dissiper l'illusion, s'y mêle, en devient partie, et n'empêche pas les représentations de se succéder, en sorte qu'au réveil on s'imagine avoir rêvé cela même qu'on avait pensé.

Dans les rêves on voit beaucoup, on entend rarement, on ne raisonne point, on sent vivement; les images se suivent. les sensations se succèdent, sans que l'âme les compare ni les réunisse : on n'a donc que des sensations et point d'idées puisque les idées ne sont que des comparaisons des sensations. Ainsi les rêves ne résident que dans le sens intérieur matériel; l'âme ne les produit point : ils feront donc partie de ce souvenir animal, de cette espèce de réminiscence matérielle dont nous avons parlé. La mémoire, au contraire, ne peut exister sans l'idée du temps, sans la comparaison des idées antérieures et des idées actuelles; et puisque ces idées n'entrent point dans les rêves, il paraît démontré qu'ils ne peuvent être ni une conséquence, ni un effet, ni une preuve de la mémoire. Mais quand même on voudrait soutenir qu'il y a quelquefois des rêves d'idées, quand on citerait, pour le prouver, les somnambules, les gens qui parlent en dormant et disent des choses suivies, qui répondent à des questions, etc., et que l'on en inférerait que les idées ne sont pas exclues des rêves, du moins aussi absolument que je le prétends, il me suffirait pour ce que j'avais à prouver, que le renouvellement des sensations puisse les produire, car dès lors les animaux n'auront que des rêves de cette espèce ; et ces rêves, bien loin de supposer la mémoire, n'indiquent au contraire que la réminiscence matérielle.

Cependant je suis bien éloigné de croire que les somnambules, les gens qui parlent en dormant, qui répondent à des questions, etc., soient en effet occupés d'idées; l'âme ne me paraît avoir aucune part à toutes ces actions : car les somnambules vont, viennent, agissent sans réflexion, sans connaissance de leur situation, ni du péril, ni des inconvénients qui accompagnent leurs démarches; les seules facultés animales sont en exercice, et même-elles n'y sont pas toutes. Un somnambule est, dans cet état, plus stupide qu'un imbécile, parce qu'il n'y a qu'une partie de ses sens et de son

sentiment qui soit alors en exercice, au lieu que l'imbécile
dispose de tous ses sens, et jouit du sentiment dans toute son
étendue. Et à l'égard des gens qui parlent en dormant, je ne
crois pas qu'ils disent rien de nouveau. La réponse à certaines questions triviales et usitées, la répétition de quelques
phrases communes, ne prouvent pas l'action de l'âme; tout
cela peut s'opérer indépendamment du principe de la connaissance et de la pensée. Pourquoi dans le sommeil ne parlerait-
on pas sans penser, puisqu'en s'examinant soi-même, lorsqu'on est le mieux éveillé, on s'aperçoit surtout dans les
passions qu'on dit tant de choses sans réflexion?

A l'égard de la cause occasionnelle des rêves, qui fait que
les sensations antérieures se renouvellent sans être excitées
par les objets présents ou par des sensations actuelles, on
observera que l'on ne rêve point lorsque le sommeil est
profond; tout est alors assoupi, on dort en dehors et en
dedans. Mais le sens intérieur s'endort le dernier et se
réveille le premier, parce qu'il est plus vif, plus actif, plus
aisé à ébranler que les sens extérieurs : le sommeil est dès
lors moins complet et moins profond; c'est là le temps des
songes illusoires; les sensations antérieures, surtout celles sur
lesquelles nous n'avons pas réfléchi, se renouvellent; le sens
intérieur, ne pouvant être occupé par des sensations actuelles
à cause de l'inaction des sens externes, agit et s'exerce sur
ces sensations passées; les plus fortes sont celles qu'il saisit
le plus souvent; plus elles sont fortes, plus les situations
sont excessives, et c'est par cette raison que presque tous les
rêves sont effroyables ou charmants.

Il n'est donc pas même nécessaire que les sens extérieurs
soient absolument assoupis pour que le sens intérieur matériel
puisse agir de son propre mouvement; il suffit qu'ils soient
sans exercice. Dans l'habitude où nous sommes de nous livrer
régulièrement à un repos anticipé, on ne s'endort pas toujours aisément; le corps et les membres, mollement étendus,
sont sans mouvement; les yeux, doublement voilés par la
paupière et les ténèbres, ne peuvent s'exercer; la tranquillité
du lieu et le silence de la nuit rendent l'oreille inutile; les
autres sens sont également inactifs; tout est en repos, et rien

n'est encore assoupi. Dans cet état, lorsqu'on ne s'occupe pas
d'idées, et que l'âme est aussi dans l'inaction, l'empire appartient au sens intérieur matériel ; il est alors la seule puissance
qui agisse ; c'est là le temps des images chimériques, des
ombres voltigeantes : on veille, et cependant on éprouve les
effets du sommeil. Si l'on est en pleine santé, c'est une suite
d'images agréables, d'illusions charmantes : mais, pour peu
que le corps soit souffrant ou affaissé, les tableaux sont bien
différents : on voit des figures grimaçantes, des visages de
vieilles, des fantômes hideux qui semblent s'adresser à nous,
et qui se succèdent avec autant de bizarrerie que de rapidité ;
c'est la lanterne magique ; c'est une scène de chimères qui
remplissent le cerveau vide alors de toute autre sensation, et
les objets de cette scène sont d'autant plus vifs, d'autant
plus nombreux, d'autant plus désagréables, que les autres
facultés animales sont plus lésées, que les nerfs sont plus
délicats, et que l'on est plus faible, parce que les ébranlements causés par les sensations réelles étant, dans cet état de
faiblesse ou de maladie, beaucoup plus forts et plus désagréables que dans l'état de santé, les représentations de ces
sensations, que produit le renouvellement de ces ébranlements, doivent aussi être plus vives et plus désagréables.

Au reste, nous nous souvenons de nos rêves par la même
raison que nous nous souvenons des sensations que nous
venons d'éprouver ; et la seule différence qu'il y ait entre les
animaux et nous, c'est que nous distinguons parfaitement ce
qui appartient à nos rêves de ce qui appartient à nos idées
ou à nos sensations réelles ; et ceci est une comparaison, une
opération de la mémoire, dans laquelle entre l'idée du temps :
les animaux, au contraire, qui sont privés de la mémoire
et de cette puissance de comparer les temps, ne peuvent
distinguer leurs rêves de leurs sensations réelles, et l'on
peut dire que ce qu'ils ont rêvé leur est effectivement arrivé.

Les animaux n'ont pas la puissance de réfléchir : or, l'entendement est non-seulement une faculté de cette puissance
de réfléchir, mais c'est l'exercice-même de cette puissance,
c'en est le résultat, c'est ce qui la manifeste ; seulement
nous devons distinguer dans l'entendement deux opérations

différentes, dont la première sert de base à la seconde et la
précède nécessairement : cette première action de la puissance
de réfléchir est de comparer les sensations et d'en former des
idées, et la seconde est de comparer les idées mêmes et d'en
former des raisonnements. Par la première de ces opérations,
nous acquérons des idées particulières et qui suffisent à la
connaissance de toutes les choses sensibles ; par la seconde
nous nous élevons à des idées générales, nécessaires pour
arriver à l'intelligence des choses abstraites. Les animaux
n'ont ni l'une ni l'autre de ces facultés, parce qu'ils n'ont
point d'entendement ; et l'entendement de la plupart des
hommes paraît être borné à la première de ces opérations.

Car si tous les hommes étaient également capables de comparer des idées, de les généraliser et d'en former de nouvelles
combinaisons, tous manifesteraient leur génie par des productions nouvelles, toujours différentes de celles des autres, et
souvent plus parfaites ; tous auraient le don d'inventer ou du
moins les talents de perfectionner. Mais non : réduits à une
imitation servile, la plupart des hommes ne font que ce qu'ils
voient faire, ne pensent que de mémoire, et dans le même
ordre que les autres ont pensé ; les formules, les méthodes,
les métiers, remplissent toute la capacité de leur entendement, et les dispensent de réfléchir assez pour créer.

L'imagination est aussi une faculté de l'âme. Si nous enten-
dons par ce mot *imagination* la puissance que nous avons de
comparer des images avec des idées, de donner des couleurs
à nos pensées, de représenter et d'agrandir nos sensations,
de peindre le sentiment, en un mot, de saisir vivement les
circonstances et de voir nettement les rapports éloignés des
objets que nous considérons, cette puissance de notre âme en
est même la qualité la plus brillante et la plus active, c'est
l'esprit supérieur, c'est le génie ; les animaux en sont encore
plus dépourvus que d'entendement et de mémoire. Mais il y a
une autre imagination, un autre principe qui dépend uniquement des organes corporels, et qui nous est commun avec les
animaux : c'est cette action tumultueuse et forcée qui s'excite
au-dedans de nous-mêmes par les objets analogues ou contraires à nos appétits ; c'est cette impression vive et profonde des

images de ces objets, qui malgré nous se renouvelle à tout instant, et nous contraint d'agir comme les animaux, sans réflexion, sans délibération : cette représentation des objets, plus active encore que leur présence, exagère tout, falsifie tout. Cette imagination est l'ennemi de notre âme; c'est la source de l'illusion, la mère des passions qui nous maîtrisent, nous emportent malgré les efforts de la raison, et nous rendent le malheureux théâtre d'un combat continuel, où nous sommes presque toujours vaincus.

Homo duplex.

L'homme intérieur est double; il est composé de deux principes différents par leur nature, et contraires par leur action. L'âme, ce principe spirituel, ce principe de toute connaissance, est toujours en opposition avec cet autre principe animal et purement matériel : le premier est une lumière pure qu'accompagnent le calme et la sérénité, une source salutaire dont émanent la science, la raison, la sagesse; l'autre est une fausse lueur qui ne brille que par la tempête et dans l'obscurité, un torrent impétueux qui roule et entraîne à sa suite les passions et les erreurs.

Le principe animal se développe le premier : comme il est purement matériel, et qu'il consiste dans la durée des ébranlements et le renouvellement des impressions formées dans notre sens intérieur matériel par les objets analogues ou contraires à nos appétits, il commence à agir dès que le corps peut sentir de la douleur ou du plaisir; il nous détermine le premier et aussitôt que nous pouvons faire usage de nos sens. Le principe spirituel se manifeste plus tard; il se développe, il se perfectionne au moyen de l'éducation : c'est par la communication des pensées d'autrui que l'enfant en acquiert et devient lui-même pensant et raisonnable; et sans cette communication il ne serait que stupide ou fantasque, selon le degré d'inaction ou d'activité de son sens intérieur matériel.

Considérons un enfant lorsqu'il est en liberté, et loin de l'œil de ses maîtres; nous pouvons juger de ce qui se passe

au-dedans de lui par le résultat de ses actions extérieures : il
ne pense ni ne réfléchit à rien; il suit indifféremment toutes
les routes du plaisir; il obéit à toutes les impressions des
objets extérieurs; il s'agite sans raison; il s'amuse, comme
les jeunes animaux, à courir, à exercer son corps; il va, vient
et revient sans dessein, sans projet; il agit sans ordre et sans
suite : mais bientôt, rappelé par la voix de ceux qui lui ont
appris à penser, il se compose, il dirige ses actions, il donne
des preuves qu'il a conservé les pensées qu'on lui a communiquées. Le principe matériel domine donc dans l'enfance, et il
continuerait de dominer et d'agir presque seul pendant toute
la vie, si l'éducation ne venait à développer le principe spirituel, et mettre l'àme en exercice.

Il est aisé, en rentrant en soi-même, de reconnaître l'existence de ces deux principes : il y a des instants dans la vie, il
y a même des heures, des jours, des saisons, où nous pouvons
juger non-seulement de la certitude de leur existence, mais
aussi de leur contrariété d'action. Je veux parler de ces temps
d'ennui, d'indolence, de dégoût, où nous ne pouvons nous
déterminer à rien, où nous voulons ce que nous ne faisons
pas, et faisons ce que nous ne voulons pas; de cet état ou de
cette maladie à laquelle on a donné le nom de *vapeurs*, état
où se trouvent si souvent les hommes oisifs, et même les
hommes qu'aucun travail ne commande. Si nous nous observons dans cet état, notre *moi* nous paraîtra divisé en deux
personnes, dont la première, qui représente la faculté raisonnable, blâme ce que fait la seconde, mais n'est pas assez forte
pour s'y opposer efficacement et la vaincre : au contraire,
cette dernière étant formée de toutes les illusions de nos sens
et de notre imagination, elle contraint, elle enchaîne, et souvent elle accable la première, et nous fait agir contre ce que
nous pensons, ou nous force à l'inaction, quoique nous ayons
la volonté d'agir.

Dans le temps où la faculté raisonnable domine, on s'occupe
tranquillement de soi-même, de ses amis, de ses affaires; mais
on s'aperçoit encore, ne fût-ce que par des distractions invo-
lontaires, de la présence de l'autre principe. Lorsque celui-ci
vient à dominer à son tour, on se livre ardemment à sa dissi-

pation, à ses goûts, à ses passions, et à peine réfléchit-on par instants sur les objets qui nous occupent et qui nous remplissent tout entiers. Dans ces deux états nous sommes heureux : dans le premier nous commandons avec satisfaction, et dans le second nous obéissons encore avec plus de plaisir. Comme il n'y a que l'un des deux principes qui soit alors en action, et qu'il agit sans opposition de la part de l'autre, nous ne sentons aucune contrariété intérieure ; notre *moi* nous paraît simple, parce que nous n'éprouvons qu'une impulsion simple : et c'est dans cette unité d'action que consiste notre bonheur ; car pour peu que par des réflexions nous venions à blâmer nos plaisirs, ou que par la violence de nos passions nous cherchions à haïr la raison, nous cessons dès lors d'être heureux, nous perdons l'unité de notre existence, en quoi consiste notre tranquillité, la contrariété intérieure se renouvelle, les deux personnes se représentent en opposition, et les deux principes se font sentir, et se manifestent par les doutes, les inquiétudes et les remords.

De là on peut conclure que le plus malheureux de tous les êtres est celui où ces deux puissances souveraines de la nature de l'homme sont toutes deux en grand mouvement, mais en mouvement égal et qui fait équilibre ; c'est là le point de l'ennui le plus profond, de cet horrible dégoût de soi-même qui ne nous laisse d'autre désir que celui de cesser d'être, et ne nous permet qu'autant d'action qu'il en faut pour nous détruire, en tournant froidement contre nous des armes de fureur.

Quel état affreux ! je viens d'en peindre la nuance la plus noire ; mais combien n'y a-t-il pas d'autres sombres nuances qui doivent la précéder ! Toutes les situations voisines de cette situation, tous les états qui approchent de cet état d'équilibre, et dans lesquels les deux principes opposés ont peine à se surmonter, et agissent en même temps avec des forces presque égales, sont des temps de trouble, d'irrésolution et de malheur : le corps même vient à souffrir de ce désordre et de ces combats intérieurs ; il languit dans l'accablement, ou se consume par l'agitation que cet état produit.

Le bonheur de l'homme consistant dans l'unité de son intérieur[1], il est heureux dans le temps de l'enfance, parce que le principe matériel domine seul, et agit presque continuellement. La contrainte, les remontrances, et même les châtiments, ne sont que de petits chagrins; l'enfant ne les ressent que comme on sent les douleurs corporelles, le fond de son existence n'en est point affecté; il reprend, dès qu'il est en liberté, toute l'action, toute la gaieté que lui donnent la vivacité et la nouveauté de ses sensations : s'il était entièrement livré à lui-même, il serait parfaitement heureux; mais ce bonheur cesserait, il produirait même le malheur pour les âges suivants. On est donc obligé de contraindre l'enfant; il est triste mais nécessaire de le rendre malheureux par instants, puisque ces instants mêmes de malheur sont les germes de tout son bonheur à venir.

Dans la jeunesse, lorsque le principe spirituel commence à entrer en exercice, et qu'il pourrait déjà nous conduire, il naît un nouveau sens matériel qui prend un empire absolu, et commande si impérieusement à toutes nos facultés que l'âme elle-même semble se prêter avec plaisir aux passions impétueuses qu'il produit : le principe matériel domine donc encore, et peut-être avec plus d'avantage que jamais; car nonseulement il efface et soumet la raison, mais il la pervertit et s'en sert comme d'un moyen de plus; on ne pense et on n'agit que pour approuver et pour satisfaire sa passion. Tant que cette ivresse dure, on est heureux; les contradictions et les peines extérieures semblent resserrer encore l'unité de l'intérieur; elles fortifient la passion, elles en remplissent les intervalles languissants, elles réveillent l'orgueil, et achèvent de tourner toutes leurs vues vers le même objet, et toutes nos puissances vers le même but.

Mais ce bonheur va passer comme un songe, le charme dis-

[1] Cela ne suffit pas pour le bonheur; il faut le développement de toutes les facultés et la possession de leur objet. Voilà pourquoi le bonheur est si imparfait dans la vie présente. Dans l'enfance, on est heureux à la manière des animaux privés de raison. Ce bonheur ne peut paraître digne d'envie qu'à des âmes bien abaissées. Le dix-huitième siècle inclinait en ce sens, et Buffon n'a pas su toujours réagir contre la tendance générale. On s'en aperçoit en maint passage. Nous avertissons une fois pour toutes.   (N. E.)

paraît, le dégoût suit, un vide affreux succède à la plénitude des sentiments dont on était occupé. L'âme, au sortir de ce sommeil léthargique, a peine à se reconnaître ; elle a perdu par l'esclavage l'habitude de commander, elle n'en a plus la force, elle regrette même la servitude et cherche un nouveau maître, un nouvel objet de passion qui disparaît bientôt à son tour, pour être suivi d'un autre qui dure encore moins : ainsi les excès et les dégoûts se multiplient, les plaisirs fuient, les organes s'usent ; le sens matériel, loin de pouvoir commander, n'a plus la force d'obéir. Que reste-t-il à l'homme après une telle jeunesse ? un corps énervé, une âme amollie, et l'impuissance de se servir de tous deux.

Aussi a-t-on remarqué que c'est dans le moyen âge que les hommes sont le plus sujets à ces langueurs de l'âme, à cette maladie intérieure, à cet état de vapeurs dont j'ai parlé. On court encore à cet âge après les plaisirs de la jeunesse : on les cherche par habitude, et non par besoin ; et comme à mesure qu'on avance il arrive toujours plus fréquemment qu'on sent moins le plaisir que l'impuissance d'en jouir, on se trouve contredit par soi-même, humilié par sa propre faiblesse si nettement et si souvent qu'on ne peut s'empêcher de se blâmer, de condamner ses actions, et de se reprocher même ses désirs.

D'ailleurs c'est à cet âge que naissent les soucis et que la vie est la plus contentieuse : car on a pris un état, c'est-à-dire qu'on est entré par hasard ou par choix dans une carrière qu'il est toujours honteux de ne pas fournir, et souvent très-dangereux de remplir avec éclat. On marche donc péniblement entre deux écueils également formidables, le mépris et la haine ; on s'affaiblit par les efforts qu'on fait pour les éviter, et l'on tombe dans le découragement : car, lorsqu'à force d'avoir vécu et d'avoir reconnu, éprouvé les injustices des hommes, on a pris l'habitude d'y compter comme sur un mal nécessaire ; lorsqu'on s'est enfin accoutumé à faire moins de cas de leurs jugements que de son repos, et que le cœur, endurci par les cicatrices mêmes des coups qu'on lui a portés, est devenu plus insensible, on arrive aisément à cet état d'indifférence, à cette quiétude indolente, dont on aurait rougi quelques années auparavant. La gloire, ce puissant mobile de toutes les grandes âmes, et qu'on voyait de loin comme un but éclatant qu'on s'efforçait d'atteindre par des actions brillantes et des travaux utiles, n'est plus qu'un objet sans attraits pour ceux qui en ont approché, et un fantôme vain et trompeur pour les autres qui sont restés dans l'éloignement. La paresse prend sa place, et semble offrir à tous des routes plus aisées et des biens plus solides : mais le dégoût la précède, et l'ennui la suit; l'ennui, ce triste tyran de toutes les âmes qui pensent, contre lequel la sagesse peut moins que la folie.

C'est donc parce que la nature de l'homme est composée de deux principes opposés, qu'il a tant de peine à se concilier avec lui-même; c'est de là que viennent son inconstance, son irrésolution, ses ennuis.

Les animaux au contraire dont la nature est simple et purement matérielle, ne ressentent ni combats intérieurs, ni opposition, ni trouble; ils n'ont ni nos regrets, ni nos remords, ni nos espérances, ni nos craintes.

Séparons de nous tout ce qui appartient à l'âme; ôtons-nous l'entendement, l'esprit et la mémoire; ce qui nous restera sera la partie matérielle par laquelle nous sommes animaux : nous aurons encore des besoins, des sensations, des appétits; nous aurons de la douleur et du plaisir; nous aurons même des passions; car une passion est-elle autre chose qu'une sensation plus forte que les autres, et qui se renouvelle à tout instant? or nos sensations pourront se renouveler dans notre sens intérieur matériel; nous aurons donc toutes les passions, du moins toutes les passions aveugles que l'âme, ce principe de la connaissance, ne peut ni produire ni fomenter.

C'est ici le point le plus difficile : comment pourrons-nous, surtout avec l'abus que l'on a fait des termes, nous faire entendre et distinguer nettement les passions qui n'appartiennent qu'à l'homme de celles qui lui sont communes avec les animaux? est-il certain, est-il croyable que les animaux puissent avoir des passions? n'est-il pas au contraire convenu que toute passion est une émotion de l'âme? doit-on par conséquent chercher ailleurs que dans ce principe spirituel les germes de l'orgueil, de l'envie, de l'ambition, de l'avarice, et de toutes les passions qui nous commandent?

Je ne sais, mais il me semble que tout ce qui commande à l'âme est hors d'elle; il me semble que le principe de la connaissance n'est point celui du sentiment; il me semble que le germe de nos passions est dans nos appétits, que les illusions viennent de nos sens, et résident dans notre sens intérieur matériel; que d'abord l'âme n'y a de part que par son silence; que quand elle s'y prête elle est subjuguée et pervertie lorsqu'elle s'y complaît.

Distinguons donc dans les passions de l'homme le physique et le moral : l'un est la cause, l'autre est l'effet. La première émotion est dans le sens intérieur matériel; l'âme peut la recevoir, mais elle ne la produit pas. Distinguons aussi les mouvements instantanés des mouvements durables, et nous verrons d'abord que la peur, l'horreur, la colère sont des sentiments qui, quoique durables, ne dépendent que de l'impression des objets sur nos sens, combinée avec les impressions subsistantes de nos sensations antérieures, et que par conséquent ces passions doivent nous être communes avec les animaux. Je dis que les impressions actuelles des objets sont combinées avec les impressions subsistantes de nos sensations antérieures, parce que rien n'est horrible, rien n'est effrayant, rien n'est attrayant pour un homme ou pour un animal qui voit pour la première fois. On peut en faire l'épreuve sur de jeunes animaux; j'en ai vu se jeter au feu, la première fois qu'on les y présentait : ils n'acquièrent de l'expérience que par des actes réitérés, dont les impressions subsistent dans leur sens intérieur; et quoique leur expérience ne soit point raisonnée, elle n'en est pas moins sûre, elle n'en est même que plus circonspecte : car un grand bruit, un mouvement violent, une figure extraordinaire, qui se présente ou se fait entendre subitement et pour la première fois, produit dans l'animal une secousse dont l'effet est semblable aux premiers mouvements de la peur. Mais ce sentiment n'est qu'instantané : comme il ne peut se combiner avec aucune sensation précédente, il ne peut donner à l'animal qu'un ébranlement momentané, et non pas une émotion durable, telle que la suppose la passion de la peur.

Un jeune animal, tranquille habitant des forêts, qui tout à coup entend le son éclatant d'un cor, ou le bruit subit et nouveau d'une arme à feu, tressaillit, bondit et fuit, par la seule violence de la secousse qu'il vient d'éprouver. Cependant si ce bruit est sans effet, s'il cesse, l'animal reconnaît d'abord le silence ordinaire de la nature; il se calme, s'arrête, et regagne à pas égaux sa paisible retraite. Mais l'âge et l'expérience le rendront bientôt circonspect et timide, dès qu'à l'occasion d'un bruit pareil il se sera senti blessé, atteint ou poursuivi. Ce sentiment de peine ou cette sensation de douleur se conserve dans son sens intérieur; et lorsque le même bruit se fait encore entendre, elle se renouvelle, et, se combinant avec l'ébranlement actuel, elle produit un sentiment durable, une passion subsistante, une vraie peur : l'animal fuit, et fuit de toutes ses forces; il fuit très-loin, il fuit longtemps, il fuit toujours, puisque souvent il abandonne à jamais son séjour ordinaire.

La peur est donc une passion dont l'animal est susceptible, quoiqu'il n'ait pas nos craintes raisonnées ou prévues. Il en est de même de l'horreur, de la colère, quoiqu'il n'ait ni nos aversions réfléchies, ni nos haines durables, ni nos amitiés constantes. L'animal a toutes ces passions premières, elles ne supposent aucune connaissance, aucune idée, et ne sont fondées que sur l'expérience du sentiment, c'est-à-dire sur la répétition des actes de douleur ou de plaisir, et le renouvellement des sensations antérieures du même genre. La colère, ou si l'on veut, le courage naturel, se remarque dans les animaux qui sentent leurs forces, c'est-à-dire qui les ont éprouvées, mesurées, et trouvées supérieures à celles des autres. La peur est le partage des faibles.

Mais les animaux sont-ils bornés aux seules passions que nous venons de décrire? Il me semble qu'indépendamment de ces passions, dont le sentiment naturel, ou plutôt l'expérience du sentiment rend les animaux susceptibles, ils ont encore des passions qui leur sont communiquées, et qui viennent de l'éducation, de l'exemple, de l'imitation et de l'habitude : ils ont leur espèce d'amitié, leur espèce d'orgueil, leur espèce d'ambition, et quoiqu'on puisse déjà s'être assuré, par ce que nous avons dit, que, dans toutes leurs opérations et dans tous les actes qui émanent de leurs passions, il n'entre ni réflexion, ni pensée, ni même aucune idée ; cependant, comme les habitudes dont nous parlons sont celles qui semblent le plus supposer quelques degrés d'intelligence, et que c'est ici où la nuance entre eux et nous est la plus délicate et la plus difficile à saisir, ce doit être aussi celle que nous devons examiner avec le plus de soin.

Y a-t-il rien de comparable à l'attachement du chien pour la personne de son maître? On en a vu mourir sur le tombeau qui la renfermait. Mais sans vouloir citer les prodiges ni les héros d'aucun genre, quelle fidélité à accompagner, quelle constance à suivre, quelle attention à défendre son maître! quel empressement à rechercher ses caresses! quelle docilité à lui obéir! quelle patience à souffrir sa mauvaise humeur, et des châtiments souvent injustes! quelle douceur et quelle humilité pour tâcher de rentrer en grâce! que de mouvements, que d'inquiétudes, que de chagrin, s'il est absent! que de joie lorsqu'il se retrouve! A tous ces traits peut-on méconnaître l'amitié? se marque-t-elle, même parmi nous, par des caractères aussi énergiques?

Il en est de cette amitié comme de celle d'une femme pour son serin, d'un enfant pour son jouet, etc. : toutes deux sont aussi peu réfléchies ; toutes deux ne sont qu'un sentiment aveugle : celui de l'animal est seulement plus naturel, puisqu'il est fondé sur le besoin, tandis que l'autre n'a pour objet qu'un insipide amusement auquel l'âme n'a point de part. Ces habitudes puériles ne durent que par le désœuvrement, et n'ont de force que par le vide de la tête; et le goût pour les magots et le culte des idoles, l'attachement, en un mot, aux choses inanimées, n'est-il pas le dernier degré de la stupidité? Cependant que de créateurs d'idoles et de magots dans ce monde! que de gens adorent l'argile qu'ils ont pétrie! combien d'autres sont amoureux de la glèbe qu'ils ont remuée!

Il s'en faut donc bien que tous les attachements viennent de l'âme, et que la faculté de pouvoir s'attacher suppose nécessairement la puissance de penser et de réfléchir, puisque c'est lorsqu'on pense et qu'on réfléchit le moins que naissent la plupart de nos attachements; que c'est encore faute de penser et de réfléchir qu'ils se confirment et se tournent en habitude; qu'il suffit de quelque chose qui flatte nos sens pour que nous l'aimions, et enfin qu'il ne faut que s'occuper souvent et longtemps d'un objet pour en faire une idole.

Mais l'amitié suppose cette puissance de réfléchir; c'est de tous les attachements le plus digne de l'homme et le seul qui ne le dégrade point. L'amitié n'émane que de la raison, l'impression des sens n'y fait rien; c'est l'âme de son ami qu'on aime; et pour aimer une âme il faut en avoir une, il faut en avoir fait usage, l'avoir connue, l'avoir comparée et trouvée de niveau à ce que l'on peut connaître de celle d'un autre : l'amitié suppose donc non-seulement le principe de la connaissance, mais l'exercice actuel et réfléchi de ce principe.

Ainsi l'amitié n'appartient qu'à l'homme, et l'attachement peut appartenir aux animaux : le sentiment seul suffit pour qu'ils s'attachent aux gens qu'ils voient souvent, à ceux qui les soignent, qui les nourrissent, etc. Le seul sentiment suffit encore pour qu'ils s'attachent aux objets dont ils sont forcés de s'occuper.

L'orgueil et l'ambition des animaux tiennent à leur courage naturel, c'est-à-dire au sentiment qu'ils ont de leur force, de leur agilité, etc. Les grands dédaignent les petits et semblent mépriser leur audace insultante. On augmente même par l'éducation ce sang-froid, cet *à propos* de courage; on augmente aussi leur ardeur; on leur donne de l'éducation par l'exemple : car ils sont susceptibles et capables de tout, excepté de raison. En général, les animaux peuvent apprendre à faire mille fois tout ce qu'ils ont fait une fois, à faire de suite ce qu'ils ne faisaient que par intervalles, à faire pendant longtemps ce qu'ils ne faisaient que pendant un instant, à faire volontiers ce qu'ils ne faisaient d'abord que par force, à faire par habitude ce qu'ils ont fait une fois par hasard, à faire d'eux-mêmes ce qu'ils voient faire aux autres. L'imitation est de tous les résultats de la machine animale le plus admirable; c'en est le mobile le plus délicat et le plus étendu; c'est ce qui copie de plus près la pensée; et, quoique la cause en soit dans les animaux purement matérielle et mécanique, c'est par ces effets qu'ils nous étonnent davantage. Les hommes n'ont jamais plus admiré les singes que quand ils les ont vus imiter les actions humaines. En effet, il n'est point trop aisé de distinguer certaines copies de certains originaux : il y a si peu de gens d'ailleurs qui voient nettement combien il y a de distance entre faire et contrefaire, que les singes doivent être, pour le gros du genre humain, des êtres étonnants, humiliants, au point qu'on ne peut guère trouver mauvais qu'on ait donné sans hésiter plus d'esprit au singe qui contrefait et copie l'homme, qu'à l'homme (si peu rare parmi nous) qui ne fait ni ne copie rien.

Cependant les singes sont tout au plus des gens à talent que nous prenons pour des gens d'esprit : quoiqu'ils aient l'art de nous imiter, ils n'en sont pas moins de la nature des bêtes, qui toutes ont plus ou moins le talent de l'imitation. A la vérité, dans presque tous les animaux, ce talent est borné à l'espèce même, et ne s'étend point au delà de l'imitation de leurs semblables; au lieu que le singe, qui n'est pas plus de notre espèce que nous ne sommes de la sienne, ne laisse pas de copier quelques-unes de nos actions : mais c'est parce qu'il nous ressemble à quelques égards; c'est parce qu'il est extérieurement à peu près comme nous : et cette ressemblance grossière suffit pour qu'il puisse se donner des mouvements et même des suites de mouvements semblables aux nôtres, pour qu'il puisse, en un mot, nous imiter grossièrement, en sorte que tous ceux qui ne jugent des choses que par l'extérieur trouvent ici, comme ailleurs, du dessein, de l'intelligence, et de l'esprit, tandis qu'en effet il n'y a que des rapports de figure, de mouvement et d'organisation.

C'est par les rapports de mouvement que le chien prend les habitudes de son maître; c'est par les rapports de figure que le singe contrefait les gestes humains; c'est par les rapports d'organisation que le serin répète des airs de musique, et que le perroquet imite le signe le moins équivoque de la pensée, la parole qui met à l'extérieur autant de différence entre l'homme et l'homme qu'entre l'homme et la bête, puisqu'elle exprime dans les uns la lumière et la supériorité de l'esprit, qu'elle ne laisse apercevoir dans les autres qu'une confusion d'idées obscures ou empruntées, et que dans l'imbécile ou le perroquet elle marque le dernier degré de la stupidité, c'est-à-dire l'impossibilité où ils sont tous deux de produire intérieurement la pensée, quoiqu'il ne leur manque aucun des organes nécessaires pour la rendre au dehors.

Il est aisé de prouver encore mieux que l'imitation n'est qu'un effet mécanique, un résultat purement machinal, dont la perfection dépend de la vivacité avec laquelle le sens intérieur matériel reçoit les impressions des objets, et de la facilité de les rendre au dehors par la similitude et la souplesse des organes extérieurs. Les gens qui ont les sens exquis, délicats, faciles à ébranler, et les membres obéissants, agiles, et flexibles, sont, toutes choses égales d'ailleurs, les meilleurs acteurs, les meilleurs pantomimes, les meilleurs singes. Les enfants sans y songer prennent les habitudes du corps, empruntent les gestes, imitent les manières de ceux avec qui ils vivent; ils sont aussi très-portés à répéter et à contrefaire. La plupart des jeunes gens les plus vifs et les moins pensants, qui ne voient que par les yeux du corps, saisissent cependant merveilleusement le ridicule des figures; toute forme bizarre les affecte, toute représentation les frappe, toute nouveauté les émeut; l'impression en est si forte qu'ils représentent eux-mêmes, ils racontent avec enthousiasme, ils copient facilement et avec grâce : ils ont donc supérieurement le talent de l'imitation, qui suppose l'organisation la plus parfaite, les dispositions du corps les plus heureuses, et auquel rien n'est plus opposé qu'une forte dose de bon sens.

Ainsi, parmi les hommes, ce sont ordinairement ceux qui réfléchissent le moins qui ont le plus le talent de l'imitation : il n'est donc pas surprenant qu'on le trouve dans les animaux qui ne réfléchissent point du tout; ils doivent même l'avoir à un plus haut degré de perfection, parce qu'ils n'ont rien qui s'y oppose, parce qu'ils n'ont aucun principe par lequel ils puissent avoir la volonté d'être différents les uns des autres. C'est par notre âme que nous différons entre nous; c'est par notre âme que nous sommes *nous;* c'est d'elle que vient la diversité de nos caractères, et la variété de nos actions. Les animaux, au contraire, qui n'ont point d'âme n'ont point le *moi* qui est le principe de la différence, la cause qui constitue la personne : ils doivent donc, lorsqu'ils se ressemblent par l'organisation ou qu'ils sont de la même espèce, se copier tous, faire tous les mêmes choses et de la même façon, et s'imiter, en un mot, beaucoup plus parfaitement que les hommes ne peuvent s'imiter les uns les autres; et par conséquent ce talent d'imitation, bien loin de supposer de l'esprit et de la pensée dans les animaux, prouve au contraire qu'ils en sont absolument privés.

C'est par la même raison que l'éducation des animaux, quoique fort courte, est toujours heureuse : ils apprennent en très-peu de temps presque tout ce que savent leurs père et mère, et c'est par l'imitation qu'ils l'apprennent; ils ont donc non-seulement l'expérience qu'ils peuvent acquérir par le sentiment, mais ils profitent encore par le moyen de l'imitation de l'expérience que les autres ont acquise. Les jeunes animaux se modèlent sur les vieux : ils voient que ceux-ci s'approchent ou fuient lorsqu'ils entendent certains bruits, lorsqu'ils aperçoivent certains objets, lorsqu'ils sentent certaines odeurs : ils s'approchent aussi ou fuient d'abord avec eux sans autre cause déterminante que l'imitation, ensuite ils s'approchent ou fuient d'eux-mêmes et tout seuls, parce qu'ils ont pris l'habitude de s'approcher ou de fuir toutes les fois qu'ils ont éprouvé les mêmes sensations.

Après avoir comparé l'homme à l'animal, pris chacun individuellement, je vais comparer l'homme en société avec l'animal en troupe, et rechercher en même temps quelle peut être la cause de cette espèce d'industrie qu'on remarque dans certains animaux, même dans les espèces les plus viles et les plus nombreuses. Que de choses ne dit-on pas de celles de certains insectes! Nos observateurs admirent à l'envi l'intelligence et les talents des abeilles : elles ont, disent-ils, un génie particulier, un art qui n'appartient qu'à elles, l'art de se bien gouverner. Il faut savoir observer pour s'en apercevoir : mais une ruche est une république où chaque individu ne travaille que pour la société, où tout est ordonné, distribué, réparti avec une prévoyance, une équité, une prudence admirables; Athènes n'était pas mieux conduite, ni mieux policée.

Plus on observe ce panier de mouches, et plus on découvre
de merveilles, un fonds de gouvernement inaltérable et toujours le même, un respect profond pour la personne en place,
une vigilance singulière pour son service, la plus soigneuse
attention pour ses plaisirs, un amour constant pour la patrie,
une ardeur inconcevable pour le travail, une assiduité à l'ouvrage que rien n'égale, le plus grand désintéressement joint à
la plus grande économie, la plus fine géométrie employée à la
plus élégante architecture, etc. Je ne finirais point si je vou-
lais seulement parcourir les annales de cette république, et
tirer de l'histoire de ces insectes tous les traits qui ont excité
l'admiration de leurs historiens.

C'est qu'indépendamment de l'enthousiasme qu'on prend
pour son sujet, on admire toujours d'autant plus qu'on observe
davantage et qu'on raisonne moins. Y a-t-il en effet rien de
plus gratuit que cette admiration pour les mouches, et que
ces vues morales qu'on voudrait leur prêter, que cet amour du
bien commun qu'on leur suppose, que cet instinct singulier
qui équivaut à la géométrie la plus sublime, instinct qu'on
leur a nouvellement accordé, par lequel les abeilles résolvent
sans hésiter le problème de *bâtir le plus solidement qu'il soit
possible, dans le moindre espace possible, avec la plus grande
économie possible?* Que penser de l'excès auquel on a porté le
détail de ces éloges? car enfin une mouche ne doit pas tenir
dans la tête d'un naturaliste plus de place qu'elle n'en tient
dans la nature; et cette république merveilleuse ne sera jamais
aux yeux de la raison qu'une foule de petites bêtes qui n'ont
d'autre rapport avec nous que celui de nous fournir de la cire
et du miel.

Ce n'est point la curiosité que je blâme ici, ce sont les raisonnements et les exclamations. Qu'on ait observé avec attention leurs manœuvres, qu'on ait suivi avec soin leurs procédés
et leur travail, qu'on ait décrit exactement leur génération,
leur multiplication, leurs métamorphoses, etc., tous ces objets
peuvent occuper le loisir d'un naturaliste : mais c'est la morale, c'est la théologie des insectes que je ne puis entendre
prêcher; ce sont les merveilles que les observateurs y mettent
et sur lesquelles ensuite ils se récrient, comme si elles y

étaient en effet, qu'il faut examiner ; c'est cette intelligence,
cette prévoyance, cette connaissance même de l'avenir qu'on
leur accorde avec tant de complaisance, et que cependant on
doit leur refuser rigoureusement, que je vais tâcher de réduire à sa juste valeur.

Les mouches solitaires n'ont, de l'aveu de ces observateurs,
aucun esprit en comparaison des mouches qui vivent ensemble ; celles qui ne forment que de petites troupes en ont moins
que celles qui sont en grand nombre ; et les abeilles, qui de
toutes sont peut-être celles qui forment la société la plus nombreuse, sont aussi celles qui ont le plus de génie. Cela seul ne
suffit-il pas pour faire penser que cette apparence d'esprit ou
de génie n'est qu'un résultat purement mécanique, une combi-
naison de mouvement proportionnel au nombre, un rapport
qui n'est compliqué que parce qu'il dépend de plusieurs mil-
liers d'individus ? Ne sait-on pas que tout rapport, tout désordre même, pourvu qu'il soit constant, nous paraît une
harmonie dès que nous en ignorons les causes, et que de la
supposition de cette apparence d'ordre à celle de l'intelligence il n'y a qu'un pas, les hommes aimant mieux admirer
qu'approfondir ?

On conviendra donc d'abord, qu'à prendre les mouches une
à une, elles ont moins de génie que le chien, le singe, et la
plupart des animaux ; on conviendra qu'elles ont moins de
docilité, moins d'attachement, moins de sentiment, moins,
en un mot, de qualités relatives aux nôtres : dès lors on doit
convenir que leur intelligence apparente ne vient que de leur
multitude réunie. Cependant cette réunion même ne suppose
aucune intelligence ; car ce n'est point par des vues morales
qu'elles se réunissent, c'est sans leur consentement qu'elles
se trouvent ensemble. Cette société n'est donc qu'un assem-
blage physique ordonné par la nature et indépendant de toute
vue, de toute connaissance, de tout raisonnement. La mère
abeille produit dix mille individus tout à la fois et dans un
même lieu ; ces dix mille individus, fussent-ils encore mille
fois plus stupides que je ne le suppose, seront obligés, pour
continuer seulement d'exister, de s'arranger de quelque façon :
comme ils agissent tous les uns comme les autres avec des

forces égales, eussent-ils commencé par se nuire, à force de se nuire ils arriveront bientôt à se nuire le moins qu'il sera possible, c'est-à-dire à s'aider; ils auront donc l'air de s'entendre et de concourir au même but. L'observateur leur prêtera bientôt des vues et tout l'esprit qui leur manque; il voudra rendre raison de chaque action, chaque mouvement aura bientôt son motif, et de là sortiront des merveilles ou des monstres de raisonnements sans nombre; car ces dix mille individus, qui ont été tous produits à la fois, qui ont habité ensemble, qui se sont tous métamorphosés à peu près en même temps, ne peuvent manquer de faire tous la même chose, et, pour peu qu'ils aient de sentiment, de prendre des habitudes communes, de s'arranger, de se trouver bien ensemble, de s'occuper de leur demeure, d'y revenir après s'en être éloignés, etc.; et de là l'architecture, la géométrie, l'ordre, la prévoyance, l'amour de la patrie, la république, en un mot, le tout fondé, comme l'on voit, sur l'admiration de l'observateur.

La nature n'est-elle pas assez étonnante par elle-même, sans chercher encore à nous surprendre en nous étourdissant de merveilles qui n'y sont pas et que nous y mettons? Le Créateur n'est-il pas assez grand par ses ouvrages, et croyons-nous le faire plus grand par notre imbécillité? Ce serait, s'il pouvait l'être, la façon de le rabaisser. Lequel en effet a de l'Être suprême la plus grande idée, celui qui le voit créer l'univers, ordonner les existences, fonder la nature sur des lois invariables et perpétuelles, ou celui qui le cherche et veut le trouver attentif à conduire une république de mouches, et fort occupé de la manière dont se doit plier l'aile d'un scarabée[1]?

---

[1] Tout ce passage sent le faux : il y a là une fausse idée de l'instinct des animaux, et, ce qui est plus grave, une fausse idée de la Providence. Nous avons indiqué, dans une note antérieure, le défaut de la théorie de Buffon sur l'instinct. Quant à la Providence, pour en avoir une idée digne d'elle, il faut la considérer comme la source de tout ordre, de tout bien, de toute existence. Dès lors, elle embrasse tout ce qui a l'être; rien n'échappe à son action, et comme cette action apparaît dans les plus petites choses, avec les caractères de la souveraine Sagesse, on a eu raison d'y voir la plus merveilleuse manifestation des perfections divines : *Maximus in minimis cernitur esse Deus.*   (N. E.)

Il y a parmi certains animaux une espèce de société qui semble dépendre du choix de ceux qui la composent, et qui par conséquent approche bien plus de l'intelligence et du dessein que la société des abeilles qui n'a d'autre principe qu'une nécessité physique : les éléphants, les castors, les singes, et plusieurs autres espèces d'animaux, se cherchent, se rassemblent, vont par troupes, se secourent, se défendent, s'avertissent, et se soumettent à des allures communes; si nous ne troublions pas si souvent ces sociétés, et que nous pussions les observer aussi facilement que celle des mouches, nous y verrions sans doute bien d'autres merveilles, qui cependant ne seraient que des rapports et des convenances physiques. Qu'on mette ensemble et dans un même lieu un grand nombre d'animaux de même espèce, il en résultera nécessairement un certain arrangement, un certain ordre, de certaines habitudes communes, comme nous le dirons dans l'histoire du daim, du lapin, etc. Or toute habitude commune, bien loin d'avoir pour cause le principe d'une intelligence éclairée, ne suppose au contraire que celui d'une aveugle imitation.

Parmi les hommes, la société dépend moins des convenances physiques que des relations morales. L'homme a d'abord mesuré sa force et sa faiblesse; il a comparé son ignorance et sa curiosité; il a senti que seul il ne pouvait suffire ni satisfaire par lui-même à la multiplicité de ses besoins; il a reconnu l'avantage qu'il aurait à renoncer à l'usage illimité de sa volonté pour acquérir un droit sur la volonté des autres; il a réfléchi sur l'idée du bien et du mal, il l'a gravée au fond de son cœur à la faveur de la lumière naturelle qui lui a été départie par la bonté du Créateur; il a vu que la solitude n'était pour lui qu'un état de danger et de guerre; il a cherché la sûreté et la paix dans la société; il y a porté ses forces et ses lumières pour les augmenter en les réunissant à celles des autres : cette réunion est de l'homme l'ouvrage le meilleur, c'est de sa raison l'usage le plus sage [1]. En effet, il n'est tran-

---

[1] Ce n'est pas la réflexion qui pousse d'abord l'homme vers l'état social; c'est un sentiment invincible, un besoin profond de notre nature, telle que Dieu l'a faite. (N. E.)

quille, il n'est fort, il n'est grand, il ne commande à l'univers que parce qu'il a su se commander à lui-même, se dompter, se soumettre, et s'imposer des lois ; l'homme, en un mot, n'est homme que parce qu'il a su se réunir à l'homme.

Il est vrai que tout a concouru à rendre l'homme sociable ; car quoique les grandes sociétés, les sociétés policées, dépendent certainement de l'usage et quelquefois de l'abus qu'il a fait de sa raison, elles ont sans doute été précédées par de petites sociétés qui ne dépendaient, pour ainsi dire, que de la nature. Une famille est une société naturelle, d'autant plus stable, d'autant mieux fondée, qu'il y a plus de besoin, plus de causes d'attachement. Bien différent des animaux, l'homme n'existe presque pas encore lorsqu'il vient de naître ; il est nu, faible, incapable d'aucun mouvement, privé de toute action, réduit à tout souffrir ; sa vie dépend des secours qu'on lui donne. Cet état de l'enfance imbécile, impuissante, dure longtemps ; la nécessité du secours devient donc une habitude, qui seule serait capable de produire l'attachement mutuel de l'enfant et des père et mère : mais comme, à mesure qu'il avance, l'enfant acquiert de quoi se passer plus aisément de secours, comme il a physiquement moins besoin d'aide, que les parents au contraire continuent à s'occuper de lui beaucoup plus qu'il ne s'occupe d'eux, il arrive toujours que l'amour descend beaucoup plus qu'il ne remonte ; l'attachement des père et mère devient excessif, aveugle, idolâtre, et celui de l'enfant reste tiède et ne reprend des forces que lorsque la raison vient à développer le germe de la reconnaissance.

Ainsi la société, considérée même dans une seule famille, suppose dans l'homme la faculté raisonnable ; la société, dans les animaux qui semblent se réunir librement et par convenance, suppose l'expérience du sentiment ; et la société des bêtes qui, comme les abeilles, se trouvent ensemble sans s'être cherchées, ne suppose rien ; quels qu'en puissent être les résultats, il est clair qu'ils n'ont été ni prévus, ni ordonnés, ni conçus par ceux qui les exécutent, et qu'ils ne dépendent que du mécanisme universel et des lois du mouvement établies par le Créateur. Qu'on mette ensemble dans le même lieu dix mille automates animés d'une force vive, et tous déterminés, par la ressemblance parfaite de leur forme extérieure et intérieure et par la conformité de leurs mouvements, à faire chacun la même chose dans ce même lieu, il en résultera nécessairement un ouvrage régulier : les rapports d'égalité, de similitude, de situation, s'y trouveront, puisqu'ils dépendent de ceux de mouvement que nous supposons égaux et conformes ; les rapports de juxtaposition, d'étendue, de figure, s'y trouveront aussi, puisque nous supposons l'espace donné et circonscrit ; et si nous accordons à ces automates le plus petit degré de sentiment, celui seulement qui est nécessaire pour sentir son existence, tendre à sa propre conservation, éviter les choses nuisibles, appéter les choses convenables, etc., l'ouvrage sera non-seulement régulier, proportionné, situé, semblable, égal, mais il aura encore l'air de la symétrie, de la solidité, de la commodité, etc., au plus haut point de perfection, parce qu'en le formant, chacun de ces dix mille individus a cherché à. s'arranger de la manière la plus commode pour lui, et qu'il a en même temps été forcé d'agir et de se placer de la manière la moins incommode aux autres.

Dirai-je encore un mot ? ces cellules des abeilles, ces hexagones tant vantés, tant admirés, me fournissent une preuve de plus contre l'enthousiasme et l'admiration[1]. Cette figure, toute géométrique et toute régulière qu'elle nous paraît, et qu'elle est en effet dans la spéculation, n'est ici qu'un résultat mécanique et assez imparfait qui se trouve souvent dans la nature, et que l'on remarque même dans ses productions les plus brutes. Les cristaux et plusieurs autres pierres, quelques sels, etc., prennent constamment cette figure dans leur formation. Qu'on observe les petites écailles de la peau d'une roussette, on verra qu'elles sont hexagones, parce que chaque écaille croissant en même temps, se fait obstacle, et tend à occuper le plus d'espace qu'il est possible dans un espace donné. On voit ces mêmes hexagones dans le second estomac des animaux ruminants ; on les trouve dans les graines, dans

[1] Dans l'instinct des animaux, ce n'est pas l'animal qui est un objet d'admiration, c'est le suprême Ordonnateur qui a mis tant de sagesse dans une propension aveugle et fatale. (N. E.)

leurs capsules, dans certaines fleurs, etc. Qu'on remplisse un vaisseau de pois, ou plutôt de quelque autre graine cylindrique, et qu'on le ferme exactement, après y avoir versé autant d'eau que les intervalles qui restent entre ces graines peuvent en recevoir; qu'on fasse bouillir cette eau, tous ces cylindres deviendront autant de colonnes à six pans. On en voit clairement la raison qui est purement mécanique : chaque graine dont la figure est cylindrique tend, par son renflement, à occuper le plus d'espace possible dans un espace donné; elles deviennent donc toutes nécessairement hexagones par la compression réciproque. Chaque abeille cherche à occuper de même le plus d'espace possible dans un espace donné; il est donc nécessaire aussi, puisque le corps des abeilles est cylindrique, que leurs cellules soient hexagones par la même raison des obstacles réciproques.

On donne plus d'esprit aux mouches dont les ouvrages sont les plus réguliers; les abeilles sont, dit-on, plus ingénieuses que les guêpes, que les frelons, etc., qui savent aussi l'architecture, mais dont les constructions sont plus grossières et plus irrégulières que celles des abeilles. On ne veut pas voir, ou l'on ne se doute pas que cette régularité plus ou moins grande dépend uniquement du nombre et de la figure, et nullement de l'intelligence de ces petites bêtes : plus elles sont nombreuses, plus il y a de forces qui agissent également et qui s'opposent de même, plus il y a par conséquent de contrainte mécanique, de régularité forcée, et de perfection apparente dans leurs productions.

Les animaux qui ressemblent le plus à l'homme par leur figure et par leur organisation seront donc, malgré les apologistes des insectes, maintenus dans la possession où ils étaient d'être supérieurs à tous les autres pour les qualités intérieures; et quoiqu'elles soient infiniment différentes de celles de l'homme, qu'elles ne soient, comme nous l'avons prouvé, que des résultats de l'exercice et de l'expérience du sentiment, ces animaux sont, par ces facultés mêmes, fort supérieurs aux insectes; et comme tout se fait et que tout est par nuances dans la nature, on peut établir une échelle pour juger des degrés des qualités intrinsèques de chaque animal,

en prenant pour premier terme la partie matérielle de .
l'homme, et plaçant successivement les animaux à différentes
distances, selon qu'en effet ils en approchent ou s'en éloignent davantage, tant par la forme extérieure que par l'organisation intérieure; en sorte que le singe, le chien, l'éléphant, et les autres quadrupèdes seront au premier rang;
les cétacés qui, comme les quadrupèdes et l'homme, ont de
la chair et du sang, qui sont comme eux vivipares, seront
au second; les oiseaux au troisième, parce qu'à tout prendre
ils diffèrent de l'homme plus que les cétacés et que les quadrupèdes; et s'il n'y avait pas des êtres qui, comme les
huîtres ou les polypes, semblent en différer autant qu'il est
possible, les insectes seraient avec raison les bêtes du dernier rang.

Mais si les animaux sont dépourvus d'entendement, d'esprit et de mémoire, s'ils sont privés de toute intelligence, si
toutes leurs facultés dépendent de leurs sens, s'ils sont bornés
à l'exercice et à l'expérience du sentiment seul, d'où peut
venir cette espèce de prévoyance qu'on remarque dans quelques-uns d'entre eux? le seul sentiment peut-il faire qu'ils ramassent des vivres pendant l'été pour subsister pendant l'hiver? ceci ne suppose-t-il pas une comparaison des temps, une
notion de l'avenir, une inquiétude raisonnée? pourquoi trou-
verait-on à la fin de l'automne dans le trou d'un mulot assez
de glands pour le nourrir jusqu'à l'été suivant? pourquoi cette
abondante récolte de cire et de miel dans les ruches? pourquoi
les fourmis font-elles des provisions? pourquoi les oiseaux
feraient-ils des nids, s'ils ne savaient pas qu'ils en auront besoin pour y déposer leurs œufs et y élever leurs petits, etc.,
et tant d'autres faits particuliers que l'on raconte de la prévoyance des renards, qui cachent leur gibier en différents endroits pour le retrouver au besoin et s'en nourrir pendant
plusieurs jours; de la subtilité raisonnée des hiboux qui savent ménager leur provision de souris, en leur coupant les
pattes pour les empêcher de fuir; de la pénétration merveilleuse des abeilles qui savent d'avance que leur reine doit
pondre dans un tel temps tel nombre d'œufs d'une certaine
espèce dont il doit sortir des vers de mouches mâles, et tel

autre nombre d'œufs d'une autre espèce qui doivent produire les mouches neutres, et qui, en conséquence de cette connaissance de l'avenir, construisent tel nombre d'alvéoles plus grands pour les premières, et tel autre nombre d'alvéoles plus petits pour les secondes? etc., etc.

Avant que de répondre à ces questions, et même de raisonner sur ces faits, il faudrait être assuré qu'ils sont réels et avérés; il faudrait qu'au lieu d'avoir été racontés par le peuple ou publiés par des observateurs amoureux du merveilleux, ils eussent été vus par des gens sensés, et recueillis par des philosophes; je suis persuadé que toutes les prétendues merveilles disparaîtraient, et qu'en y réfléchissant on trouverait la cause de chacun de ces effets en particulier. Mais admettons pour un instant la vérité de tous ces faits; accordons, avec ceux qui les racontent, le pressentiment, la prévision, la connaissance même de l'avenir aux animaux : en résultera-t-il que ce soit un effet de leur intelligence? Si cela était elle serait bien supérieure à la nôtre : car notre prévoyance est toujours conjecturale; nos notions sur l'avenir ne sont que douteuses, toute la lumière de notre âme suffit à peine pour nous faire entrevoir les probabilités des choses futures : dès lors les animaux qui en voient la certitude, puisqu'ils se déterminent d'avance et sans jamais se tromper, auraient en eux quelque chose de bien supérieur au principe de notre connaissance; ils auraient une âme bien pénétrante et bien plus clairvoyante que la nôtre. Je demande si cette conséquence ne répugne pas autant à la religion qu'à la raison.

Ce ne peut donc être par une intelligence semblable à la nôtre que les animaux aient une connaissance certaine de l'avenir, puisque nous n'en avons que des notions très-douteuses et très-imparfaites : pourquoi donc leur accorder si légèrement une qualité si sublime? pourquoi nous dégrader mal à propos? Ne serait-il pas moins déraisonnable, supposé qu'on ne pût pas douter des faits, d'en rapporter la cause à des lois mécaniques établies, comme toutes les autres lois de la nature, par la volonté du Créateur? La sûreté avec laquelle on suppose que les animaux agissent, la certitude de leur détermination suffirait seule pour qu'on dût en conclure que ce sont les effets d'un pur mécanisme. Le caractère de la raison le plus marqué, c'est le doute, c'est la délibération, c'est la comparaison : mais des mouvements et des actions qui n'annoncent que la décision et la certitude, prouvent en même temps le mécanisme et la stupidité.

Cependant, comme les lois de la nature, telles que nous les connaissons, n'en sont que les effets généraux, et que les faits dont il s'agit ne sont au contraire que des effets très-particuliers, il serait peu philosophique et peu digne de l'idée que nous devons avoir du Créateur, de charger mal à propos sa volonté de tant de petites lois ; ce serait déroger à sa toute-puissance et à la noble simplicité de la nature, que de l'embarrasser gratuitement de cette quantité de statuts particuliers, dont l'un ne serait fait que pour les mouches, l'autre pour les hiboux, l'autre pour les mulots, etc. Ne doit-on pas au contraire faire tous ses efforts pour ramener ces effets particuliers aux effets généraux, et, si cela n'était pas possible, mettre ces faits en réserve, et s'abstenir de vouloir les expliquer, jusqu'à ce que, par de nouveaux faits et par de nouvelles analogies, nous puissions en connaître les causes.

Voyons donc en effet s'ils sont inexplicables, s'ils sont si merveilleux, s'ils sont même avérés. La prévoyance des fourmis n'était qu'un préjugé : on la leur avait accordée en les observant ; on la leur a ôtée en les observant mieux. Elles sont engourdies tout l'hiver ; leurs provisions ne sont donc que des amas superflus, amas accumulés sans vues, sans connaissance de l'avenir, puisque par cette connaissance même elles en auraient prévu toute l'inutilité. N'est-il pas très-naturel que des animaux qui ont une demeure fixe, où ils sont accoutumés à transporter les nourritures dont ils ont actuellement besoin et qui flattent leur appétit, en transportent beaucoup plus qu'il ne leur en faut ; déterminés par le sentiment seul et par le plaisir de l'odorat ou de quelques autres de leurs sens, et guidés par l'habitude qu'ils ont prise d'emporter leurs vivres pour les manger en repos ? Cela même ne démontre-t-il pas qu'ils n'ont que du sentiment, et point de raisonnement ? C'est par la même raison que les abeilles ramassent beaucoup plus de cire et de miel qu'il ne leur en faut : ce n'est donc point du produit de leur intelligence, c'est des effets de leur stupidité que nous profitons; car l'intelligence les porterait nécessairement à ne ramasser qu'à peu près autant qu'elles ont besoin, et à s'épargner la peine de tout le reste, surtout après la triste expérience que ce travail est en pure perte, qu'on leur enlève tout ce qu'elles ont de trop, qu'enfin cette abondance est la seule cause de la guerre qu'on leur fait, et la source de la désolation et du trouble de leur société. Il est si vrai que ce n'est que par un sentiment aveugle qu'elles travaillent, qu'on peut les obliger à travailler pour ainsi dire autant que l'on veut. Tant qu'il y a des fleurs qui leur conviennent dans les pays qu'elles habitent, elles ne cessent d'en tirer le miel et la cire; elles ne discontinuent leur travail et ne finissent leur récolte que parce qu'elles ne trouvent plus rien à ramasser. On a imaginé de les transporter et de les faire voyager dans d'autres pays où il y a encore des fleurs : alors elles reprennent le travail; elles continuent à ramasser, à entasser, jusqu'à ce que les fleurs de ce nouveau canton soient épuisées ou flétries; et si on les porte dans un autre qui soit encore fleuri, elles continueront de même à recueillir, à amasser. Leur travail n'est donc point une prévoyance ni une peine qu'elles se donnent dans la vue de faire des provisions pour elles : c'est au contraire un mouvement dicté par le sentiment, et ce mouvement dure et se renouvelle autant et aussi longtemps qu'il existe des objets qui y sont relatifs[1].

Je me suis particulièrement informé des mulots, et j'ai vu quelques-uns de leurs trous; ils sont ordinairement divisés en deux : dans l'un ils font leurs petits; dans l'autre ils entassent tout ce qui flatte leur appétit. Lorsqu'ils font eux-mêmes leurs trous, ils ne les font pas grands, et alors ils ne peuvent y placer qu'une assez petite quantité de graines; mais lorsqu'ils trouvent sous le tronc d'un arbre un grand espace, ils s'y logent et ils le remplissent autant qu'ils peuvent de blé, de noix, de noisettes, de glands, selon le pays qu'ils habitent; en sorte

---

[1] Buffon aurait au moins dû remarquer que c'est fort heureux pour l'homme, qui profite de cet excès de travail, et généralement ne songe guère à le qualifier de stupide. (N. E.)

que la provision, au lieu d'être proportionnée au besoin de l'animal, ne l'est au contraire qu'à la capacité du lieu.

Voilà donc déjà les provisions des fourmis, des mulots, des abeilles, réduites à des tas inutiles, disproportionnés et ramassés sans vues; voilà les petites lois particulières de leur prévoyance supposée ramenées à la loi réelle et générale du sentiment. Il en sera de même de la prévoyance des oiseaux : il n'est pas nécessaire de leur accorder la connaissance de l'avenir, ou de recourir à la supposition d'une loi particulière que le Créateur aurait établie en leur faveur, pour rendre raison de la construction de leurs nids; ils sont conduits par degrés à les faire; ils trouvent d'abord un lieu qui convient, ils s'y arrangent, ils y portent ce qui le rendra plus commode : ce nid n'est qu'un lieu qu'ils reconnaîtront, qu'ils habiteront sans inconvénient, et où ils séjourneront tranquillement. Ils ont besoin mutuellement l'un de l'autre; ils se trouvent bien ensemble; ils cherchent à se cacher, à se dérober au reste de l'univers, devenu pour eux plus incommode et plus dangereux que jamais : ils s'arrêtent donc dans les endroits les plus touffus des arbres, dans les lieux les plus inaccessibles ou les plus obscurs; et pour s'y soutenir, pour y demeurer d'une manière moins incommode, ils entassent des feuilles, ils rangent des petits matériaux, et travaillent à l'envi à leur habitation commune. Les uns, moins adroits ou moins sensuels, ne font que des ouvrages grossièrement ébauchés; d'autres se contentent de ce qu'ils trouvent tout fait, et n'ont pas d'autre domicile que les trous qui se présentent, ou les pots qu'on leur offre. Toutes ces manœuvres sont relatives à leur organisation et dépendantes du sentiment qui ne peut, à quelque degré qu'il soit, produire le raisonnement, et encore moins donner cette prévision intuitive, cette connaissance certaine de l'avenir qu'on leur suppose.

On peut le prouver par des exemples familiers. Non-seulement ces animaux ne savent pas ce qui doit arriver, mais ils ignorent même ce qui est arrivé. Une poule ne distingue pas ses œufs de ceux d'un autre oiseau; elle ne voit point que les petits canards qu'elle vient de faire éclore ne lui appartiennent point; elle couve des œufs de craie, dont il ne doit rien résulter, avec autant d'attention que ses propres œufs; elle ne connaît donc ni le passé ni l'avenir, et se trompe encore sur le présent. Pourquoi les oiseaux de basse-cour ne font-ils pas des nids comme les autres? n'est-ce pas qu'étant domestiques, familiers, et accoutumés à être à l'abri des inconvénients et des dangers, ils n'ont aucun besoin de se soustraire aux yeux, aucune habitude de chercher leur sûreté dans la retraite et dans la solitude? Cela même pourrait encore se prouver par le fait; car, dans la même espèce, l'oiseau sauvage fait souvent ce que l'oiseau domestique ne fait point. La gélinotte et la cane sauvage font des nids; la poule et la cane domestique n'en font point. Les nids des oiseaux, les cellules des mouches, les provisions des abeilles, des fourmis, des mulots, ne supposent donc aucune intelligence dans l'animal, et n'émanent pas de quelques lois particulièrement établies pour chaque espèce, mais dépendent, comme toutes les autres opérations des animaux, du nombre, de la figure, du mouvement, de l'organisation, et du sentiment, qui sont les lois de la nature, générales et communes à tous les êtres animés.

Il n'est pas étonnant que l'homme qui se connaît si peu lui-même, qui confond si souvent ses sensations et ses idées, qui distingue si peu le produit de son âme de celui de son cerveau, se compare aux animaux, et n'admette entre eux et lui qu'une nuance, dépendante d'un peu plus ou d'un peu moins de perfection dans les organes; il n'est pas étonnant qu'il les fasse raisonner, s'entendre, et se déterminer comme lui, et qu'il leur attribue non-seulement les qualités qu'il a, mais encore celles qui lui manquent. Mais que l'homme s'examine, s'analyse, et s'approfondisse, il reconnaîtra bientôt la noblesse de son être, il sentira l'existence de son âme, il cessera de s'avilir, et verra d'un coup d'œil la distance infinie que l'Être suprême a mise entre les bêtes et lui.

Dieu seul connaît le passé, le présent, et l'avenir; il est de tous les temps, et voit dans tous les temps. L'homme, dont la durée est de si peu d'instants, ne voit que ces instants : mais une puissance vive, immortelle, compare ces instants, les distingue, les ordonne; c'est par elle qu'il connaît le présent, qu'il juge du passé, et qu'il prévoit l'avenir. Otez à l'homme cette lumière divine, vous effacez, vous obscurcissez son être, il ne restera que l'animal ; il ignorera le passé, ne soupçonnera pas l'avenir, et ne saura même ce que c'est que le présent.

FIN DU DISCOURS SUR LA NATURE DES ANIMAUX.

ANIMAUX DOMESTIQUES

EN FRANCE.

'HOMME change l'état naturel des animaux en les forçant à lui obéir, et les faisant servir à son usage : un animal domestique est un esclave dont on s'amuse, dont on se sert, dont on abuse, qu'on altère, qu'on dépayse et que l'on dénature, tandis que l'animal sauvage, n'obéissant qu'à la nature, ne connaît d'autres lois que celles du besoin et de la liberté. L'histoire d'un animal sauvage est donc bornée à un petit nombre de faits émanés de la simple nature, au lieu que l'histoire d'un animal domestique est compliquée de tout ce qui a rapport à l'art que l'on emploie pour l'apprivoiser ou pour le subjuguer; et comme on ne sait pas assez combien l'exemple, la contrainte, la force de l'habitude, peuvent influer sur les animaux et changer leurs mouvements, leurs déterminations, leurs penchants, le but d'un naturaliste doit être de les observer assez pour pouvoir distinguer les faits qui dépendent de l'instinct, de ceux qui ne viennent que de l'éducation; reconnaître ce qui leur appartient et ce qu'ils ont emprunté; séparer ce qu'ils font de ce qu'on leur fait faire, et ne jamais confondre l'animal avec l'esclave, la bête de somme avec la créature de Dieu.

L'empire de l'homme sur les animaux est un empire légitime qu'aucune révolution ne peut détruire; c'est l'empire de l'esprit sur la matière; c'est non-seulement un droit de nature, un pouvoir fondé sur des lois inaltérables, mais c'est encore un don de Dieu, par lequel l'homme peut reconnaître à tout instant l'excellence de son être; car ce n'est pas parce qu'il est le plus parfait, le plus fort ou le plus adroit des animaux qu'il leur commande : s'il n'était que le premier du même ordre, les seconds se réuniraient pour lui disputer l'empire; mais c'est par supériorité de nature que l'homme règne et commande; il pense, et dès lors il est maître des êtres qui ne pensent point.

Il est maître des corps bruts, qui ne peuvent opposer à sa volonté qu'une lourde résistance ou qu'une inflexible dureté, que sa main sait toujours surmonter et vaincre en les faisant agir les uns contre les autres; il est maître des végétaux. que par son industrie il peut augmenter, diminuer, renouveler, dénaturer, détruire ou multiplier à l'infini; il est maître des animaux, parce que non-seulement il a comme eux du mouvement et du sentiment, mais qu'il a de plus la lumière de la pensée, qu'il connaît les fins et les moyens, qu'il sait diriger ses actions, concerter ses opérations, mesurer ses mouvements, vaincre la force par l'esprit, et la vitesse par l'emploi du temps.

Cependant parmi les animaux les uns paraissent être plus ou moins familiers, plus ou moins sauvages, plus ou moins doux, plus ou moins féroces : que l'on compare la docilité et la soumission du chien avec la fierté et la férocité du tigre, l'un paraît être l'ami de l'homme et l'autre son ennemi : son empire sur les animaux n'est donc pas absolu; combien d'espèces savent se soustraire à sa puissance par la rapidité de leur vol, par la légèreté de leur course, par l'obscurité de leur retraite, par la distance que met entre eux et l'homme l'élément qu'ils habitent! combien d'autres espèces lui échappent par leur seule petitesse! et enfin combien y en a-t-il qui, bien loin de reconnaître leur souverain, l'attaquent à force ouverte, sans parler de ces insectes qui semblent l'insulter par leurs piqûres, de ces serpents dont la morsure porte le poison et la mort, et de tant d'autres bêtes immondes, incommodes, inutiles, qui semblént n'exister que pour former la nuance entre le mal et le bien, et faire sentir à l'homme combien, depuis sa chute, il est peu respecté !

C'est qu'il faut distinguer l'empire de Dieu du domaine de l'homme : Dieu, créateur des êtres, est seul maître de la nature : l'homme ne peut rien sur le produit de la création ; il ne peut rien sur les mouvements des corps célestes, sur les révolutions de ce globe qu'il habite ; il ne peut rien sur les animaux, les végétaux, les minéraux en général ; il ne peut rien sur les espèces, il ne peut que sur les individus ; car les espèces en général et la matière en bloc appartiennent à la nature, ou plutôt la constituent : tout se passe, se suit, se succède, se renouvelle et se meut par une puissance irrésistible ; l'homme, entraîné lui-même par le torrent des temps, ne peut rien pour sa propre durée ; lié par son corps à la matière, enveloppé dans le tourbillon des êtres, il est forcé de subir la loi commune ; il obéit à la même puissance, et comme tout le reste, il naît, croît et périt.

Mais le rayon divin dont l'homme est animé, l'ennoblit et l'élève au-dessus de tous les êtres matériels ; cette substance spirituelle, loin d'être sujette à la matière, a le droit de la faire obéir ; et quoiqu'elle ne puisse pas commander à la nature entière, elle domine sur les êtres particuliers : Dieu, source unique de toute lumière et de toute intelligence, régit l'univers et les espèces entières avec une puissance infinie ; l'homme, qui n'a qu'un rayon de cette intelligence, n'a de même qu'une puissance limitée à de petites portions de matière, et n'est maître que des individus.

C'est donc par les talents de l'esprit, et non par la force et par les autres qualités de la matière, que l'homme a su subjuguer les animaux : dans les premiers temps ils doivent être tous également indépendants ; l'homme, devenu criminel et féroce, était peu propre à les apprivoiser ; il a fallu du temps pour les approcher, pour les reconnaître, pour les choisir, pour les dompter ; il a fallu qu'il fût civilisé lui-même

pour savoir instruire et commander ; et l'empire sur les animaux, comme tous les autres empires, n'a été fondé qu'après
la société.

C'est d'elle que l'homme tient sa puissance ; c'est par elle
qu'il a perfectionné sa raison, exercé son esprit et réuni ses
forces : auparavant l'homme était peut-être l'animal le plus
sauvage et le moins redoutable de tous : nu, sans armes et
sans abri, la terre n'était pour lui qu'un vaste désert peuplé
de monstres, dont souvent il devenait la proie ; et même longtemps après, l'histoire nous dit que les premiers héros n'ont
été que des destructeurs de bêtes.

Mais lorsque avec le temps l'espèce humaine s'est étendue,
multipliée, répandue, et qu'à la faveur des arts et de la société l'homme a pu marcher en force pour conquérir l'univers,
il a fait reculer peu à peu les bêtes féroces, il a purgé la terre
de ces animaux gigantesques dont nous trouvons encore les os-
sements énormes, il a détruit ou réduit à un petit nombre d'individus les espèces voraces et nuisibles, il a opposé les animaux
aux animaux, et subjuguant les uns par adresse, domptant les
autres par la force, ou les écartant par le nombre, et les atta-
quant tous par des moyens raisonnés, il est parvenu à se
mettre en sûreté, et à établir un empire qui n'est borné que
par les lieux inaccessibles, les solitudes reculées, les sables
brûlants, les montagnes glacées, les cavernes obscures, qui
servent de retraites au petit nombre d'espèces d'animaux in-
domptables.

LE CHEVAL.

———

ᴀ plus noble conquête que l'homme ait jamais faite est celle de ce fier et fougueux animal, qui partage avec lui les fatigues de la guerre et la gloire des combats : aussi intrépide que son maître, le cheval voit le péril et l'affronte; il se fait au bruit des armes, il l'aime, il le cherche et s'anime de la même ardeur : il partage aussi ses plaisirs; à la chasse, aux tournois, à la course, il brille, il étincelle. Mais, docile autant que courageux, il ne se laisse point emporter à son feu; il sait réprimer ses mouvements : non-seulement il fléchit sous la main de celui qui le guide, mais il semble consulter ses désirs, et, obéissant toujours aux impressions qu'il en reçoit, il se précipite, se modère ou s'arrête : c'est une créature qui renonce à son être pour n'exister que par la volonté d'un autre, qui sait même la prévenir; qui, par la promptitude et la précision de ses mouvements, l'exprime et l'exécute; qui sent autant qu'on le désire, et ne rend qu'autant qu'on veut; qui, se livrant sans réserve, ne se refuse à rien, sert de toutes ses forces, s'excède, et même meurt pour mieux obéir.

Voilà le cheval dont les talents sont développés, dont l'art a perfectionné les qualités naturelles, qui, dès le premier âge, a été soigné et ensuite exercé, dressé au service de l'homme : c'est par la perte de sa liberté que commence son éducation, et c'est par la contrainte qu'elle s'achève. L'esclavage ou la domesticité de ces animaux est même si universelle, si ancienne, que nous ne les voyons que rarement dans leur état naturel : ils sont toujours couverts de harnais dans leurs travaux; on ne les délivre jamais de tous leurs liens, même dans les temps du repos; et si on les laisse quelquefois errer en liberté dans les pâturages, ils y portent toujours les marques de la servitude, et souvent les empreintes cruelles du travail et de la douleur; la bouche est déformée par les plis que le mors a produits; les flancs sont entamés par des plaies, ou sillonnés de cicatrices faites par l'éperon; la corne des pieds est traversée par des clous. L'attitude du corps est encore gênée par l'impression subsistante des entraves habituelles; on les en délivrerait en vain, ils n'en seraient pas plus libres : ceux mêmes dont l'esclavage est le plus doux, qu'on ne nourrit, qu'on n'entretient que pour le luxe et la magnificence, et dont les chaînes dorées servent moins à leur parure qu'à la vanité de leur maître, sont encore plus déshonorés par l'élégance de leur toupet, par les tresses de leurs crins, par l'or et la soie dont on les couvre, que par les fers qui sont sous leurs pieds.

La nature est plus belle que l'art; et, dans un être animé, la liberté des mouvements fait la belle nature. Voyez ces chevaux qui se sont multipliés dans les contrées de l'Amérique espagnole, et qui vivent en chevaux libres : leur démarche, leur course, leurs sauts, ne sont ni gênés, ni mesurés; fiers de leur indépendance, ils fuient la présence de l'homme, ils dédaignent ses soins; ils cherchent et trouvent eux-mêmes la nourriture qui leur convient; ils errent, ils bondissent en liberté dans des prairies immenses, où ils cueillent les productions nouvelles d'un printemps toujours nouveau; sans habitation fixe, sans autre abri que celui d'un ciel serein, ils respirent un air plus pur que celui de ces palais voûtés où nous les renfermons, en pressant les espaces qu'ils doivent occuper : aussi ces chevaux sauvages sont-ils beaucoup plus forts, plus légers, plus nerveux que la plupart des chevaux domestiques; ils ont ce que donne la nature, la force et la noblesse; les autres n'ont que ce que l'art peut donner, l'adresse et l'agrément.

La nature de ces animaux n'est point féroce, ils sont seulement fiers et sauvages. Quoique supérieurs par la force à la plupart des autres animaux, jamais ils ne les attaquent; et s'ils en sont attaqués, ils les dédaignent, les écartent, ou les écrasent. Ils vont aussi par troupes, et se réunissent pour le seul plaisir d'être ensemble ; car ils n'ont aucune crainte, mais ils prennent de l'attachement les uns pour les autres. Comme l'herbe et les végétaux suffisent à leur nourriture, qu'ils ont abondamment de quoi satisfaire leur appétit, et qu'ils n'ont aucun goût pour la chair des animaux, ils ne leur font point la guerre, ils ne se la font point entre eux, ils ne se disputent point leur subsistance ; ils n'ont jamais occasion de ravir une proie ou de s'arracher un bien, sources ordinaires de querelles et de combats parmi les autres animaux carnassiers : ils vivent donc en paix, parce que leurs appétits sont simples et modérés, et qu'ils ont assez pour ne se rien envier.

Tout cela peut se remarquer dans les jeunes chevaux qu'on élève ensemble et qu'on mène en troupeaux ; ils ont les mœurs douces et les qualités sociales ; leur force et leur ardeur ne se marquent ordinairement que par des signes d'émulation ; ils cherchent à se devancer à la course, à se faire et même s'animer au péril en se défiant à traverser une rivière, sauter un fossé ; et ceux qui dans ces exercices naturels donnent l'exemple, ceux qui d'eux-mêmes vont les premiers, sont les plus généreux, les meilleurs, et souvent les plus dociles et les plus souples lorsqu'ils sont une fois domptés.

Quelques anciens auteurs parlent des chevaux sauvages, et citent même les lieux où ils se trouvaient. Hérodote dit que, sur les bords de l'Hypanis en Scythie, il y avait des chevaux sauvages qui étaient blancs, et que dans la partie septentrionale de la Thrace au delà du Danube, il y en avait d'autres qui avaient le poil long de cinq doigts par tout le corps. Aristote cite la Syrie, Pline les pays du Nord, Strabon les Alpes et l'Espagne, comme des lieux où l'on trouvait des chevaux sauvages. Parmi les modernes, Cardan dit la même chose de l'Écosse et des Orcades, Olaüs de la Moscovie, Dapper de l'île de Chypre, où il y avait, dit-il, des chevaux sauvages qui étaient beaux et qui avaient de la force et de la vitesse ; Struys de l'île de May au cap Vert, où il y avait des chevaux sauvages fort petits. Léon l'Africain rapporte aussi qu'il y avait des chevaux sauvages dans les déserts de l'Afrique et de l'Arabie, et il assure qu'il a vu lui-même, dans les solitudes de Numidie, un poulain dont le poil était blanc et la crinière crépue. Marmol confirme ce fait, en disant qu'il y en a quelques-uns dans les déserts de l'Arabie et de la Libye, qu'ils sont petits et de couleur cendrée; qu'il y en a aussi de blancs, qu'ils ont la crinière et les crins fort courts et hérissés, et que les chiens ni les chevaux domestiques ne peuvent les atteindre à la course. On trouve aussi dans les *Lettres édifiantes* qu'à la Chine il y a des chevaux sauvages fort petits.

Comme toutes les parties de l'Europe sont aujourd'hui peuplées et presque également habitées, on n'y trouve plus de chevaux sauvages, et ceux que l'on voit en Amérique sont des chevaux domestiques et européens d'origine, que les Es pagnols y ont transportés, et qui se sont multipliés dans les vastes déserts de ces contrées inhabitées ou dépeuplées; car cette espèce d'animaux manquait au Nouveau-Monde. L'étonnement et la frayeur que marquèrent les habitants du Mexique et du Pérou à l'aspect des chevaux et des cavaliers, firent assez voir aux Espagnols que ces animaux étaient absolument inconnus dans ces climats; ils en transportèrent donc un grand nombre, tant pour leur service et leur utilité particulière, que pour en propager l'espèce; ils en lâchèrent dans plusieurs îles, et même dans le continent, où ils se sont multipliés comme les autres animaux sauvages. M. de La Salle en a vu en 1685 dans l'Amérique septentrionale, près de la baie Saint-Louis; ces chevaux paissaient dans les prairies, et ils étaient si farouches, qu'on ne pouvait les approcher. L'auteur de l'*Histoire des aventuriers flibustiers* dit « qu'on voit quel » quefois dans l'île Saint-Domingue des troupes de plus de » cinq cents chevaux qui courent tous ensemble, et que, lors- » qu'ils aperçoivent un homme ils s'arrêtent tous; que l'un » d'eux s'approche à une certaine distance, souffle des na- » seaux, prend la fuite, et que tous les autres le suivent. » Il ajoute qu'il ne sait si ces chevaux ont dégénéré en devenant sauvages, mais qu'il ne les a pas trouvés aussi beaux que ceux d'Espagne, quoiqu'ils soient de cette race. « Ils ont, » dit-il, la tête fort grosse, aussi bien que les jambes, qui de » plus sont raboteuses; ils ont aussi les oreilles et le cou

» longs : les habitants du pays les apprivoisent aisément, et
» les font ensuite travailler; les chasseurs leur font porter
» leurs cuirs. On se sert pour les prendre de lacs de corde,
» qu'on tend dans-les endroits où ils fréquentent; ils s'y en-
» gagent aisément; et s'ils se prennent par le cou, ils s'étran-
» glent eux-mêmes, à moins qu'on n'arrive assez tôt pour les
» secourir; on les arrête par le corps et les jambes, et on les
» attache à des arbres, où on les laisse pendant deux jours
» sans boire ni manger : cette épreuve suffit pour commencer
» à les rendre dociles, et avec le temps ils le deviennent au-
» tant que s'ils n'eussent jamais été farouches; et même, si
» par quelque hasard ils se retrouvent en liberté, ils ne de-
» viennent pas sauvages une seconde fois, ils reconnaissent
» leurs maîtres, et se laissent approcher et reprendre aisé-
» ment. »

Cela prouve que ces animaux sont naturellement doux et
très-disposés à se familiariser avec l'homme et à s'attacher à
lui : aussi n'arrive-t-il jamais qu'aucun d'eux quitte nos maisons pour se retirer dans les forêts ou dans les déserts; ils
marquent au contraire beaucoup d'empressement pour revenir
au gîte, où cependant ils ne trouvent qu'une nourriture grossière, et toujours la même, et ordinairement mesurée sur l'é-
conomie beaucoup plus que sur leur appétit; mais la douceur
de l'habitude leur tient lieu de ce qu'ils perdent d'ailleurs :
après avoir été excédés de fatigue, le lieu du repos est un lieu
de délices; ils le sentent de loin, ils savent le reconnaître au
milieu des plus grandes villes, et semblent préférer en tout
l'esclavage à la liberté; ils se font même une seconde nature
des habitudes auxquelles on les a forcés ou soumis, puisqu'on
a vu des chevaux, abandonnés dans les bois, hennir continuellement pour se faire entendre, accourir à la voix des
hommes, et en même temps maigrir et dépérir en peu de
temps, quoiqu'ils eussent abondamment de quoi varier leur
nourriture et satisfaire leur appétit.

Leurs mœurs viennent donc presque en entier de leur
éducation, et cette éducation suppose des soins et des peines
que l'homme ne prend pour aucun autre animal, mais dont
il est dédommagé par les services continuels que lui rend

celui-ci. Dès le temps du premier âge on a soin de séparer les poulains de leur mère : on les laisse téter pendant cinq, six ou tout au plus sept mois ; car l'expérience a fait voir que ceux qu'on laisse téter dix ou onze mois ne valent pas ceux qu'on sèvre plus tôt, quoiqu'ils prennent ordinairement plus de chair et de corps : après ces six ou sept mois de lait, on les sèvre pour leur faire prendre une nourriture plus solide que le lait ; on leur donne du son deux fois par jour et un peu de foin, dont on augmente la quantité à mesure qu'ils avancent en âge, et on les garde dans l'écurie tant qu'ils marquent de l'inquiétude pour retourner à leur mère ; mais lorsque cette inquiétude est passée, on les laisse sortir par le beau temps, et on les conduit aux pâturages ; seulement il faut prendre garde de les laisser paître à jeun ; il faut leur donner le son et les faire boire une heure avant de les mettre à l'herbe, et ne jamais les exposer au grand froid ni à la pluie. Ils passent de cette façon le premier hiver : au mois de mai suivant, non-seulement on leur permettra de pâturer tous les jours, mais on les laissera coucher à l'air dans les pâturages pendant tout l'été et jusqu'à la fin d'octobre, en observant seulement de ne leur pas laisser paître les regains ; s'ils s'accoutumaient à cette herbe trop fine, ils se dégoûteraient du foin, qui doit cependant faire leur principale nourriture pendant le second hiver avec du son mêlé d'orge ou d'avoine moulus : on les conduit de cette façon en les laissant pâturer le jour pendant l'hiver, et la nuit pendant l'été, jusqu'à l'âge de quatre ans, qu'on les retire du pâturage pour les nourrir à l'herbe sèche. Ce changement de nourriture demande quelques précautions : on ne leur donnera pendant les premiers huit jours que de la paille, et on fera bien de leur faire prendre quelques breuvages contre les vers, que les mauvaises digestions d'une herbe trop crue peuvent avoir produits. M. de Garsault, qui recommande cette pratique, est sans doute fondé sur l'expérience ; cependant on verra qu'à tout âge et dans tous les temps l'estomac de tous les chevaux est farci d'une si prodigieuse quantité de vers, qu'ils semblent faire partie de leur constitution : nous les avons trouvés dans les chevaux sains comme dans les chevaux malades, dans ceux qui paissaient l'herbe comme dans ceux qui ne mangeaient que de l'avoine et du foin ; et les ânes, qui de tous les animaux sont ceux qui approchent le plus de la nature du cheval, ont aussi cette prodigieuse quantité de vers dans l'estomac, et n'en sont pas plus incommodés : ainsi on ne doit pas regarder les vers, du moins ceux dont nous parlons, comme une maladie accidentelle, causée par les mauvaises digestions d'une herbe crue, mais plutôt comme un effet dépendant de la nourriture et de la digestion ordinaire de ces animaux.

Il faut avoir attention, lorsqu'on sèvre les jeunes poulains, de les mettre dans une écurie propre, qui ne soit pas trop chaude, crainte de les rendre trop délicats et trop sensibles aux impressions de l'air ; on leur donnera souvent de la litière fraîche ; on les tiendra propres en les bouchonnant de temps en temps : mais il ne faudra ni les attacher, ni les panser à la main qu'à l'âge de deux ans et demi ou trois ans ; ce frottement trop rude leur causerait de la douleur ; leur peau est encore trop délicate pour le souffrir, et ils dépériraient au lieu de profiter. Il faut aussi avoir soin que le râtelier et la mangeoire ne soient pas trop élevés : la nécessité de lever la tête trop haut pour prendre leur nourriture pourrait leur donner l'habitude de la porter de cette façon, ce qui leur gâterait l'encolure. Lorsqu'ils auront un an ou dix-huit mois, on leur tondra la queue ; les crins repousseront et deviendront plus forts et plus touffus.

A l'âge de trois ans ou de trois ans et demi, on doit commencer à les dresser et à les rendre dociles : on leur mettra d'abord une légère selle et aisée, et on les laissera sellés pendant deux ou trois heures chaque jour ; on les accoutumera de même à recevoir un bridon dans la bouche et à se laisser lever les pieds, sur lesquels on frappera quelques coups comme pour les ferrer ; et si ce sont des chevaux destinés au carrosse ou au trait, on leur mettra un harnais sur le corps et un bridon : dans les commencements il ne faut point de bride, ni pour les uns ni pour les autres : on les fera trotter ensuite à la longe avec un caveçon sur le nez, sur un terrain uni, sans être montés, et seulement avec la selle ou le har-

nais sur le corps ; et lorsque le cheval de selle tournera facilement et viendra volontiers auprès de celui qui tient la longe,
on le montera et descendra dans la même place et sans le
faire marcher, jusqu'à ce qu'il ait quatre ans, parce qu'avant
cet âge il n'est pas encore assez fort pour n'être pas, en marchant, surchargé du poids du cavalier : mais à quatre ans
on le montera pour le faire marcher au pas ou au trot, et
toujours à petites reprises. Quand le cheval de carrosse sera
accoutumé au harnais, on l'attellera avec un autre cheval
fait, en lui mettant une bride, et on le conduira avec une
longe passée dans la bride, jusqu'à ce qu'il commence à être
sage au trait; alors le cocher essaiera de le faire reculer,
ayant pour aide un homme devant, qui le poussera en arrière
avec douceur, et même lui donnera de petits coups pour l'o-
bliger à reculer. Tout cela doit se faire avant que les jeunes
chevaux aient changé de nourriture; car quand une fois ils
sont ce qu'on appelle engrainés, c'est-à-dire, lorsqu'ils sont
au grain et à la paille, comme ils sont plus vigoureux, on a
remarqué qu'ils étaient aussi moins dociles, et plus difficiles
à dresser.

Le mors et l'éperon sont deux moyens qu'on a imaginés
pour les obliger à recevoir le commandement, le mors pour
la précision, et l'éperon pour la promptitude des mouvements.
La bouche ne paraissait pas destinée par la nature à recevoir
d'autres impressions que celles du goût et de l'appétit; cependant elle est d'une si grande sensibilité dans le cheval, que
c'est à la bouche, par préférence à l'œil et à l'oreille, qu'on
s'adresse pour transmettre au cheval les signes de la volonté;
le moindre mouvement ou la plus petite pression du mors
suffit pour avertir et déterminer l'animal, et cet organe de
sentiment n'a d'autre défaut que celui de sa perfection même;
sa trop grande sensibilité veut être ménagée; car si on en
abuse, on gâte la bouche du cheval en la rendant insensible à
l'impression du mors. Les sens de la vue et de l'ouïe ne seraient pas sujets à une telle altération et ne pourraient être
émoussés de cette façon; mais apparemment on a trouvé des
inconvénients à commander aux chevaux par ces organes, et
il est vrai que les signes transmis par le toucher font beau-

coup plus d'effet sur les animaux en général que ceux qui leur sont transmis par l'œil ou par l'oreille. D'ailleurs, la situation des chevaux par rapport à celui qui les monte ou qui les conduit, rend les yeux presque inutiles à cet effet, puisqu'ils ne voient que devant eux, et que ce n'est qu'en tournant la tête qu'ils pourraient apercevoir les signes qu'on leur ferait; et quoique l'oreille soit un sens par lequel on les anime et on les conduit souvent, il paraît qu'on a restreint et laissé aux chevaux grossiers l'usage de cet organe, puisqu'au manége, qui est le lieu de la plus parfaite éducation, l'on ne parle presque point aux chevaux, et qu'il ne faut pas même qu'il paraisse qu'on les conduise. En effet, lorsqu'ils sont bien dressés, la moindre pression des cuisses, le plus léger mouvement du mors suffit pour les diriger; l'éperon est même inutile, ou du moins on ne s'en sert que pour les forcer à faire des mouvements violents; et lorsque, par l'ineptie du cavalier, il arrive qu'en donnant de l'éperon il retient la bride, le cheval se trouvant excité d'un côté et retenu de l'autre, ne peut que se cabrer en faisant un bond sans sortir de sa place.

On donne à la tête du cheval, par le moyen de la bride, un air avantageux et relevé : on la place comme elle doit être, et le plus petit signe ou le plus petit mouvement du cavalier suffit pour faire prendre au cheval ses différentes allures. La plus naturelle est peut-être le trot; mais le pas, et même le galop sont plus doux pour le cavalier, et ce sont aussi les deux allures qu'on s'applique le plus à perfectionner. Lorsque le cheval lève la jambe de devant pour marcher, il faut que ce mouvement soit fait avec hardiesse et facilité, et que le genou soit assez plié : la jambe levée doit paraître soutenue un instant, et lorsqu'elle retombe, le pied doit être ferme et appuyer également sur la terre, sans que la tête du cheval reçoive aucune impression de ce mouvement : car lorsque la jambe retombe subitement, et que la tête baisse en même temps, c'est ordinairement pour soulager promptement l'autre jambe, qui n'est pas assez forte pour supporter seule tout le poids du corps. Ce défaut est très-grand, aussi bien que celui de porter le pied en dehors ou en dedans; car il retombe dans cette même direction. L'on doit observer aussi que lorsqu'il appuie sur le talon, c'est une marque de faiblesse, et que quand il pose sur la pince, c'est une attitude fatigante et forcée que le cheval ne peut soutenir longtemps.

Le pas, qui est la plus lente de toutes les allures, doit cependant être prompt : il faut qu'il ne soit ni trop allongé ni trop raccourci, et que la démarche du cheval soit légère : cette légèreté dépend beaucoup de la liberté des épaules, et se reconnaît à la manière dont il porte la tête en marchant ; s'il la tient haute et ferme, il est ordinairement vigoureux et léger : lorsque le mouvement des épaules n'est pas assez libre, la jambe ne se lève point assez, et le cheval est sujet à faire des faux pas et à heurter du pied contre les inégalités du terrain ; et lorsque les épaules sont encore plus serrées, et que le mouvement des jambes en paraît indépendant, le cheval se fatigue, fait des chutes, et n'est capable d'aucun service. Le cheval doit être sur la hanche, c'est-à-dire, hausser les épaules et baisser la hanche en marchant : il doit aussi soutenir sa jambe et la lever assez haut ; mais s'il la soutient trop longtemps, s'il la laisse retomber trop lentement, il perd tout l'avantage de la légèreté, il devient dur, et n'est bon que pour l'appareil et pour piaffer.

Il ne suffit pas que les mouvements du cheval soient légers, il faut encore qu'ils soient égaux et uniformes dans le train du devant et dans celui du derrière ; car si la croupe balance tandis que les épaules se soutiennent, le mouvement se fait sentir au cavalier par secousses et lui devient incommode : la même chose arrive lorsque le cheval allonge trop la jambe de derrière, et qu'il la pose au delà de l'endroit où le pied de devant a porté. Les chevaux dont le corps est court sont sujets à ces défauts, ceux dont les jambes se croisent ou s'atteignent n'ont pas la démarche sûre, et en général ceux dont le corps est long sont les plus commodes pour le cavalier, parce qu'il se trouve plus éloigné des deux centres de mouvement, les épaules et les hanches, et qu'il en ressent moins les impressions et les secousses.

Les quadrupèdes marchent ordinairement en portant à la fois en avant une jambe de devant et une jambe de derrière :

lorsque la jambe droite de devant part, la jambe gauche de derrière suit et avance en même temps; et ce pas étant fait, la jambe gauche de devant part à son tour conjointement avec la jambe droite de derrière, et ainsi de suite : comme leur corps porte sur quatre points d'appui qui forment un carré long, la manière la plus commode de se mouvoir est d'en changer deux à la fois en diagonale, de façon que le centre de gravité du corps de l'animal ne fasse qu'un petit mouvement et reste toujours à peu près dans la direction des deux points d'appui qui ne sont pas en mouvement dans les trois allures naturelles du cheval, le pas, le trot et le galop. Cette règle de mouvement s'observe toujours, mais avec des différences. Dans le pas, il y a quatre temps dans le mouvement : si la jambe droite de devant part la première, la jambe gauche de derrière suit un instant après; ensuite la jambe gauche de devant part à son tour, pour être suivie un instant après de la jambe droite de derrière : ainsi le pied droit de devant pose à terre le premier, le pied gauche de derrière pose à terre le second, le pied gauche de devant pose à terre le troisième, et le pied droit de derrière pose à terre le dernier; ce qui fait un mouvement à quatre temps et à trois intervalles, dont le premier et le dernier sont plus courts que celui du milieu. Dans le trot, il n'y a que deux temps dans le mouvement : si la jambe droite de devant part, la jambe gauche de derrière part aussi en même temps, et sans qu'il y ait aucun intervalle entre le mouvement de l'une et le mouvement de l'autre; ensuite la jambe gauche de devant part avec la droite de derrière aussi en même temps, de sorte qu'il n'y a dans ce mouvement du trot que deux temps et un intervalle : le pied droit de devant et le pied gauche de derrière posent à terre en même temps, et ensuite le pied gauche de devant et le droit de derrière posent aussi à terre en même temps. Dans le galop, il y a ordinairement trois temps; mais comme dans ce mouvement, qui est une espèce de saut, les parties antérieures du cheval ne se meuvent pas d'abord d'elles-mêmes, et qu'elles sont chassées par la force des hanches et des parties postérieures, si des deux jambes de devant la droite doit avancer plus que la gauche, il faut auparavant que le pied gauche de derrière

pose à terre pour servir de point d'appui à ce mouvement d'é-
lancement : ainsi c'est le pied gauche de derrière qui fait le
premier temps du mouvement et qui pose à terre le premier,
ensuite la jambe droite de derrière se lève conjointement avec
la gauche de devant, et elles retombent à terre en même
temps, et enfin la jambe droite de devant, qui s'est levée un
instant après la gauche de devant et la droite de derrière, se
pose à terre la dernière, ce qui fait le troisième temps. Ainsi
dans ce mouvement de galop, il y a trois temps et deux intervalles ; et dans le premier de ces intervalles, lorsque le mouvement se fait avec vitesse, il y a un instant où les quatre
jambes sont en l'air en même temps, et où l'on voit les quatre
fers du cheval à la fois. Lorsque le cheval a les hanches et les
jarrets souples, et qu'il les remue avec vitesse et agilité, ce
mouvement du galop est plus parfait, et la cadence s'en fait à
quatre temps : il pose d'abord le pied gauche de derrière,
qui marque le premier temps ; ensuite le pied droit de derrière
retombe le premier, et marque le second temps ; le pied gauche
de devant, tombant un instant après, marque le troisième
temps ; et enfin le pied droit de devant, qui retombe le dernier, marque le quatrième temps.

Les chevaux galopent ordinairement sur le pied droit, de
la même manière qu'ils partent de la jambe droite de devant
pour marcher et pour trotter : ils entament aussi le chemin
en galopant par la jambe droite de devant, qui est plus avancée que la gauche ; et de même la jambe droite de derrière,
qui suit immédiatement la droite de devant, est aussi plus
avancée que la gauche de derrière ; et cela constamment tant
que le galop dure : de là il résulte que la jambe gauche, qui
porte tout le poids et qui pousse les autres en avant, est la
plus fatiguée, en sorte qu'il serait bon d'exercer les chevaux
à galoper alternativement sur le pied gauche aussi bien que
sur le droit ; ils suffiraient plus longtemps à ce mouvement
violent ; et c'est aussi ce que l'on fait au manége, mais peut-
être par une autre raison, qui est que comme on les fait souvent changer de main, c'est-à-dire décrire un cercle dont le
centre est tantôt à droite, tantôt à gauche, on les oblige aussi
à galoper tantôt sur le pied droit, tantôt sur le gauche.

Dans le pas, les jambes du cheval ne se lèvent qu'à une petite hauteur, et les pieds rasent la terre d'assez près ; au trot, elles s'élèvent davantage, et les pieds sont entièrement détachés de terre ; dans le galop, les jambes s'élèvent encore plus haut, et les pieds semblent bondir sur la terre. Le pas, pour être bon, doit être prompt, léger, doux et sûr. Le trot doit être ferme, prompt et également soutenu ; il faut que le derrière chasse bien le devant : le cheval, dans cette allure, doit porter la tête haute et avoir les reins droits ; car si les hanches haussent et baissent alternativement à chaque temps du trot, si la croupe balance et si le cheval se berce, il trotte mal par faiblesse : s'il jette en dehors les jambes de devant, c'est un autre défaut ; les jambes de devant doivent être sur la même ligne que celles de derrière, et toujours les effacer. Lorsqu'une des jambes de derrière se lance, si la jambe de devant du même côté reste en place un peu trop longtemps, le mouvement devient plus dur par cette résistance ; et c'est pour cela que l'intervalle entre les deux temps du trot doit être court : mais, quelque court qu'il puisse être, cette résistance suffit pour rendre cette allure plus dure que le pas et le galop ; parce que dans le pas le mouvement est plus liant, plus doux, et la résistance moins forte, et que dans le galop il n'y a presque point de résistance horizontale, qui est la seule incommode pour le cavalier, la réaction du mouvement des jambes de devant se faisant presque toute de bas en haut dans la direction perpendiculaire.

Le ressort des jarrets contribue autant au mouvement du galop que celui des reins : tandis que les reins font effort pour élever et pousser en avant les parties antérieures, le pli du jarret fait ressort, rompt le coup et adoucit la secousse : aussi plus le ressort du jarret est liant et souple, plus le mouvement du galop est doux ; il est aussi d'autant plus prompt et plus rapide que les jarrets sont plus forts, et d'autant plus soutenu que le cheval porte plus sur les hanches, et que les épaules sont plus soutenues par la force des reins. Au reste, les chevaux qui dans le galop lèvent bien haut les jambes de devant, ne sont pas ceux qui galopent le mieux ; ils avancent moins que les autres et se fatiguent davantage, et cela vient ordinairement de ce qu'ils n'ont pas les épaules assez libres.

Le pas, le trot et le galop sont donc les allures naturelles les plus ordinaires ; mais il y a quelques chevaux qui ont naturellement une autre allure qu'on appelle l'*amble*, qui est très-différente des trois autres, et qui, du premier coup d'œil, paraît contraire aux lois de la mécanique et très-fatigante pour l'animal, quoique, dans cette allure, la vitesse du mouvement ne soit pas si grande que dans le galop ou dans le grand trot : dans cette allure, le pied du cheval rase la terre encore de plus près que dans le pas, et chaque démarche est beaucoup plus allongée. Mais ce qu'il y a de singulier, c'est que les deux jambes du même côté, par exemple, celle de devant et celle de derrière du côté droit, partent en même temps pour faire un pas, et qu'ensuite les deux jambes du côté gauche partent aussi en même temps pour en faire un autre, et ainsi de suite, en sorte que les deux côtés du corps manquent alternativement d'appui, et qu'il n'y a point d'équilibre de l'un à l'autre : ce qui ne peut manquer de fatiguer beaucoup le cheval, qui est obligé de se soutenir dans un balancement forcé, par la rapidité d'un mouvement qui n'est presque pas détaché de terre ; car s'il levait les pieds dans cette allure autant qu'il les lève dans le trot, ou même dans le bon pas, le balancement serait si grand qu'il ne pourrait manquer de tomber sur le côté, et ce n'est que parce qu'il rase la terre de très-près, et par des alternatives promptes de mouvement, qu'il se soutient dans cette allure, où la jambe de derrière doit non-seulement partir en même temps que la jambe de devant du même côté, mais encore avancer sur elle et poser un pied ou un pied et demi au delà de l'endroit où celle-ci a posé : plus cet espace dont la jambe de derrière avance de plus que la jambe de devant est grand, mieux le cheval marche l'amble, et plus le mouvement total est rapide. Il n'y a donc dans l'amble, comme dans le trot, que deux temps dans le mouvement ; et toute la différence est que dans le trot les deux jambes qui vont ensemble sont opposées en diagonale, au lieu que dans l'amble ce sont les deux jambes du même côté qui vont ensemble : cette allure, qui est très-fatigante pour le cheval, et qu'on ne doit lui laisser prendre que dans les terrains unis, est fort douce pour le cavalier ; elle n'a pas la dureté du trot, qui vient de la résistance que fait la jambe de devant lorsque celle de derrière se lève, parce que dans l'amble cette jambe de devant se lève en même temps que celle de derrière du même côté, au lieu que dans le trot, cette jambe de devant du même côté demeure en repos et résiste à l'impulsion pendant tout le temps que se meut celle de derrière. Les connaisseurs assurent que les chevaux qui naturellement vont l'amble ne trottent jamais, et qu'ils sont beaucoup plus faibles que les autres : en effet, les poulains prennent assez souvent cette allure, surtout lorsqu'on les force à aller vite, et qu'ils ne sont pas encore assez forts pour trotter ou pour galoper ; et l'on observe aussi que la plupart des bons chevaux, qui ont été trop fatigués et qui commencent à s'user, prennent eux-mêmes cette allure lorsqu'on les force à un mouvement plus rapide que celui du pas.

L'amble peut donc être regardé comme une allure défectueuse, puisqu'elle n'est pas ordinaire et qu'elle n'est naturelle qu'à un petit nombre de chevaux ; que ces chevaux sont presque toujours plus faibles que les autres, et que ceux qui paraissent les plus forts sont ruinés en moins de temps que ceux qui trottent et galopent. Mais il y a encore deux autres allures, *l'entrepas* et *l'aubin*, que les chevaux faibles ou excédés prennent d'eux-mêmes, qui sont beaucoup plus défectueuses que l'amble : on a appelé ces mauvaises allures des *trains rompus*, *désunis* ou *composés* : l'entrepas tient du pas et de l'amble, et l'aubin tient du trot et du galop ; l'un et l'autre viennent des excès d'une longue fatigue ou d'une grande faiblesse de reins. Les chevaux de messagerie qu'on surcharge, commencent à aller l'entrepas au lieu du trot à mesure qu'ils se ruinent, et les chevaux de poste ruinés, qu'on presse de galoper, vont l'aubin au lieu du galop.

Le cheval est de tous les animaux celui qui, avec une grande taille, a le plus de proportion et d'élégance dans les parties de son corps ; car en lui comparant les animaux qui sont immédiatement au-dessus et au-dessous, on verra que l'âne est mal fait, que le lion a la tête trop grosse, que le bœuf a les jambes trop minces et trop courtes pour la grosseur de son corps, que le chameau est difforme, et que les plus gros animaux, le rhinocéros et l'éléphant, ne sont, pour ainsi dire, que des masses informes. Le grand allongement des mâchoires est la principale cause de la différence entre la tête des quadrupèdes et celle de l'homme; c'est aussi le caractère le plus ignoble de tous : cependant quoique les mâchoires du cheval soient fort allongées, il n'a pas comme l'âne un air d'imbécillité, ou de stupidité comme le bœuf : la régularité des proportions de sa tête lui donne au contraire un air de légèreté qui est bien soutenu par la beauté de son encollure. Le cheval semble vouloir se mettre au-dessus de son état de quadrupède en élevant sa tête; dans cette noble attitude il regarde l'homme face à face; ses yeux sont vifs et bien ouverts; ses oreilles sont bien faites et d'une juste grandeur, sans être courtes comme celles du taureau, ou trop longues comme celles de l'âne; sa crinière accompagne bien sa tête, orne son cou et lui donne un air de force et de fierté; sa queue traînante et touffue couvre et termine avantageusement l'extrémité de son corps : bien différente de la courte queue du cerf, de l'éléphant, etc., et de la queue nue de l'âne, du chameau, du rhinocéros, etc., la queue du cheval est formée par des crins épais et longs qui semblent sortir de la croupe, parce que le tronçon dont ils sortent est fort court. Il ne peut relever sa queue comme le lion, mais elle lui sied mieux quoique abaissée; et comme il peut la mouvoir de côté, il s'en sert utilement pour chasser les mouches qui l'incommodent; car quoique sa peau soit très-ferme, et qu'elle soit garnie partout d'un poil épais et serré, elle est cependant très-sensible.

L'attitude de la tête et du cou contribue plus que toutes les autres parties du corps à donner au cheval un noble maintien. La partie supérieure de l'encolure, dont sort la crinière, doit s'élever d'abord en ligne droite en sortant du garot, et former ensuite, en approchant de la tête, une courbe à peu près semblable à celle du cou d'un cygne. La partie inférieure de l'encolure ne doit former aucune courbure; il faut que sa direction soit en ligne droite depuis le poitrail jusqu'à la ganache et un peu penchée en avant : si elle était perpendiculaire, l'encolure serait fausse. Il faut aussi que la partie supérieure du cou soit mince, et qu'il y ait peu de chair auprès de la crinière, qui doit être médiocrement garnie de crins longs et déliés. Une belle encolure doit être longue et relevée, et cependant proportionnée à la taille du cheval : lorsqu'elle est trop longue et trop menue, les chevaux donnent ordinairement des coups de tête, et quand elle est trop courte et trop charnue, ils sont pesants à la main ; et pour que la tête soit le plus avantageusement placée, il faut que le front soit perpendiculaire à l'horizon.

La tête doit être sèche et menue sans être trop longue : les oreilles peu distantes, petites, droites, immobiles, étroites, déliées et bien plantées sur le haut de la tête ; le front étroit et un peu convexe, les salières remplies, les paupières minces ; les yeux clairs, vifs, pleins de feu, assez gros et avancés à fleur de tête ; la prunelle grande, la ganache décharnée et peu épaisse, le nez un peu arqué, les naseaux bien ouverts et bien fendus, la cloison du nez mince, les lèvres déliées, la bouche médiocrement fendue, le garot élevé et tranchant ; les épaules sèches, plates et un peu serrées ; le dos égal, uni, insensiblement arqué sur la longueur, et relevé des deux côtés de l'épine, qui doit paraître enfoncée ; les flancs pleins et courts, la croupe ronde et bien fournie, la hanche bien garnie, le tronçon de la queue épais et ferme ; les bras et les cuisses gros et charnus, le genou rond en devant, le jarret ample et évidé, les canons minces sur les devants et larges sur les côtés, le nerf bien détaché, le boulet menu, le fanon peu garni, le paturon gros et d'une médiocre longueur, la couronne peu élevée, la corne noire, unie et luisante ; le sabot haut, les quartiers ronds, les talons larges et médiocrement élevés, la fourchette menue et maigre, et la sole épaisse et concave.

Mais il y a peu de chevaux dans lesquels on trouve toutes ces perfections rassemblées. Les yeux sont sujets à plusieurs défauts, qu'il est quelquefois difficile de reconnaître ; dans un œil sain on doit voir à travers la cornée deux ou trois taches couleur de suie au-dessus de la prunelle : car pour voir ces taches, il faut que la cornée soit claire, nette et trans-

parente ; si elle paraît double ou de mauvaise couleur, l'œil
n'est pas bon. La prunelle petite, longue et étroite, ou environnée d'un cercle blanc, désigne aussi un mauvais œil ; et
lorsqu'elle a une couleur de bleu verdâtre, l'œil est certainement mauvais et la vue trouble.

Je renvoie à l'article des descriptions l'énumération dé-
taillée des défauts du cheval ; et je me contenterai d'ajouter
encore quelques remarques par lesquelles, comme par les pré-
cédentes, on pourra juger de la plupart des perfections ou des
imperfections d'un cheval. On juge assez bien du naturel et
de l'état actuel de l'animal par le mouvement des oreilles : il
doit, lorsqu'il marche, avoir la pointe des oreilles en avant.
Un cheval fatigué a les oreilles basses : ceux qui sont colères
et malins portent alternativement l'une des oreilles en avant
et l'autre en arrière : tous portent les oreilles du côté où ils
entendent quelque bruit ; et lorsqu'on les frappe sur le dos
ou sur la croupe, ils tournent les oreilles en arrière. Les
chevaux qui ont les yeux enfoncés ou un œil plus petit que
l'autre, ont ordinairement la vue mauvaise ; ceux dont la
bouche est sèche ne sont pas d'un aussi bon tempérament
que ceux dont la bouche est fraîche et devient écumeuse sous
la bride. Le cheval de selle doit avoir les épaules plates, mobiles et peu chargées ; le cheval de trait, au contraire, doit
les avoir grosses, rondes et charnues : si cependant les épaules d'un cheval de selle sont trop sèches, et que les os paraissent trop avancer sous la peau, c'est un défaut qui désigne
que les épaules ne sont pas libres, et que par conséquent le
cheval ne pourra supporter la fatigue. Un autre défaut pour
le cheval de selle est d'avoir le poitrail trop avancé et les
jambes de devant retirées en arrière, parce qu'alors il est
sujet à s'appuyer sur la main en galopant, et même à bron-
cher et à tomber. La longueur des jambes doit être proportionnée à la taille du cheval : lorsque celles du devant sont
trop longues, il n'est pas assuré sur ses pieds ; si elles sont
trop courtes, il est pesant à la main.

Une des choses les plus importantes à connaître, c'est l'âge
du cheval. Les vieux chevaux ont ordinairement les salières
creuses ; mais cet indice est équivoque. C'est par les dents

qu'on peut avoir une connaissance plus certaine de l'âge ;
le cheval en a quarante, vingt-quatre mâchelières, quatre canines et douze incisives. Les juments n'ont pas de dents canines, ou les ont fort courtes. Les mâchelières ne servent
point à la connaissance de l'âge ; c'est par les dents de devant
et ensuite par les canines qu'on en juge. Les douze dents de
devant commencent à pousser quinze jours après la naissance du poulain ; ces premières dents sont rondes, courtes,
peu solides, et tombent en différents temps pour être remplacées par d'autres : à deux ans et demi les quatre de devant du milieu tombent les premières, deux en haut, deux
en bas ; un an après il en tombe quatre autres, une de chaque
côté des premières qui sont déjà remplacées ; à quatre ans
et demi environ il en tombe quatre autres, toujours à côté
de celles qui sont tombées et remplacées : ces quatre dernières dents de lait sont remplacées par quatre autres, qui
ne croissent pas à beaucoup près aussi vite que celles qui
ont remplacé les huit premières ; et ce sont ces quatre dernières dents qu'on appelle les *coins*, et qui remplacent les
quatre dernières dents de lait, qui marquent l'âge du cheval ;
elles sont aisées à reconnaître, puisqu'elles sont les troisièmes tant en haut qu'en bas, à les compter depuis le milieu
de l'extrémité de la mâchoire : ces dents sont creuses et ont
une marque noire dans leur concavité. A quatre ans et demi
ou cinq ans elles ne débordent pas au-dessus de la gencive,
et le creux est fort sensible ; à six ans et demi il commence
à se remplir, la marque commence aussi à diminuer et à se
rétrécir, et toujours de plus en plus jusqu'à sept ans et demi
ou huit ans, que le creux est tout à fait rempli et la marque
noire effacée. Après huit ans, comme ces dents ne donnent
plus connaissance de l'âge, on cherche à en juger par les
dents canines ou crochets ; ces quatre dents sont à côté de
celles dont nous venons de parler. Ces dents canines, non
plus que les mâchelières, ne sont pas précédées par d'autres
dents qui tombent ; les deux de la mâchoire inférieure poussent ordinairement les premières à trois ans et demi, et les
deux de la mâchoire supérieure à quatre ans, et jusqu'à l'âge
de six ans ces dents sont fort pointues : à dix ans celles

d'en haut paraissent déjà émoussées, usées et longues, parce qu'elles sont déchaussées, la gencive se retirant avec l'âge; et plus elles le sont, plus le cheval est âgé. De dix jusqu'à treize ou quatorze ans, il y a peu d'indice de l'âge., mais alors quelques poils des sourcils commencent à devenir blancs : cet indice est cependant aussi équivoque que celui qu'on tire des salières creuses. Il y a des chevaux dont les dents sont si dures qu'elles ne s'usent point, et sur lesquelles la marque noire subsiste et ne s'efface jamais; mais ces chevaux, qu'on appelle *bégus*, sont aisés à reconnaître par le creux de la dent qui est absolument rempli, et aussi par la longueur des dents canines : au reste, on a remarqué qu'il y a plus de juments que de chevaux bégus. On peut aussi connaître, quoique moins précisément, l'âge d'un cheval par les sillons du palais, qui s'effacent à mesure que le cheval vieillit.

La durée de la vie des chevaux est, comme dans toutes les autres espèces d'animaux, proportionnée à la durée du temps de leur accroissement. L'homme, qui est quatorze ans à croître, peut vivre six ou sept fois autant de temps, c'est-à-dire quatre-vingt-dix ou cent ans. Le cheval, dont l'accroissement se fait en quatre ans, peut vivre six ou sept fois autant, c'est-à-dire vingt-cinq ou trente ans. Les exemples qui pourraient être contraires à cette règle sont si rares, qu'on ne doit pas même les regarder comme une exception dont on puisse tirer des conséquences; et comme les gros chevaux prennent leur entier accroissement en moins de temps que les chevaux fins, ils vivent aussi moins de temps, et sont vieux dès l'âge de quinze ans.

Il paraîtrait au premier coup d'œil que dans les chevaux, et la plupart des autres animaux quadrupèdes, l'accroissement des parties postérieures est d'abord plus grand que celui des parties antérieures, tandis que dans l'homme les parties inférieures croissent moins d'abord que les parties supérieures : car dans l'enfant les cuisses et les jambes sont, à proportion du corps, beaucoup moins grandes que dans l'adulte ; dans le poulain, au contraire, les jambes de derrière sont assez longues pour qu'il puisse atteindre à sa tête avec le pied de derrière, au lieu que le cheval adulte ne peut plus y atteindre. Mais cette différence vient moins de l'inégalité de l'accroissement total des parties antérieures et postérieures, que de l'inégalité des pieds de devant et de ceux de derrière, qui est constante dans toute la nature, et plus sensible dans les animaux quadrupèdes; car dans l'homme les pieds sont plus gros que les mains, et sont aussi plus tôt formés; et dans le cheval, dont une grande partie de la jambe de derrière n'est qu'un pied, puisqu'elle n'est composée que des os relatifs au tarse, au métatarse, etc., il n'est pas étonnant que ce pied soit plus étendu et plus tôt développé que la jambe de devant, dont toute la partie inférieure représente la main, puisqu'elle n'est composée que des os du carpe, du métacarpe, etc. Lorsqu'un poulain vient de naître, on remarque aisément cette différence; les jambes de devant, comparées à celles de derrière, paraissent et sont en effet beaucoup plus courtes alors qu'elles ne le seront dans la suite, et d'ailleurs l'épaisseur que le corps acquiert, quoique indépendante des proportions de l'accroissement en longueur, met cependant plus de distance entre les pieds de derrière et la tête, et contribue par conséquent à empêcher le cheval d'y atteindre lorsqu'il a pris son accroissement.

Dans tous les animaux, chaque espèce est variée suivant les différents climats, et les résultats généraux de ces variétés forment et constituent les différentes races, dont nous ne pouvons saisir que celles qui sont les plus marquées, c'est-à-dire celles qui diffèrent sensiblement les unes des autres, en négligeant toutes les nuances intermédiaires, qui sont ici, comme en tout, infinies. Nous en avons même encore augmenté le nombre et la confusion en favorisant le mélange de ces races, et nous avons, pour ainsi dire, brusqué la nature en amenant en ces climats des chevaux d'Afrique et d'Asie; nous avons rendu méconnaissables les races primitives de France, en y introduisant des chevaux de tout pays; et il ne nous reste, pour distinguer les chevaux, que quelques légers caractères, produits par l'influence actuelle du climat. Ces caractères seraient bien plus marqués, et les différences seraient bien plus sensibles, si les races de chaque climat s'y fussent conservées sans mélange: les petites variétés auraient été moins nuancées, moins nombreuses; mais il y aurait eu un certain nombre de grandes variétés bien caractérisées, que tout le monde aurait aisément distinguées; au lieu qu'il faut de l'habitude, et même une assez longue expérience, pour connaître les chevaux des différents pays. Nous n'avons sur cela que les lumières que nous avons pu tirer des livres des voyageurs, des ouvrages des plus habiles écuyers, tels que MM. Newcastel, de Garsault, de La Guérinière, etc., et de quelques remarques que M. de Pignerolles, écuyer du roi, et chef de l'académie d'Angers, a eu la bonté de nous communiquer.

Les chevaux arabes sont les plus beaux que l'on connaisse en Europe; ils sont plus grands et plus étoffés que les barbes, et tout aussi bien faits : mais comme il en vient rarement en France, les écuyers n'ont pas d'observations détaillées de leurs perfections et de leurs défauts.

Les chevaux barbes sont plus communs : ils ont l'encolure longue, fine, peu chargée de crins et bien sortie du garrot; la tête belle, petite, et assez ordinairement moutonnée; l'oreille belle et bien placée, les épaules légères et plates, le garrot mince et bien relevé, les reins courts et droits, le flanc et les côtes rondes sans trop de ventre, les hanches bien effacées, la croupe le plus souvent un peu longue, et la queue placée un peu haut, la cuisse bien formée et rarement plate, les jambes belles, bien faites, et sans poil, le nerf bien détaché, le pied bien fait, mais souvent le paturon long. On en voit de tous poils, mais plus communément de gris. Les barbes ont un peu de négligence dans leur allure; ils ont besoin d'être recherchés, et on leur trouve beaucoup de vitesse et de nerf : ils sont fort légers et très-propres à la course. Ces chevaux paraissent être les plus propres pour en tirer race : il serait seulement à souhaiter qu'ils fussent de plus grande taille; les plus grands sont de quatre pieds huit pouces, et il est rare d'en trouver qui aient quatre pieds neuf pouces. On prétend que parmi les barbes, ceux du royaume de Maroc sont les meilleurs, ensuite les barbes de montagnes; ceux du reste de la Mauritanie sont au-dessous, aussi bien que ceux de Turquie, de Perse, et d'Arménie. Tous ces chevaux des pays chauds ont le poil plus ras que les autres. Les chevaux turcs ne sont pas si bien proportionnés que les barbes : ils ont pour l'ordinaire l'encolure effilée, le corps long, les jambes trop menues; cependant ils sont grands travailleurs et de longue haleine. On n'en sera pas étonné si l'on fait attention que dans les pays chauds les os des animaux sont plus durs que dans les climats froids; et c'est par cette raison que, quoiqu'ils aient le canon plus menu que ceux de ce pays-ci, ils ont cependant plus de force dans les jambes.

Les chevaux d'Espagne, qui tiennent le second rang après les barbes, ont l'encolure longue, épaisse, et beaucoup de crins; la tête un peu grosse, et quelquefois moutonnée; les oreilles longues, mais bien placées; les yeux pleins de feu; l'air noble et fier, les épaules épaisses, et le poitrail large, les reins assez souvent un peu bas, la côte ronde, et souvent un peu trop de ventre; la croupe ordinairement ronde et large, quoique quelques-uns l'aient un peu longue; les jambes belles et sans poil, le nerf bien détaché; le paturon quelquefois un peu long, comme les barbes; le pied un peu allongé, comme celui d'un mulet, et souvent le talon trop haut. Les chevaux d'Espagne de belle race sont épais, bien étoffés, bas de terre; ils ont aussi beaucoup de mouvement dans leur démarche, beaucoup de souplesse, de feu et de fierté : leur poil le plus ordinaire est noir ou bai-marron, quoiqu'il y en ait quelques-uns de toutes sortes de poils. Ils ont très-rarement des jambes blanches et des nez blancs : les Espagnols, qui ont de l'aversion pour ces marques, ne tirent point race des chevaux qui les ont, ils ne veulent qu'une étoile au front; ils estiment même les chevaux zains autant que nous les méprisons. L'un et l'autre de ces préjugés, quoique contraires sont peut-être tout aussi mal fondés, puisqu'il se trouve de très-bons chevaux avec toutes sortes de marques, et de même d'excellents chevaux, qui sont zains. Cette petite différence dans la robe d'un cheval ne semble en aucune façon dépendre de son naturel ou de sa constitution intérieure, puisqu'elle dépend en effet d'une qualité extérieure et si superficielle, que par une légère blessure dans la peau on produit une tache blanche. Au reste, les chevaux d'Espagne, zains ou autres, sont tous marqués à la cuisse, hors le montoir, de la marque du haras dont ils sont sortis. Ils ne sont pas communément de grande taille; cependant on en trouve quelques-uns de quatre pieds neuf ou dix pouces. Ceux de la haute Andalousie passent pour être les meilleurs de tous, quoiqu'ils soient assez sujets à avoir la tête trop longue; mais on leur fait grâce de ce défaut en faveur de leurs rares qualités : ils ont du courage, de l'obéissance, de la grâce, de la fierté, et plus de souplesse que les barbes : c'est par tous ces avantages qu'on les préfère à tous les autres chevaux du monde, pour la guerre, pour la pompe, et pour le manége.

Les plus beaux chevaux anglais sont, pour la conformation, assez semblables aux arabes et aux barbes, dont ils sortent en effet : ils ont cependant la tête plus grande, mais bien faite et moutonnée, les oreilles plus longues, mais bien placées. Par les oreilles seules on pourrait distinguer un cheval anglais d'un cheval barbe; mais la grande différence est dans la taille : les anglais sont bien étoffés et beaucoup plus grands; on en trouve communément de quatre pieds dix pouces, et même de cinq pieds de hauteur. Il y en a de tous poils et de toutes marques. Ils sont généralement forts, vigoureux, hardis, capables d'une grande fatigue, excellents pour la chasse et la course; mais il leur manque la grâce et la souplesse; ils sont durs, et ont peu de liberté dans les épaules.

On parle souvent de courses de chevaux en Angleterre, et il y a des gens extrêmement habiles dans cette espèce d'art gymnastique. Pour en donner une idée, je ne puis mieux faire que de rapporter ce qu'un homme respectable, que j'ai déjà eu occasion de citer, m'a écrit de Londres le 18 février 1748. M. Thornhill, maître de poste à Stilton, fit gageure de courir à cheval trois fois de suite le chemin de Stilton à Londres, c'est-à-dire de faire deux cent quinze milles d'Angleterre (environ soixante-douze lieues de France) en quinze heures. Le 29 avril 1745, il se mit en course, partit de Stilton, fit la première course jusqu'à Londres en trois heures cinquante et une minutes, et monta huit différents chevaux dans cette course; il repartit sur-le-champ et fit la seconde course, de Londres à Stilton, en trois heures cinquante-deux minutes, et ne monta que six chevaux; il se servit pour la troisième course des mêmes chevaux qui lui avaient déjà servi : dans les quatorze il en monta sept, et il acheva cette dernière course en trois heures quarante-neuf minutes; en sorte que non-seulement il remplit la gageure qui était de faire ce chemin en quinze heures, mais il le fit en onze heures trente-deux minutes. Je doute que dans les jeux olympiques il se soit jamais fait une course si rapide que cette course de M. Thornhill.

Les chevaux d'Italie étaient autrefois plus beaux qu'ils ne le sont aujourd'hui, parce que depuis un certain temps on y a négligé les haras; cependant il se trouve encore de beaux chevaux napolitains, surtout pour les attelages : mais en général ils ont la tête grosse et l'encolure épaisse; ils sont indociles, et par conséquent difficiles à dresser. Ces défauts sont compensés par la richesse de leur taille, par leur fierté, et par la beauté de leurs mouvements. Ils sont excellents pour l'appareil, et ont beaucoup de dispositions à piaffer.

Les chevaux danois sont de si belle taille et si étoffés, qu'on les préfère à tous les autres pour en faire des attelages. Il y en a de parfaitement bien moulés, mais en petit nombre; car le plus souvent ces chevaux n'ont pas une conformation fort régulière. La plupart ont l'encolure épaisse, les épaules grosses, les reins un peu longs et bas, la croupe trop étroite pour l'épaisseur du devant; mais ils ont tous de beaux mouvements, et en général ils sont très-bons pour la guerre et pour l'appareil. Ils sont de tous poils; et même les poils singuliers, comme pie et tigre, ne se trouvent guère que dans les chevaux danois.

Il y a en Allemagne de fort beaux chevaux; mais en général ils sont pesants et ont peu d'haleine, quoiqu'ils viennent, pour la plupart, des chevaux turcs et barbes, dont on entretient les haras, aussi bien que de chevaux d'Espagne et d'Italie. Ils sont donc peu propres à la chasse et à la course de vitesse, au lieu que les chevaux hongrois, transylvains, etc., sont au contraire légers et bons coureurs. Les housards et les Hongrois leur fendent les naseaux, dans la vue, dit-on, de leur

donner plus d'haleine, et aussi pour les empêcher de hennir a
la guerre. On prétend que les chevaux auxquels on a fendu les
naseaux ne peuvent plus hennir. Je n'ai pas été à portée de
vérifier ce fait ; mais il me semble qu'ils doivent seulement
hennir plus faiblement. On a remarqué que les chevaux hongrois, cravates et polonais, sont fort sujets à être bégus.

Les chevaux de Hollande sont fort bons pour le carrosse, et
ce sont ceux dont on se sert le plus communément en France.
Les meilleurs viennent de la province de Frise ; il y en a aussi
de fort bons dans les pays de Bergues et de Juliers. Les chevaux flamands sont fort au-dessous des chevaux de Hollande :
ils ont presque tous la tête grosse, les pieds plats, les jambes
sujettes aux eaux ; et ces deux derniers défauts sont essentiels
dans les chevaux de carrosse.

Il y a en France des chevaux de toute espèce, mais les
beaux sont en petit nombre. Les meilleurs chevaux de selle
viennent du Limosin : ils ressemblent assez aux barbes, et
sont comme eux excellents pour la chasse, mais ils sont tardifs
dans leur accroissement ; il faut les ménager dans leur jeunesse, et même ne s'en servir qu'à l'âge de huit ans. Il y a
aussi de très-bons bidets en Auvergne, en Poïtou, dans le
Morvan, en Bourgogne ; mais après le Limosin, c'est la Normandie qui fournit les plus beaux chevaux : ils ne sont pas si
bons pour la chasse, mais ils sont meilleurs pour la guerre ; ils
sont plus étoffés et plus tôt formés. On tire de la Basse-Nor-
mandie et du Cotentin de très-beaux chevaux de carrosse,
qui ont plus de légèreté et de ressource que les chevaux de
Hollande. La Franche-Comté et le Boulonnais fournissent de
très-bons chevaux de tirage. En général, les chevaux français
pèchent pour avoir de trop grosses épaules, au lieu que les
barbes pèchent pour les avoir trop serrées.

Après l'énumération de ces chevaux qui nous sont les mieux
connus, nous rapporterons ce que les voyageurs disent des
chevaux étrangers que nous connaissons peu. Il y a de fort
bons chevaux dans toutes les îles de l'Archipel. Ceux de l'île
de Crète étaient en grande réputation chez les anciens pour
l'agilité et la vitesse ; cependant aujourd'hui on s'en sert peu
dans le pays même, à cause de la trop grande aspérité du ter-

rain, qui est presque partout fort inégal et fort montueux. Les beaux chevaux de ces îles, et même ceux de Barbarie, sont de race arabe. Les chevaux naturels du royaume de Maroc sont beaucoup plus petits que les arabes, mais très-légers et très-vigoureux. M. Shaw, prétend que les haras d'Égypte et de Tingitanie l'emportent aujourd'hui sur tous ceux des pays voisins; au lieu qu'on trouvait, il y a environ un siècle, d'aussi bons chevaux dans tout le reste de la Barbarie. L'excellence de ces chevaux barbes consiste, dit-il, à ne s'abattre jamais, et à se tenir tranquilles lorsque le cavalier descend ou laisse tomber la bride. Ils ont un grand pas et un galop rapide; mais on ne les laisse point trotter ni marcher l'amble; les habitants du pays regardent ces allures comme des mouvements grossiers et ignobles. Il ajoute que les chevaux d'Égypte sont supérieurs à tous les autres pour la taille et pour la beauté. Mais ces chevaux d'Égypte, aussi bien que la plupart des chevaux de Barbarie, viennent des arabes qui sont, sans contredit, les premiers et les plus beaux chevaux du monde.

Selon Marmol, ou plutôt selon Léon l'Africain, car Marmol l'a ici copié presque mot à mot, les chevaux arabes viennent des chevaux sauvages des déserts d'Arabie, dont on a fait très-anciennement des haras, qui les ont tant multipliés, que toute l'Asie et l'Afrique en sont pleines. Ils sont si légers que quelques-uns d'entre eux devancent les autruches à la course. Les Arabes du désert et les peuples de Libye élèvent une grande quantité de ces chevaux pour la chasse, ils ne s'en servent ni pour voyager ni pour combattre : ils les font paître lorsqu'il y a de l'herbe; et lorsque l'herbe manque, ils ne les nourrissent que de dattes et de lait de chameau; ce qui les rend nerveux, légers et maigres. Ils tendent des piéges aux chevaux sauvages; ils en mangent la chair, et disent que celle des jeunes est fort délicate. Ces chevaux sauvages sont plus petits que les autres; ils sont communément de couleur cendrée, quoiqu'il y en ait aussi de blancs, et ils ont le crin et le poil de la queue fort court et hérissé. D'autres voyageurs nous ont donné sur les chevaux arabes des relations curieuses, dont nous ne rapporterons ici que les principaux faits.

Il n'y a point d'Arabe, quelque misérable qu'il soit, qui n'ait des chevaux. Ils montent ordinairement les juments, l'expérience leur ayant appris qu'elles résistent mieux que les chevaux à la fatigue, à la faim, et à la soif; elles sont aussi moins vicieuses, plus douces, et hennissent moins fréquemment que les chevaux : ils les accoutument si bien à être ensemble, qu'elles demeurent en grand nombre, quelquefois des jours entiers, abandonnées à elles-mêmes, sans se frapper les unes les autres, et sans se faire aucun mal. Les Turcs, au contraire, n'aiment point les juments; et les Arabes leur vendent les chevaux qu'ils ne veulent pas garder pour étalons. Ils conservent avec grand soin, et depuis très-longtemps, les races de leurs chevaux; ils en connaissent les générations, les alliances et toute la généalogie. Ils distinguent les races par des noms différents, et ils en font trois classes : la première est celle des chevaux nobles, de race pure et ancienne des deux côtés; la seconde est celle des chevaux de race ancienne, mais qui se sont mésalliés; et la troisième est celle des chevaux communs : ceux-ci se vendent à bas prix; mais ceux de la première classe, et même ceux de la seconde, parmi lesquels il s'en trouve d'aussi bons que ceux de la première, sont excessivement chers. Ils connaissent, par une longue expérience, toutes les races de leurs chevaux et de ceux de leurs voisins; ils en connaissent en particulier le nom, le surnom, le poil, les marques, etc. Quand ils n'ont pas des étalons nobles, ils en empruntent chez leurs voisins, moyennant quelque argent; ce qui se fait en présence de témoins, qui en donnent une attestation signée et scellée par devant le secrétaire de l'émir, ou quelque autre personne publique; et dans cette attestation le nom du cheval et de la jument est cité, et toute leur génération exposée. Lorsque la jument a pouliné, on appelle encore des témoins, et l'on fait une autre attestation, dans laquelle on fait la description du poulain qui vient de naître, et on marque le jour de sa naissance. Ces billets donnent le prix aux chevaux, et on les remet à ceux qui les achètent. Les moindres juments de cette première classe sont de cinq cents écus, et il y en a beaucoup qui se vendent mille écus, et même quatre, cinq, et six mille livres. Comme

les Arabes n'ont qu'une tente pour maison, cette tente leur
sert aussi d'écurie; la jument, le poulain, le mari, la femme,
et les enfants couchent tous pêle-mêle, les uns avec les autres : on y voit les petits enfants sur le corps, sur le cou de
la jument et du poulain, sans que ces animaux les blessent
ni les incommodent; on dirait qu'ils n'osent se remuer de
peur de leur faire du mal. Ces juments sont si accoutumées à
vivre dans cette familiarité, qu'elles souffrent toute sorte de
badinage. Les Arabes ne les battent point; ils les traitent dou-
cement, ils parlent et raisonnent avec elles; ils en prennent
un très-grand soin; ils les laissent toujours aller au pas, et ne
les piquent jamais sans nécessité : mais aussi dès qu'elles se
sentent chatouiller le flanc avec le coin de l'étrier, elles partent subitement, et vont d'une vitesse incroyable; elles sau-
tent les haies et les fossés aussi légèrement que les biches; et
si leur cavalier vient à tomber, elles sont si bien dressées,
qu'elles s'arrêtent tout court, même dans le galop le plus rapide. Tous les chevaux des Arabes sont d'une taille médiocre,
fort dégagés, et plutôt maigres que gras. Ils les pansent soir
et matin fort régulièrement et avec tant de soin, qu'ils ne leur
laissent pas la moindre crasse sur la peau; ils leur lavent les
jambes, le crin, et la queue, qu'ils laissent toute longue, et
qu'ils peignent rarement pour ne pas rompre le poil. Ils ne
leur donnent rien à manger de tout le jour, ils leur donnent
seulement à boire deux ou trois fois, et au coucher du soleil
ils leur passent un sac à la tête, dans lequel il y a environ un
demi-boisseau d'orge bien net. Ces chevaux ne mangent donc
que pendant la nuit, et on ne leur ôte le sac que le lendemain
matin, lorsqu'ils ont tout mangé. On les met au vert au mois
de mars, quand l'herbe est assez grande. Lorsque la saison
du printemps est passée, on retire les chevaux du pâturage,
et on ne leur donne ni herbe ni foin de tout le reste de l'année, ni même de paille que très-rarement; l'orge est leur
unique nourriture. On ne manque pas de couper aussi les
crins aux poulains dès qu'ils ont un an ou dix-huit mois, afin
qu'ils deviennent plus touffus et plus longs. On les monte dès
l'âge de deux ans ou deux ans et demi tout au plus tard; on
ne leur met la selle et la bride qu'à cet âge; et tous les jours,

du matin jusqu'au soir, tous les chevaux des Arabes demeurent sellés et bridés à la porte de la tente.

La race de ces chevaux s'est étendue en Barbarie, chez les Maures et même chez les Nègres de la rivière de Gambie et du Sénégal. Les seigneurs du pays en ont quelques-uns qui sont d'une grande beauté. Au lieu d'orge ou d'avoine, on leur donne du maïs concassé ou réduit en farine, qu'on mêle avec du lait lorsqu'on veut les engraisser; et dans ce climat si chaud on ne les laisse boire que rarement. D'un autre côté, les chevaux arabes ont peuplé l'Égypte, la Turquie, et peut-être la Perse, où il y avait autrefois des haras très-considérables. Marc-Paul cite un haras de dix mille juments blanches, et il dit que dans la province de Balascie il y avait une grande quantité de chevaux grands et légers, avec la corne du pied si dure, qu'il était inutile de les ferrer.

Tous les chevaux du Levant ont, comme ceux de Perse et d'Arabie, la corne fort dure : on les ferre cependant, mais avec des fers minces, légers, et qu'on peut clouer partout. En Turquie, en Perse, et en Arabie, on a aussi les mêmes usages pour les soigner, les nourrir, et leur faire de la litière de leur fumier, qu'on fait auparavant sécher au soleil pour ôter l'odeur, et ensuite on le réduit en poudre et on en fait une couche, dans l'écurie ou dans la tente, d'environ quatre ou cinq pouces d'épaisseur : cette litière dure fort longtemps; car quand elle est infectée de nouveau, on la relève pour la faire sécher au soleil une seconde fois, et cela lui fait perdre entièrement sa mauvaise odeur.

Il y a en Turquie des chevaux arabes, des chevaux tartares, des chevaux hongrois, et des chevaux de race du pays. Ceux-ci sont beaux et très-fins; ils ont beaucoup de feu, de vitesse, et même d'agrément; mais ils sont trop délicats : ils ne peuvent supporter la fatigue, ils mangent peu, ils s'échauffent aisément, et ont la peau si sensible, qu'ils ne peuvent supporter le frottement de l'étrille; on se contente de les frotter avec l'époussette et de les laver. Ces chevaux, quoique beaux, sont, comme l'on voit, fort au-dessous des arabes : ils sont même au-dessous des chevaux de Perse, qui sont après les arabes, les plus beaux et les meilleurs chevaux de l'Orient,

Les pâturages des plaines de Médie, de Persépolis, d'Ardebil, de Derbent, sont admirables, et on y élève, par les ordres du gouvernement, une prodigieuse quantité de chevaux, dont la plupart sont très-beaux, et presque tous excellents. Pietro della Valle préfère les chevaux communs de Perse aux chevaux d'Italie, et même, dit-il, aux plus excellents chevaux du royaume de Naples. Communément ils sont de taille médiocre; il y en a même de fort petits, qui n'en sont pas moins bons ni moins forts : mais il s'en trouve aussi beaucoup de bonne taille, et plus grands que les chevaux de selle anglais. Ils ont tous la tête légère, l'encolure fine, le poitrail étroit, les oreilles bien faites et bien placées, les jambes menues, la croupe belle et la corne dure; ils sont dociles, vifs, légers, hardis, courageux, et capables de supporter une grande fatigue; ils courent d'une très-grande vitesse, sans jamais s'abattre ni s'affaisser : ils sont robustes et très-aisés à nourrir; on ne leur donne que de l'orge mêlée avec de la paille hachée menu, dans un sac qu'on leur passe à la tête, et on ne les met au vert que pendant six semaines au printemps. On leur laisse la queue longue; on leur donne des couvertures pour les défendre des injures de l'air; on les soigne avec une attention particulière; on les conduit avec un simple bridon et sans éperon, et on en transporte une très-grande quantité en Turquie, et surtout aux Indes. Ces voyageurs, qui font tous l'éloge des chevaux de Perse, s'accordent cependant à dire que les chevaux arabes sont encore supérieurs pour l'agilité, le courage et la force, et même la beauté, et qu'ils sont beaucoup plus recherchés en Perse même que les plus beaux chevaux du pays.

Les chevaux qui naissent aux Indes ne sont pas bons; ceux dont se servent les grands du pays y sont transportés de Perse et d'Arabie. On leur donne un peu de foin le jour, et le soir on leur fait cuire des pois avec du sucre et du beurre, au lieu d'avoine ou d'orge. Cette nourriture les soutient et leur donne un peu de force; sans cela ils dépériraient en très-peu de temps, le climat leur étant contraire. Les chevaux naturels du pays sont en général fort petits; il y en a même de si petits, que Tavernier rapporte que le jeune prince du Mogol, âgé de sept ou huit ans, montait ordinairement un petit cheval très-bien fait, dont la taille n'excédait pas celle d'un grand lévrier. Il semble que les climats excessivement chauds soient contraires aux chevaux : ceux de la côte d'Or, de celle de Juda, de Guinée, etc., sont, comme ceux des Indes, fort mauvais; ils portent la tête et le cou fort bas; leur marche est si chancelante, qu'on les croit toujours prêts à tomber : ils ne se remueraient pas si on ne les frappait continuellement; et la plupart sont si bas, que les pieds de ceux qui les montent touchent presque à térre. Ils sont de plus fort indociles, et propres seulement à servir de nourriture aux Nègres, qui en aiment la chair autant que celle des chiens. Ce goût pour la chair du cheval est donc commun aux Nègres et aux Arabes; il se retrouve en Tartarie, et même à la Chine. Les chevaux chinois ne valent pas mieux que ceux des Indes : ils sont faibles, lâches, mal faits, et fort petits; ceux de la Corée n'ont que trois pieds de hauteur. A la Chine, ils sont si timides, qu'on ne peut s'en servir à la guerre : aussi peut-on dire que ce sont les chevaux tartares qui ont fait la conquête de la Chine. Ces chevaux sont très-propres pour la guerre, quoique communément ils ne soient que de taille médiocre : ils sont forts, vigoureux, fiers, ardents, légers et grands coureurs. Ils ont la corne du pied fort dure, mais trop étroite; la tête fort légère, mais trop petite; l'encolure longue et raide; les jambes trop hautes : avec tous ces défauts ils peuvent passer pour de très-bons chevaux; ils sont infatigables, et courent d'une vitesse extrême. Les Tartares vivent avec leurs chevaux à peu près comme les Arabes; ils les font monter dès l'âge de sept ou huit mois par de jeunes enfants, qui les promènent et les font courir à petites reprises; ils les dressent ainsi peu à peu, et leur font souffrir de grandes diètes : mais ils ne les montent pour aller en course que quand ils ont six ou sept ans; ils leur font supporter alors des fatigues incroyables, comme de marcher deux ou trois jours sans s'arrêter, d'en passer quatre ou cinq sans autre nourriture qu'une poignée d'herbe de huit heures en huit heures, et d'être en même temps vingt-quatre heures sans boire, etc. Ces chevaux, qui paraissent et qui en effet sont si robustes dans leur pays, dépérissent dès qu'on les transporte à la Chine et aux Indes, mais ils réussissent assez en Perse et en Turquie. Les petits Tartares ont aussi une race de petits chevaux dont ils font tant de cas, qu'ils ne se permettent jamais de les vendre à des étrangers. Ces chevaux ont toutes les bonnes et mauvaises qualités de ceux de la grande Tartarie; ce qui prouve combien les mêmes mœurs et la même éducation donnent le même naturel et la même habitude à ces animaux. Il y a aussi en Circassie et en Mingrélie beaucoup de chevaux qui sont même plus beaux que les chevaux tartares. On trouve encore d'assez beaux chevaux en Ukraine, en Valachie, en Pologne, en Suède; mais nous n'avons pas d'observations particulières de leurs qualités et de leurs défauts.

Maintenant, si l'on consulte les anciens sur la nature et les qualités des chevaux des différents pays, on trouvera que les chevaux de la Grèce, et surtout ceux de la Thessalie et de l'Épire, avaient de la réputation, et étaient très-bons pour la guerre; que ceux de l'Achaïe étaient les plus grands que l'on connût; que les plus beaux de tous étaient ceux d'Égypte, où il y en avait une très-grande quantité, et où Salomon envoyait en acheter à un très-grand prix; qu'en Éthiopie les chevaux réussissaient mal à cause de la trop grande chaleur du climat; que l'Arabie et l'Afrique fournissaient les chevaux les mieux faits, et surtout les plus légers et les plus propres à la monture et à la course; que ceux d'Italie, et surtout de la Pouille, étaient aussi très-bons; qu'en Sicile, Cappadoce, Syrie, Arménie, Médie et Perse, il y avait d'excellents chevaux, et recommandables par leur vitesse et leur légèreté; que ceux de Sardaigne et de Corse étaient petits, mais vifs et courageux; que ceux d'Espagne ressemblaient à ceux des Parthes, et étaient excellents pour la guerre; qu'il y avait aussi en Transylvanie et en Valachie des chevaux à tête légère, à grands crins pendants jusqu'à terre, et à queue touffue, qui étaient très-prompts à la course; que les chevaux danois étaient bien faits et bons sauteurs; que ceux de Scandinavie étaient petits, mais bien moulés et fort agiles; que les chevaux de Flandre étaient forts; que les Gaulois fournissaient aux Romains de bons chevaux pour la monture et pour porter les fardeaux ; que les chevaux des Germains étaient mal faits, et si mauvais qu'ils ne s'en servaient pas ; que les Suisses en avaient beaucoup et de très-bons pour la guerre ; que les chevaux de Hongrie étaient aussi fort bons ; et enfin que les chevaux des Indes étaient fort petits et très-faibles.

Il résulte de tous ces faits que les chevaux arabes ont été de tous temps et sont encore les premiers chevaux du monde, tant pour la beauté que pour la bonté ; que c'est d'eux que l'on tire, soit immédiatement, soit médiatement par le moyen des barbes, les plus beaux chevaux qui soient en Europe, en Afrique et en Asie ; que le climat de l'Arabie est peut-être le climat des chevaux, et le meilleur de tous les climats. On peut encore conclure que les climats plus chauds que froids, et surtout les pays secs, sont ceux qui conviennent le mieux à la nature de ces animaux ; qu'en général les petits chevaux sont meilleurs que les grands ; que le soin leur est aussi nécessaire à tous que la nourriture ; qu'avec de la familiarité et des caresses on en tire beaucoup plus que par la force et les châtiments ; que les chevaux des pays chauds ont les os, la corne, les muscles plus durs que ceux de nos climats ; que, quoique la chaleur convienne mieux que le froid à ces animaux, cependant le chaud excessif ne leur convient pas ; que le grand froid leur est contraire ; qu'enfin leur habitude et leur naturel dépendent presque en entier du climat, de la nourriture, des soins et de l'éducation.

Les chevaux, de quelque poil qu'ils soient, muent comme presque tous les animaux couverts de poil, et cette mue se fait une fois l'an, ordinairement au printemps, et quelquefois en automne. Ils sont alors plus faibles que dans les autres temps ; il faut les ménager, les soigner davantage et les nourrir un peu plus largement. Il y a aussi des chevaux qui muent de corne ; cela arrive surtout à ceux qui ont été élevés dans des pays humides et marécageux, comme en Hollande.

On peut distinguer cinq sortes de hennissements différents, relatifs à différentes passions : le hennissement d'allégresse, dans lequel la voix se fait entendre assez longuement, monte et finit à des sons plus aigus ; le cheval rue en même temps, mais légèrement, et ne cherche point à frapper : le hennissement du désir, dans lequel le cheval ne rue point, et la voix se fait entendre longuement et finit par des sons plus graves : le hennissement de la colère, pendant lequel le cheval rue et frappe dangereusement, est très-court et aigu : celui de la crainte, pendant lequel il rue aussi, n'est guère plus long que celui de la colère, la voix est grave, rauque, et semble sortir en entier des naseaux; ce hennissement est assez semblable au rugissement d'un lion : celui de la douleur est moins un hennissement qu'un gémissement ou rondement d'oppression qui se fait à voix grave et suit les alternatives de la respiration. Au reste, on a remarqué que les chevaux qui hennissent le plus souvent, et surtout d'allégresse et de désir, sont les. meilleurs et les plus généreux. Lorsque le cheval est passionné de désir, d'appétit, il montre les dents, et semble rire ; il les montre aussi dans la colère et lorsqu'il veut mordre ; il tire quelquefois la langue pour lécher, mais moins fréquemment que le bœuf, qui lèche beaucoup plus que le cheval, et qui cependant est moins sensible aux caresses. Le cheval se souvient aussi beaucoup plus longtemps des mauvais traitements, et il se rebute aussi plus aisément que le bœuf. Son naturel ardent et courageux lui fait donner d'abord tout ce qu'il possède de force ; et lorsqu'il sent qu'on exige encore davantage, il s'indigne et refuse ; au lieu que le bœuf, qui, de sa nature, est lent et paresseux, s'excède et se rebute moins aisément.

Le cheval dort beaucoup moins que l'homme : lorsqu'il se porte bien, il ne demeure guère que deux ou trois heures de suite couché ; il se relève ensuite pour manger ; et lorsqu'il a été trop fatigué, il se couche une seconde fois après avoir mangé ; mais en tout il ne dort guère que trois ou quatre heures en vingt-quatre : il y a même des chevaux qui ne se couchent jamais, et qui dorment toujours debout : ceux qui se couchent dorment aussi quelquefois sur leurs pieds.

Les quadrupèdes ne boivent pas tous de la même manière, quoique tous soient également obligés d'aller chercher avec la tête la liqueur qu'ils ne peuvent saisir autrement, à l'exception du singe, du maki, et de quelques autres qui ont des mains, et qui par conséquent peuvent boire comme l'homme, lorsqu'on leur donne un vase qu'ils peuvent tenir; car ils le portent à leur bouche, l'inclinent, versent la liqueur, et l'avalent par le simple mouvement de la déglutition. L'homme boit ordinairement de cette manière, parce que c'est en effet la plus commode; mais il peut encore boire de plusieurs autres façons, en approchant les lèvres et les contractant pour aspirer la liqueur, ou bien en y enfonçant le nez et la bouche assez profondément pour que la langue en soit environnée, et n'ait d'autre mouvement à faire que celui qui est nécessaire pour la déglutition; ou encore en mordant, pour ainsi dire, la liqueur avec les lèvres; ou enfin, quoique plus difficilement, en tirant la langue, l'élargissant, et formant une espèce de petit godet qui rapporte un peu d'eau dans la bouche. La plupart des quadrupèdes pourraient aussi chacun boire de plusieurs manières : mais ils font comme nous; ils choisissent celle qui leur est la plus commode, et la suivent constamment. Le chien, dont la gueule est fort ouverte et la langue longue et mince, boit en lapant, c'est-à-dire en léchant la liqueur, et formant avec la langue un godet qui se remplit à chaque fois, et rapporte une assez grande quantité de liqueur : il préfère cette façon à celle de se mouiller le nez. Le cheval, au contraire, qui a la bouche plus petite et la langue trop épaisse et trop courte pour former un grand godet, et qui d'ailleurs boit encore plus avidement qu'il ne mange, enfonce la bouche et le nez brusquement et profondément dans l'eau, qu'il avale abondamment par le simple mouvement de la déglutition : mais cela même le force à boire tout d'une haleine, au lieu que le chien respire à son aise pendant qu'il boit. Aussi doit-on laisser aux chevaux la liberté de boire à plusieurs reprises, surtout après une course, lorsque le mouvement de la respiration est court et pressé. On ne doit pas non plus leur laisser boire de l'eau trop froide, parce que, indépendamment des coliques que l'eau froide cause souvent, il leur arrive aussi, par la nécessité où ils sont d'y tremper les naseaux, qu'ils se refroidissent le nez, s'enrhument, et prennent peut-être les germes de cette maladie à laquelle on a donné le nom de *morve*, la plus formidable de toutes pour cette espèce d'animaux : car on sait depuis peu que le siége de la morve est dans la membrane pituitaire ; que c'est par conséquent un vrai rhume, qui, à la longue, cause une inflammation dans cette membrane : et, d'un autre côté, les voyageurs qui rapportent dans un assez grand détail les maladies des chevaux dans les pays chauds, comme l'Arabie, la Perse, la Barbarie, ne disent pas que la morve y soit aussi fréquente que dans les climats froids. Ainsi je crois être fondé à conjecturer que l'une des causes de cette maladie est la froideur de l'eau, parce que ces animaux sont obligés d'y enfoncer et d'y tenir le nez et les naseaux pendant un temps considérable : ce que l'on préviendrait en ne leur donnant jamais d'eau froide, et en leur essuyant toujours les naseaux après qu'ils ont bu. Les ânes, qui craignent le froid beaucoup plus que les chevaux, et qui leur ressemblent si fort par la structure intérieure, ne sont pas cependant si sujets à la morve : ce qui ne vient peut-être que de ce qu'ils boivent différemment des chevaux ; car au lieu d'enfoncer profondément la bouche et le nez dans l'eau, ils ne font presque que l'atteindre des lèvres.

Je ne parlerai pas des autres maladies des chevaux ; ce serait trop étendre l'Histoire naturelle que de joindre à l'histoire d'un animal celle de ses maladies. Cependant je ne puis terminer l'histoire du cheval sans marquer quelques regrets de ce que la santé de cet animal utile et précieux a été jusqu'à présent abandonnée aux soins et à la pratique, souvent aveugles, de gens sans connaissance et sans lettres. La médecine, que les anciens ont appelée *médecine vétérinaire*, n'est presque connue que de nom. Je suis persuadé que si quelque médecin tournait ses vues de ce côté-là, et faisait de cette étude son principal objet, il en serait bientôt dédommagé par d'amples succès ; que non-seulement il s'enrichirait, mais même qu'au lieu de se dégrader il s'illustrerait beaucoup. Et cette médecine ne serait pas si conjecturale et si difficile que l'autre : la nourriture, les mœurs, l'influence du sentiment, toutes les causes, en un mot, étant plus simples dans l'animal que dans l'homme, les maladies doivent être aussi moins compliquées, et par conséquent plus faciles à juger et à traiter avec succès ; sans compter la liberté qu'on aurait tout entière de faire des expériences, de tenter de nouveaux remèdes, et de pouvoir arriver, sans crainte et sans reproches, à une grande étendue de connaissances en ce genre, dont on pourrait même, par analogie, tirer des inductions utiles à l'art de guérir les hommes.

Nous avons donné la manière dont on traite les chevaux en Arabie, et le détail des soins particuliers que l'on prend pour leur éducation. Ce pays sec et chaud, qui paraît être la première partie et le climat le plus convenable à l'espèce de ce bel animal, permet ou exige un grand nombre d'usages qu'on ne pourrait établir ailleurs avec le même succès. Il ne serait pas possible d'élever et de nourrir les chevaux en France et dans les contrées septentrionales comme on le fait dans les climats chauds : mais les gens qui s'intéressent à ces animaux utiles seront bien aises de savoir comment on les traite dans les climats moins heureux que celui de l'Arabie, et comment ils se conduisent et savent se gouverner eux-mêmes lorsqu'ils se trouvent indépendants de l'homme.

Suivant les différents pays et selon les différents usages auxquels on destine les chevaux, on les nourrit différemment. Ceux de race arabe, dont on veut faire des coureurs pour la chasse en Arabie et en Barbarie, ne mangent que rarement de l'herbe et du grain : on ne les nourrit ordinairement que de dattes et de lait de chameau, qu'on leur donne le soir et le matin; ces aliments qui les rendent plutôt maigres que gras, les rendent en même temps très-nerveux et fort légers à la course. Ils tètent même les femelles des chameaux, qu'ils suivent, quelque grands qu'ils soient; et ce n'est qu'à l'âge de six ou sept ans qu'on commence à les monter.

En Perse, on tient les chevaux à l'air dans la campagne le jour et la nuit, bien couverts néanmoins contre les injures du temps, surtout l'hiver, non-seulement d'une couverture de toile, mais d'une autre par-dessus, qui est épaisse et tissue de poil, et qui les tient chauds et les défend du serein et de la pluie. On prépare une place assez grande et spacieuse, selon le nombre des chevaux, sur un terrain sec et uni, qu'on balaie et qu'on accommode fort proprement : on les y attache à côté l'un de l'autre, à une corde assez longue pour les

contenir tous, bien étendue et liée fortement par les deux
bouts à deux chevilles de fer enfoncées dans la terre; on leur
lâche néanmoins le licou auquel ils sont liés, autant qu'il
le faut pour qu'ils aient la liberté de se remuer à leur aise.
Mais, pour les empêcher de faire aucune violence, on leur
attache les deux pieds de derrière à une corde assez longue
qui se partage en deux branches, avec des boucles de fer
aux extrémités, où l'on place une cheville enfoncée en terre
au devant des chevaux, sans qu'ils soient néanmoins serrés
si étroitement qu'ils ne puissent se coucher, se lever et se
tenir à leur aise, mais seulement pour les empêcher de faire
aucun désordre; et quand on les met dans des écuries, on
les attache et on les tient de la même façon. Cette pratique
est si ancienne chez les Persans, qu'ils l'observaient dès le
temps de Cyrus, au rapport de Xénophon. Ils prétendent,
avec assez de fondement, que ces animaux en deviennent plus
doux, plus traitables, moins hargneux entre eux; ce qui est
utile à la guerre, où les chevaux inquiets incommodent souvent leurs voisins lorsqu'ils sont serrés par escadrons. Pour
litière, on ne leur donne en Perse que du sable et de la terre
en poussière bien sèche, sur laquelle ils reposent et dorment
aussi bien que sur la paille. Dans d'autres pays, comme en
Arabie et au Mogol, on fait sécher leur fiente, que l'on réduit
en poudre, et dont on leur fait un lit très-doux. Dans toutes
ces contrées, on ne les fait jamais manger à terre, ni même à
un râtelier; mais on leur met de l'orge et de la paille hachée
dans un sac qu'on attache à leur tête, car il n'y a point d'a-
voine, et l'on ne fait guère de foin dans ce climat : on leur
donne seulement de l'herbe ou de l'orge en vert au printemps,
et en général on a grand soin de ne leur fournir que la quantité de nourriture nécessaire; car lorsqu'on les nourrit trop
largement, leurs jambes se gonflent, et bientôt ils ne sont
plus de service. Ces chevaux, auxquels on ne met point de
bride, et que l'on monte sans étriers, se laissent conduire fort
aisément; ils portent la tête très-haute au moyen d'un simple
petit bridon, et courent très-rapidement et d'un pas très-sûr
dans les plus mauvais terrains. Pour les faire marcher, on
n'emploie point la houssine, et fort rarement l'éperon : si

quelqu'un en veut, il n'a qu'une pointe cousue au talon de sa botte. Les fouets dont on se sert ordinairement ne sont faits que de petites bandes de parchemin nouées et cordelées : quelques petits coups de ce fouet suffisent pour les faire partir et les entretenir dans le plus grand mouvement.

Les chevaux sont en si grand nombre en Perse, que, quoiqu'ils soient très-bons, ils ne sont pas fort chers. Il y en a peu de grosse et de grande taille; mais ils ont tous plus de force et de courage que de mine et de beauté. Pour voyager avec moins de fatigue, on se sert de chevaux qui vont l'amble, et qu'on a précédemment accoutumés à cette allure, en leur attachant par une corde le pied de devant à celui de derrière, du même côté; et, dans la jeunesse, on leur fend les naseaux, dans l'idée qu'ils en respirent plus aisément; ils sont si bons marcheurs, qu'ils font très-aisément sept à huit lieues de chemin sans s'arrêter.

Mais l'Arabie, la Barbarie, et la Perse, ne sont pas les seules contrées où l'on trouve de beaux et de bons chevaux : dans les pays mêmes les plus froids, s'ils ne sont point humides, ces animaux se maintiennent mieux que dans les climats très-chauds. Tout le monde connaît la beauté des chevaux danois, et la bonté de ceux de Suède, de Pologne, etc. En Islande, où le froid est excessif, et où souvent on ne les nourrit que de poissons desséchés, ils sont très-vigoureux, quoique petits; il y en a même de si petits, qu'ils ne peuvent servir de monture qu'à des enfants. Au reste, ils sont si communs dans cette île, que les bergers gardent leurs troupeaux à cheval : leur nombre n'est point à charge, car ils ne coûtent rien à nourrir. On mène ceux dont on n'a pas besoin dans les montagnes, où on les laisse plus ou moins de temps après les avoir marqués; et lorsqu'on veut les reprendre, on les fait chasser pour les rassembler en une troupe, et on leur tend des cordes pour les saisir, parce qu'ils sont devenus sauvages. Si quelques juments donnent des poulains dans ces montagnes, les propriétaires les marquent comme les autres, et les laissent là trois ans. Ces chevaux de montagne deviennent communément plus beaux, plus fiers et plus gras que tous ceux qui sont élevés dans les écuries.

Ceux de Norwége ne sont guère plus grands, mais bien proportionnés dans leur petite taille : ils sont jaunes pour la plupart, et ont une raie noire qui leur règne tout le long du dos; quelques-uns sont châtains, et il y en a aussi d'une couleur de gris de fer. Ces chevaux ont le pied extrêmement sûr; ils marchent avec précaution dans les sentiers des montagnes escarpées, et se laissent glisser en mettant sous le ventre les pieds de derrière lorsqu'ils descendent un terrain raide et uni. Ils se défendent contre l'ours; et lorsqu'un étalon aperçoit cet animal vorace, et qu'il se trouve avec des poulains ou des juments, il les fait rester derrière lui, va ensuite attaquer l'ennemi, qu'il frappe avec ses pieds de devant, et ordinairement il le fait périr sous ses coups. Mais si le cheval veut se défendre par des ruades, c'est-à-dire avec les pieds de derrière, il est perdu sans ressources; car l'ours lui saute d'abord sur le dos, et le serre si fortement, qu'il vient à bout de l'étouffer et de le dévorer.

Les chevaux de Nordlande ont tout au plus quatre pieds et demi de hauteur. A mesure qu'on avance vers le nord, les chevaux deviennent petits et faibles. Ceux de la Nordlande occidentale sont d'une forme singulière : ils ont la tête grosse, de gros yeux, de petites oreilles, le cou fort court, le poitrail large, le jarret étroit, le corps un peu long, mais gros, les reins courts entre queue et ventre, la partie supérieure de la jambe longue, l'inférieure courte, le bas de la jambe sans poil, la corne petite et dure, la queue grosse, les crins fournis, les pieds petits, sûrs, et jamais ferrés; ils sont bons, rarement rétifs et fantasques, grimpant sur toutes les montagnes. Les pâturages sont si bons en Nordlande, que, lorsqu'on amène de ces chevaux à Stockholm, ils y passent rarement une année sans dépérir ou maigrir et perdre leur vigueur. Au contraire, les chevaux qu'on amène en Nordlande des pays plus septentrionaux, quoique malades dans la première année, y reprennent leurs forces.

L'excès du chaud et du froid semble être également contraire à la grandeur de ces animaux. Au Japon, les chevaux sont généralement petits; cependant il s'en trouve d'assez bonne taille, et ce sont probablement ceux qui viennent des pays de montagnes, et il en est à peu près de même à la Chine. Cependant on assure que ceux du Tonquin sont d'une taille belle et nerveuse, qu'ils sont bons à la main, et de si bonne nature, qu'on peut les dresser aisément, et les rendre propres à toutes sortes de marches.

Ce qu'il y a de certain, c'est que les chevaux qui sont originaires des pays secs et chauds, dégénèrent et même ne peuvent vivre dans les climats et les terrains trop humides, quelque chauds qu'ils soient; au lieu qu'ils sont très-bons dans les pays de montagnes, depuis le climat de l'Arabie jusqu'en Danemark et en Tartarie dans notre continent, et depuis la Nouvelle-Espagne jusqu'aux terres Magellaniques dans le nouveau continent; ce n'est donc ni le chaud ni le froid, mais l'humidité seule qui leur est contraire.

On sait que l'espèce du cheval n'existait pas dans ce nouveau continent lorsqu'on en a fait la découverte; et l'on peut s'étonner avec raison de leur prompte et prodigieuse multiplication : car, en moins de deux cents ans, le petit nombre de chevaux qu'on y a transportés d'Europe s'est si fort multiplié, et particulièrement au Chili, qu'ils y sont à très-bas prix. Frézier dit que cette prodigieuse multiplication est d'autant plus étonnante que les Indiens mangent beaucoup de chevaux, et qu'ils les ménagent si peu pour le service et le travail, qu'il en meurt un très-grand nombre par excès de fatigue. Les chevaux que les Européens ont transportés dans les parties les plus orientales de notre continent, comme aux îles Philippines, y ont aussi prodigieusement multiplié.

En Ukraine et chez les Cosaques du Don, les chevaux vivent errants dans les campagnes. Dans le grand espace de terre compris entre le Don et le Niéper, espace très-mal peuplé, les chevaux sont en troupes de trois, quatre, ou cinq cents, toujours sans abri, même dans la saison où la terre est couverte de neige : ils détournent cette neige avec le pied de devant pour chercher et manger l'herbe qu'elle recouvre. Deux ou trois hommes à cheval ont le soin de conduire ces troupes de chevaux, ou plutôt de les garder, car on les laisse errer dans la campagne; et ce n'est que dans les temps des hivers les plus rudes qu'on cherche à les loger pour quelques jours dans les villages, qui sont fort éloignés les uns des autres dans ce pays. On a fait sur ces troupes de chevaux abandonnés pour ainsi dire à eux-mêmes quelques observations qui semblent prouver que les hommes ne sont pas les seuls qui vivent en société, et qui obéissent de concert au commandement de quelqu'un d'entre eux. Chacune de ces troupes de chevaux a un cheval-chef qui la commande, qui la guide, qui la tourne et range quand il faut marcher ou s'arrêter : ce chef commande aussi l'ordre et les mouvevents nécessaires lorsque la troupe est attaquée par des voleurs ou par des loups. Ce chef est très-vigilant et toujours alerte : il fait souvent le tour de sa troupe; et, si quelqu'un de ses chevaux sort du rang ou reste en arrière, il court à lui, le frappe d'un coup d'épaule, et lui fait prendre sa place. Ces animaux, sans être montés ni conduits par les hommes, marchent en ordre à peu près comme notre cavalerie. Quoiqu'ils soient en pleine liberté, ils paissent en files et par brigades, et forment différentes compagnies sans se séparer ni se mêler. Au reste, le cheval-chef occupe ce poste encore plus fatigant qu'important pendant quatre ou cinq ans; et lorsqu'il commence à devenir moins fort et moins actif, un autre cheval ambitieux de commander, et qui s'en sent la force, sort de la troupe, attaque le vieux chef, qui garde son commandement s'il n'est pas vaincu, mais qui rentre avec honte dans le gros de la troupe s'il a été battu, et le cheval victorieux se met à la tête de tous les autres, et s'en fait obéir.

En Finlande, au mois de mai, lorsque les neiges sont fondues, les chevaux partent de chez leurs maîtres, et s'en vont dans de certains cantons des forêts, où il semble qu'ils se soient donné le rendez-vous. Là ils forment des troupes différentes, qui ne se mêlent ni se séparent jamais : chaque troupe prend un canton différent de la forêt pour sa pâture; ils s'en tiennent à un certain territoire, et n'entreprennent point sur celui des autres. Quand la pâture leur manque, ils décampent et vont s'établir dans d'autres pâturages avec le même ordre. La police de leur société est si bien réglée, et leurs marches sont si unifornes, que leurs maîtres savent toujours où les trouver lorsqu'ils ont besoin d'eux; et ces animaux, après avoir fait leur service, retournent d'eux-mêmes avec leurs compagnons dans les bois. Au mois de septembre, lorsque la saison devient mauvaise, ils quittent les forêts, s'en reviennent par troupes, et se rendent chacun à leur écurie.

Ces chevaux sont petits, mais bons et vifs, sans être vicieux. Quoiqu'ils soient généralement assez dociles, il y en a cependant quelques-uns qui se défendent lorsqu'on les prend, ou qu'on veut les attacher aux voitures. Ils se portent à merveille et sont gras quand ils reviennent de la forêt; mais l'exercice presque continuel qu'on leur fait faire l'hiver, et le peu de nourriture qu'on leur donne, leur font bientôt perdre cet embonpoint. Ils se roulent sur la neige comme les autres chevaux se roulent sur l'herbe. Ils passent indifféremment les nuits dans la cour comme dans l'écurie, lors même qu'il fait un froid très-violent.

Ces chevaux, qui vivent en troupes et souvent éloignés de l'empire de l'homme, font la nuance entre les chevaux domestiques et les chevaux sauvages. Il s'en trouve de ces derniers à l'île de Sainte-Hélène, qui, après y avoir été transportés, sont devenus si sauvages et si farouches, qu'ils se jetteraient du haut des rochers dans la mer plutôt que de se laisser prendre. Aux environs de Nippes, il s'en trouve qui ne sont pas plus grands que des ânes, mais plus ronds, plus ramassés et bien proportionnés; ils sont vifs et infatigables, d'une force et d'une ressource fort au-dessus de ce qu'on en devrait attendre. A Saint-Domingue, on n'en voit point de la grandeur des chevaux de carrosse, mais ils sont d'une taille moyenne et bien prise. On en prend quantité avec des piéges et des nœuds coulants. La plupart de ces chevaux ainsi pris sont ombrageux. On en trouve aussi dans la Virginie, qui, quoique sortis de cavales privées, sont devenus si farouches dans les bois, qu'il est difficile de les aborder, et ils appartiennent à celui qui peut les prendre : ils sont ordinairement si revêches, qu'il est très-difficile de les dompter. Dans la Tartarie, surtout dans le pays entre Urgenz et la mer Caspienne, on se sert, pour chasser les chevaux sauvages, qui y sont communs, d'oiseaux de proie dressés pour cette chasse : on les accoutume à prendre l'animal par la tête et par le cou : tandis qu'il se fatigue sans pouvoir lâcher prise à l'oiseau. Les chevaux sauvages du pays des Tartares Mongoux et Kakas ne sont pas différents de ceux qui sont privés : on les trouve en plus grand nombre du côté de l'ouest, quoiqu'il en paraisse aussi quelquefois dans le pays des Kakas, qui borde le Harni. Ces chevaux sauvages sont si légers, qu'ils se dérobent aux flèches mêmes des plus habiles chasseurs. Ils marchent en troupes nombreuses; et, lorsqu'ils rencontrent des chevaux privés, ils les environnent et les forcent à prendre la fuite. On trouve encore au Congo des chevaux sauvages en assez bon nombre. On en voit quelquefois aussi aux environs du cap de Bonne-Espérance; mais on ne les prend pas, parce qu'on préfère les chevaux qu'on y amène de Perse.

* Sur ce que j'ai dit, d'après quelques voyageurs, qu'il y avait des chevaux sauvages à l'île de Sainte-Hélène, M. Forster m'a écrit qu'il y avait tout lieu de douter de ce fait. « J'ai, » dit-il, parcouru cette île d'un bout à l'autre, sans y avoir » rencontré de chevaux sauvages, et l'on m'a même assuré » qu'on n'en avait jamais entendu parler; et, à l'égard des » chevaux domestiques et nés dans l'île, je fus informé qu'on » n'en élevait qu'un petit nombre pour la monture des per- » sonnes d'un certain rang; et même, plutôt que de les » propager dans l'île même, on fait venir la plupart des che- » vaux dont on a besoin des terres du cap de Bonne-Espé- » rance, où ils sont en grand nombre, et où on les achète » à un prix modéré. Les habitants de l'île prétendent que, si » l'on en nourrissait un plus grand nombre, cela serait pré- » judiciable à la pâture des bœufs et des vaches, dont la » compagnie des Indes tâche d'encourager la propagation; et » comme il y en a déjà deux mille six cents, et qu'on veut » en augmenter le nombre jusqu'à trois mille, il n'est pas » probable qu'on y laissât vivre des chevaux sauvages, d'au- » tant que l'île n'a que trois lieues de diamètre, et qu'on les » aurait au moins reconnus, s'ils y eussent existé. Il y a en-

» core un petit nombre de chèvres sauvages, qui diminuent
» tous les jours; car les soldats de la garnison les tuent dès
» qu'elles se présentent sur les rebords ou bancs des mon-
» tagnes qui entourent la vallée où se trouve le fort de Ja-
» mes; à plus forte raison tueraient-ils de même les chevaux
» sauvages, s'il y en avait.

» A l'égard des chevaux sauvages qui se trouvent dans
» toute l'étendue du milieu de l'Asie, depuis le Volga jusqu'à
» la mer du Japon, ils paraissent être, dit M. Forster, les
» rejetons des chevaux communs qui sont devenus sauvages.
» Les Tartares, habitants de tous ces pays, sont des pâtres
» qui vivent du produit de leurs troupeaux, lesquels con-
» sistent principalement en chevaux, quoiqu'ils possèdent
» aussi des bœufs, des dromadaires et des brebis. Il y a des
» Calmoucks ou des Kirghizes qui ont des troupes de mille
» chevaux, qui sont toujours au désert pour y chercher leur
» nourriture. Il est impossible de garder ces nombreux trou-
» peaux assez soigneusement pour que de temps en temps
» il ne se perde pas quelques chevaux, qui deviennent sau-
» vages, et qui, dans cet état même de liberté, ne laissent
» pas de s'attrouper : on peut en donner un exemple récent.
» Dans l'expédition du czar Pierre Ier contre la ville d'Azof,
» on avait envoyé les chevaux de l'armée au pâturage; mais
» on ne put jamais venir à bout de les rattraper tous : ces
» chevaux devinrent sauvages avec le temps; et ils occupent
» actuellement le *step* (désert) qui est entre le Don, l'Ukraine,
» et la Crimée; le nom tartare que l'on donne à ces chevaux
» en Russie et en Sibérie est *tarpan*. Il y a de ces tarpans
» dans les terres de l'Asie qui s'étendent depuis le 50e degré
» jusqu'au 30e de latitude. Les nations tartares, les Mongoux,
» et les Mantchoux, aussi bien que les Cosaques du Jaïk, les
» tuent à la chasse pour en manger la chair. On a observé
» que ces chevaux sauvages marchent toujours en compagnie
» de quinze ou vingt, et rarement en troupes plus nombreu-
» ses : on rencontre seulement quelquefois un cheval tout
» seul; mais ce sont ordinairement de jeunes chevaux, que le
» chef de la troupe force d'abandonner sa compagnie, lors-
» qu'ils sont parvenus à l'âge où ils peuvent lui donner de

» l'ombrage : le jeune cheval relégué tâche de trouver et de
» séparer quelques juments des troupeaux voisins, sauvages
» ou domestiques, et de les emmener avec lui, et il devient
» ainsi le chef d'une nouvelle troupe sauvage. Toutes ces
» troupes de tarpans vivent communément dans les déserts
» arrosés de ruisseaux et fertiles en herbages; pendant l'hi-
» ver, ils cherchent et prennent leur pâture sur les sommets
» des montagnes dont les vents ont emporté la neige : ils ont
» l'odorat très-fin, et sentent un homme de plus d'une demi-
» lieue; on les chasse et on les prend en les entourant et les
» enveloppant avec des cordes enlacées. Ils ont une force
» surprenante, et ne peuvent être domptés lorsqu'ils ont un
» certain âge, et même les poulains ne s'apprivoisent que jus-
» qu'à un certain point; car ils ne perdent pas entièrement
» leur férocité, et retiennent toujours une nature revêche.

    » Ces chevaux sauvages sont, comme les chevaux domes-
» tiques, de couleurs très-différentes; on a seulement ob-
» servé que le brun, l'isabelle, et le gris de souris, sont les
» poils les plus communs : il n'y a parmi eux aucun cheval
» pie, et les noirs sont aussi extrêmement rares. Tous sont
» de petite taille; mais la tête est, à proportion, plus grande
» que dans les chevaux domestiques. Leur poil est bien
» fourni, jamais ras, et quelquefois même il est long et on-
» doyant : ils ont aussi les oreilles plus longues, plus poin-
» tues, et quelquefois rabattues de côté. Le front est arqué,
» et le museau garni de longs poils; la crinière est aussi très-
» touffue, et descend au delà du garrot : ils ont les jambes
» très-hautes, et leur queue ne descend jamais au delà de
» l'inflexion des jambes de derrière; leurs yeux sont vifs et
» pleins de feu. »

L'ANE.

CONSIDÉRER cet animal, même avec des yeux atten-
tifs et dans un assez grand détail, il paraît n'être
qu'un cheval dégénéré : la parfaite similitude de conformation dans le cerveau, les poumons, l'estomac,
le conduit intestinal, le cœur, le foie, les autres viscères, et
la grande ressemblance du corps, des jambes, des pieds et
du squelette en entier, semblent fonder cette opinion. L'on
pourrait attribuer les légères différences qui se trouvent entre
ces deux animaux à l'influence très-ancienne du climat, de
la nourriture, et à la succession fortuite de plusieurs générations de petits chevaux sauvages à demi-dégénérés, qui
peu à peu auraient encore dégénéré davantage, se seraient
ensuite dégradés autant qu'il est possible, et auraient à la fin
produit à nos yeux une espèce nouvelle et constante, ou plutôt une succession d'individus semblables, tous constamment
viciés de la même façon, et assez différents des chevaux
pour pouvoir être regardés comme formant une autre espèce.
Ce qui paraît favoriser cette idée, c'est que les chevaux varient beaucoup plus que les ânes par la couleur de leur poil,
qu'ils sont par conséquent plus anciennement domestiques,
puisque les animaux domestiques varient par la couleur
beaucoup plus que les animaux sauvages de la même espèce ;
que la plupart des chevaux sauvages dont parlent les voyageurs sont de petite taille, et ont, comme les ânes, le poil
gris, la queue nue, hérissée à l'extrémité, et qu'il y a des
chevaux sauvages, et même des chevaux domestiques, qui
ont la raie noire sur le dos, et d'autres caractères qui les
rapprochent encore des ânes sauvages et domestiques. D'au-

tre côté, si l'on considère la différence du tempérament,
du naturel, des mœurs, du résultat, en un mot, de l'organisation de ces deux animaux, on paraît encore mieux fondé
à croire que ces deux animaux sont chacun d'une espèce
aussi ancienne l'une que l'autre, et originairement aussi essentiellement différentes qu'elles le sont aujourd'hui ; d'autant
plus que l'âne ne laisse pas de différer matériellement du
cheval par la petitesse de la taille, la grosseur de la tête, la
longueur des oreilles, la dureté de la peau, la nudité de la
queue, la forme de la croupe, et aussi par les dimensions des
parties qui en sont voisines, par la voix, l'appétit, la manière
de boire, etc. L'âne et le cheval viennent-ils donc originairement de la même souche? sont-ils, comme le disent les
nomenclateurs, de la même *famille?* ou ne sont-ils pas et
n'ont-ils pas toujours été des animaux différents?

Cette question, dont les physiciens sentiront bien la géné-
ralité, la difficulté, les conséquences, et que nous avons cru
devoir traiter dans cet article, parce qu'elle se présente pour
la première fois, tient à la production des êtres de plus près
qu'aucune autre, et demande, pour être éclaircie, que nous
considérions la nature sous un nouveau point de vue. Si,
dans l'immense variété que nous présentent tous les êtres
animés qui peuplent l'univers, nous choisissons un animal,
ou même le corps de l'homme pour servir de base à nos
connaissances, et y rapporter, par la voie de la comparaison,
les autres êtres organisés, nous trouverons que, quoique
tous ces êtres existent solitairement, et que tous varient par
des différences graduées à l'infini, il existe en même temps
un dessein primitif et général qu'on peut suivre très-loin, et
dont les dégradations sont bien plus lentes que celles des
figures et des autres rapports apparents ; car, sans parler des
organes de la digestion et de la circulation, qui appartiennent
à tous les animaux et sans lesquels l'animal cesserait d'être
animal, et ne pourrait subsister, il y a dans les parties mêmes
qui contribuent le plus à la variété de la forme extérieure une
prodigieuse ressemblance qui nous rappelle nécessairement
l'idée d'un premier dessein, sur lequel tout semble avoir été
conçu. Le corps du cheval, par exemple, qui, du premier

coup d'œil, paraît si différent du corps de l'homme, lorsqu'on vient à le comparer en détail et partie par partie, au lieu de surprendre par la différence, n'étonne plus que par la ressemblance singulière et presque complète qu'on y trouve. En effet, prenez le squelette de l'homme, inclinez les os du bassin, raccourcissez les os des cuisses, des jambes et des bras, allongez ceux des pieds et des mains, soudez ensemble les phalanges, allongez les mâchoires en raccourcissant l'os frontal, et enfin allongez aussi l'épine du dos ; ce squelette cessera de représenter la dépouille d'un homme, et sera le squelette d'un cheval : car on peut aisément supposer qu'en allongeant l'épine du dos et les mâchoires, on augmente en même temps le nombre des vertèbres, des côtes, et des dents, et ce n'est en effet que par le nombre de ces os, qu'on peut regarder comme accessoires, et par l'allongement, le raccourcissement ou la jonction des autres, que la charpente du corps de cet animal diffère de la charpente du corps humain : on vient de voir dans la description du cheval ces faits trop bien établis pour pouvoir en douter. Mais, pour suivre ces rapports encore plus loin, que l'on considère séparément quelques parties essentielles à la forme, les côtes, par exemple, on les trouvera dans tous les quadrupèdes, dans les oiseaux, dans les poissons, et on en suivra les vestiges jusque dans la tortue, où elles paraissent encore dessinées par les sillons qui sont sous son écaille, que l'on considère, comme l'a remarqué M. Daubenton, que le pied d'un cheval, en apparence si différent de la main de l'homme, est cependant composé des mêmes os, et que nous avons à l'extrémité de chacun de nos doigts le même osselet en fer à cheval qui termine le pied de cet animal : et l'on jugera si cette ressemblance cachée n'est pas plus merveilleuse que les différences apparentes ; si cette conformité constante et ce dessein suivi de l'homme aux quadrupèdes, des quadrupèdes aux cétacés, des cétacés aux oiseaux, des oiseaux aux reptiles, des reptiles aux poissons, etc., dans lesquels les parties essentielles, comme le cœur, les intestins, l'épine du dos, les sens, etc., se trouvent toujours, ne semblent pas indiquer qu'en créant les animaux l'Être suprême n'a voulu employer qu'une idée, et la varier en même temps de toutes les manières possibles, afin que l'homme pût admirer également et la magnificence de l'exécution et la simplicité du dessein.

Dans ce point de vue, non-seulement l'âne et le cheval, mais même l'homme, le singe, les quadrupèdes et tous les animaux, pourraient être regardés comme ne faisant que la même *famille* : mais en doit-on conclure que dans cette grande et nombreuse *famille*, que Dieu seul a conçue et tirée du néant, il y ait d'autres petites *familles* projetées par la nature et produites par le temps, dont les unes ne seraient composées que de deux individus, comme le cheval et l'âne ; d'autres de plusieurs individus, comme celle de la belette, de la martre, du furet, de la fouine, etc., et de même que dans les végétaux il y ait des *familles* de dix, vingt et trente, etc., plantes. Si ces *familles* existaient en effet, elles n'auraient pu se former que par le mélange, la variation successive et la dégénération des espèces originaires : et si l'on admet une fois qu'il y ait des *familles* dans les plantes et dans les animaux, que l'âne soit de la *famille* du cheval, et qu'il n'en diffère que parce qu'il a dégénéré, on pourra dire également que le singe est de la *famille* de l'homme, que c'est un homme dégénéré, que l'homme et le singe ont une origine commune comme le cheval et l'âne[1]; que chaque *famille*, tant dans les animaux que dans les végétaux, n'a eu qu'une seule souche; et même que tous les animaux sont venus d'un seul animal, qui, dans la succession des temps, a produit, en se perfectionnant et en dégénérant, toutes les races des autres animaux.

Les naturalistes qui établissent si légèrement des *familles* dans les animaux et dans les végétaux, ne paraissent pas avoir assez senti toute l'étendue de ces conséquences, qui réduiraient le produit immédiat de la création à un nombre d'individus aussi petit que l'on voudrait : car s'il était une fois prouvé qu'on pût établir ces *familles* avec raison ; s'il était ac-

---

[1] Buffon fait ce raisonnement, indépendamment de la distinction essentielle qui se tire de la nature raisonnable de l'homme. Ce n'est pas seulement au nom de la philosophie spiritualiste, c'est au nom de la zoologie qu'il condamne d'avance les tristes théories des matérialistes de nos jours. (N. E.)

quis que dans les animaux, et même dans les végétaux, il y
eût, je ne dis pas plusieurs espèces, mais une seule qui eût
été produite par la dégénération d'une autre espèce; s'il était
vrai que l'âne ne fût qu'un cheval dégénéré, il n'y aurait plus
de bornes à la puissance de la nature, et l'on n'aurait pas tort
de supposer que d'un seul être elle a su tirer, avec le temps,
tous les autres êtres organisés.

Mais non : il est certain, par la révélation, que tous les animaux ont également participé à la grâce de la création; que
les deux premiers de chaque espèce, et de toutes les espèces,
sont sortis tout formés des mains du Créateur; et l'on doit
croire qu'ils étaient tels à peu près qu'ils nous sont aujour-
d'hui représentés par leurs descendants. D'ailleurs, depuis
qu'on a observé la nature, depuis le temps d'Aristote jusqu'au
nôtre, l'on n'a pas vu paraître d'espèce nouvelle, malgré le
nombre infini de combinaisons qui ont dû se faire pendant ces
vingt siècles. La ressemblance, tant extérieure qu'intérieure,
fût-elle dans quelques animaux encore plus grande qu'elle ne
l'est dans le cheval et dans l'âne, ne doit donc pas nous porter à confondre ces animaux dans la même *famille*, non plus
qu'à leur donner une commune origine; car s'ils venaient de
la même souche, s'ils étaient en effet de la même *famille*, on
pourrait les rapprocher, les allier de nouveau, et défaire avec
le temps ce que le temps aurait fait.

Il faut de plus considérer que, quoique la marche de la nature se fasse par nuances et par degrés souvent imperceptibles, les intervalles de ces degrés ou de ces nuances ne sont
pas tous égaux, à beaucoup près; que plus les espèces sont
élevées, moins elles sont nombreuses, et plus les intervalles
des nuances qui les séparent y sont grands; que les petites
espèces, au contraire, sont très-nombreuses, et en même
temps plus voisines les unes des autres; en sorte qu'on est
d'autant plus tenté de les confondre ensemble dans une même
famille, qu'elles nous embarrassent et nous fatiguent davantage par leur multitude et par leurs petites différences, dont
nous sommes obligés de nous charger la mémoire. Mais il ne
faut pas oublier que ces *familles* sont notre ouvrage, que nous
ne les avons faites que pour le soulagement de notre esprit;

que s'il ne peut comprendre la suite réelle de tous les êtres,
c'est notre faute, et non pas celle de la nature, qui ne connaît
point ces prétendues *familles*, et ne contient en effet que des
individus.

Un individu est un être à part, isolé, détaché, et qui n'a
rien de commun avec les autres êtres, sinon qu'il leur ressemble, ou bien qu'il en diffère. Tous les individus semblables
qui existent sur la surface de la terre sont regardés comme
composant l'espèce de ces individus. Cependant ce n'est ni
le nombre ni la collection des individus semblables qui fait
l'espèce, c'est la succession constante et le renouvellement
non interrompu de ces individus qui la constituent : car un
être qui durerait toujours ne ferait pas une espèce, non plus
qu'un million d'êtres semblables qui dureraient aussi toujours.
L'*espèce* est donc un mot abstrait et général, dont la chose
n'existe qu'en considérant la nature dans la succession des
temps, et dans la destruction constante et le renouvellement
tout aussi constant des êtres. C'est en comparant la nature
d'aujourd'hui à celle des autres temps; et les individus actuels
aux individus passés, que nous avons pris une idée nette de
ce que l'on appelle *espèce*, et la comparaison du nombre ou de
la ressemblance des individus n'est qu'une idée accessoire, et
souvent indépendante de la première; car l'âne ressemble au
cheval plus que le barbet au lévrier, et cependant le barbet et
le lévrier ne font qu'une même espèce; au lieu que le cheval
et l'âne sont certainement de différentes espèces.

C'est donc dans la diversité caractéristique des espèces que
les intervalles des nuances de la nature sont le plus sensibles
et le mieux marqués : on pourrait même dire que ces intervalles entre les espèces sont les plus égaux et les moins varia-
bles de tous, puisqu'on peut toujours tirer une ligne de séparation entre deux espèces. Ce point est le plus fixe que nous
ayons en histoire naturelle; toutes les autres ressemblances et
toutes les différences que l'on pourrait saisir dans la comparaison des êtres, ne seraient, ni si constantes, ni si réelles,
ni si certaines. Ces intervalles seront aussi les seules lignes de
séparation que l'on trouvera dans notre ouvrage : nous ne di-
viserons pas les êtres autrement qu'ils ne le sont en effet;

chaque espèce, chaque succession d'individu sera considérée
à part et traitée séparément; et nous ne nous servirons des
familles, des genres, des ordres, et des classes, pas plus que
ne s'en sert la nature.

L'espèce n'étant donc autre chose qu'une succession constante d'individus semblables, il est clair que cette dénomina-
tion ne doit s'étendre qu'aux animaux et aux végétaux, et que
c'est par un abus des termes ou des idées que les nomenclateurs l'ont employée pour désigner les différentes sortes de minéraux. On ne doit donc pas regarder le fer comme une espèce,
et le plomb comme une autre espèce, mais seulement comme
deux métaux différents; et l'on verra, dans notre discours sur
les minéraux, que les lignes de séparation que nous emploie-
rons dans la division des matières minérales, seront bien différentes de celles que nous employons pour les animaux et
pour les végétaux.

Mais pour en revenir à la dégénération des êtres, et particulièrement à celle des animaux, observons et examinons encore de plus près les mouvements de la nature dans les variétés qu'elle nous offre; et comme l'espèce humaine nous est la
mieux connue, voyons jusqu'où s'étendent ces mouvements
de variation. Les hommes diffèrent du blanc au noir par la
couleur, du double au simple par la hauteur de la taille, la
grosseur, la légèreté, la force, etc., et du tout au rien pour
l'esprit; mais cette dernière qualité n'appartenant point à la
matière, ne doit point être ici considérée : les autres sont les
variations ordinaires de la nature, qui viennent de l'influence
du climat et de la nourriture. Mais ces différences de couleur
et de dimension dans la taille n'empêchent pas que le nègre et
le blanc, le Lapon et le Patagon, le géant et le nain, ne soient
tous d'une seule et même espèce. Après ces variations générales
il y en a d'autres qui sont plus particulières, et qui ne laissent
pas de se perpétuer, comme les énormes jambes des hommes
qu'on appelle *de la race de saint Thomas dans l'île de Ceylan*,
les yeux rouges et les cheveux blancs des Dariens et des Cha-
crelas, les six doigts aux mains et aux pieds dans certaines
familles, etc. Ces variétés singulières sont des défauts ou des
excès accidentels, qui, s'étant d'abord trouvés dans quelques

individus, se sont ensuite propagés de race en race, comme
les autres vices et maladies héréditaires. Mais ces différences,
quoique constantes, ne doivent être regardées que comme des
variétés individuelles, qui ne séparent pas ces individus de
leur espèce. On doit dire la même chose de toutes les autres
difformités ou monstruosités qui se communiquent des pères
et mères aux enfants. Voilà jusqu'où s'étendent les erreurs de
la nature, voilà les plus grandes limites de ses variétés dans
l'homme ; et s'il y a des individus qui dégénèrent encore davantage, ces individus n'altèrent ni la constance ni l'unité de
l'espèce. Ainsi il n'y a dans l'homme qu'une seule et même
espèce ; et quoique cette espèce soit peut-être la plus nombreuse et la plus abondante en individus, et en même temps
la plus inconséquente et la plus irrégulière dans toutes ses actions, on ne voit pas que cette prodigieuse diversité de mouvements, de nourriture, de climat, et de tant d'autres combinaisons que l'on peut supposer, ait produit des êtres assez
différents des autres pour faire de nouvelles souches, et en
même temps assez semblables à nous pour ne pouvoir nier de
leur avoir appartenu.

Quoiqu'on ne puisse pas démontrer que la production d'une
espèce par la dégénération soit une chose impossible à la nature, le nombre des probabilités contraires est si énorme, que,
philosophiquement même, on n'en peut guère douter : car si
quelque espèce a été produite par la dégénération d'une autre,
si l'espèce de l'âne vient de l'espèce du cheval, cela n'a pu se
faire que successivement et par nuances ; il y aurait eu entre
le cheval et l'âne un grand nombre d'animaux intermédiaires,
dont les premiers se seraient peu à peu éloignés de la nature
du cheval, et les derniers se seraient approchés peu à peu de
celle de l'âne. Et pourquoi ne verrions-nous pas aujourd'hui
les représentants, les descendants de ces espèces intermédiaires? pourquoi n'en est-il demeuré que les deux extrêmes?

L'âne est donc un âne, et ce n'est point un cheval dégénéré,
un cheval à queue nue, il n'est ni étranger, ni intrus, ni bâ-
tard; il a, comme tous les autres animaux, sa famille, son
espèce et son rang; son sang est pur; et quoique sa noblesse
soit moins illustre, elle est tout aussi bonne, tout aussi an-

cienne que celle du cheval. Pourquoi donc tant de mépris pour cet animal si bon, si patient, si sobre, si utile? Les hommes mépriseraient-ils jusque dans les animaux ceux qui les servent trop bien et à peu de frais? On donne au cheval de l'éducation, on le soigne, on l'instruit, on l'exerce, tandis que l'âne, abandonné à la grossièreté du dernier des valets, ou à la malice des enfants, bien loin d'acquérir, ne peut que perdre par son éducation; et s'il n'avait pas un grand fonds de bonnes qualités, il les perdrait en effet par la manière dont on le traite : il est le jouet, le plastron, le bardeau des rustres, qui le conduisent le bâton à la main, qui le frappent, le surchargent, l'excèdent sans précautions, sans ménagement. On ne fait pas attention que l'âne serait par lui-même, et pour nous, le premier, le plus beau, le mieux fait, le plus distingué des animaux, si dans le monde il n'y avait pas de cheval. Il est le second au lieu d'être le premier, et par cela seul il semble n'être plus rien. C'est la comparaison qui le dégrade : on le regarde, on le juge, non pas en lui-même, mais relativement au cheval : on oublie qu'il est âne, qu'il a toutes les qualités de sa nature, tous les dons attachés à son espèce; et on ne pense qu'à la figure et aux qualités du cheval, qui lui manquent, et qu'il ne doit pas avoir.

Il est de son naturel aussi humble, aussi patient, aussi tranquille, que le cheval est fier, ardent, impétueux : il souffre avec constance, et peut-être avec courage, les châtiments et les coups. Il est sobre et sur la quantité et sur la qualité de la nourriture : il se contente des herbes les plus dures et les plus désagréables, que le cheval et les autres animaux lui laissent et dédaignent. Il est fort délicat sur l'eau; il ne veut boire que de la plus claire et aux ruisseaux qui lui sont connus. Il boit aussi sobrement qu'il mange, et n'enfonce point du tout son nez dans l'eau, par la peur que lui fait, dit-on, l'ombre de ses oreilles. Comme on ne prend pas la peine de l'étriller, il se roule souvent sur le gazon, sur les chardons, sur la fougère; et, sans se soucier beaucoup de ce qu'on lui fait porter, il se couche pour se rouler toutes les fois qu'il le peut, et semble par là reprocher à son maître le peu de soin qu'on prend de lui; car il ne se vautre pas, comme le cheval, dans la

fange et dans l'eau! il craint même de se mouiller les pieds,
et se détourne pour éviter la boue : aussi a-t-il la jambe plus
sèche et plus nette que le cheval. Il est susceptible d'éducation, et l'on en a vu d'assez bien dressés pour faire curiosité
de spectacle.

Dans la première jeunesse, il est gai, et même assez joli : il
a de la légèreté et de la gentillesse; mais il la perd bientôt,
soit par l'âge, soit par les mauvais traitements, et il devient
lent, indocile et têtu. Il a pour sa progéniture le plus fort attachement. Pline nous assure que, lorsqu'on sépare la mère de
son petit, elle passe à travers les flammes pour aller le rejoindre. Il s'attache aussi à son maître, quoiqu'il en soit ordinairement maltraité : il le sent de loin, et le distingue de tous
les autres hommes. Il reconnaît aussi les lieux qu'il a coutume
d'habiter, les chemins qu'il a fréquentés. Il a les yeux bons,
l'odorat admirable, l'oreille excellente, ce qui a encore contribué à le faire mettre au rang des animaux timides, qui ont
tous, à ce qu'on prétend, l'ouïe très-fine et les oreilles longues.
Lorsqu'on le surcharge, il le marque en inclinant la tête et
baissant les oreilles. Lorsqu'on le tourmente trop, il ouvre la
bouche, et retire les lèvres d'une manière très-désagréable;
ce qui lui donne l'air moqueur et dérisoire. Si on lui couvre
les yeux, il reste immobile; et lorsqu'il est couché sur le côté,
si on lui place la tête de manière que l'œil soit appuyé sur la
terre, et qu'on couvre l'autre œil avec une pierre ou un morceau de bois, il restera dans cette situation sans faire aucun
mouvement et sans se secouer pour se relever. Il marche, il
trotte et il galope comme le cheval; mais tous ses mouvements sont petits et beaucoup plus lents. Quoiqu'il puisse
d'abord courir avec assez de vitesse, il ne peut fournir qu'une
petite carrière pendant un petit espace de temps; et quelque
allure qu'il prenne, si on le presse, il est bientôt rendu.

Le cheval hennit et l'âne brait; ce qui se fait par un cri très-
long, très-désagréable, et discordant par dissonances alternatives de l'aigu au grave et du grave à l'aigu. Ordinairement il
ne crie que lorsqu'il est pressé d'appétit. L'ânesse a la voix
plus claire et plus perçante.

De tous les animaux couverts de poil, l'âne est celui qui est le moins sujet à la vermine : jamais il n'a de poux, ce qui vient apparemment de la dureté et de la sécheresse de sa peau, qui est en effet plus dure que celle de la plupart des autres quadrupèdes, et c'est par la même raison qu'il est bien moins sensible que le cheval au fouet et à la piqûre des mouches.

A deux ans et demi les premières dents incisives du milieu tombent, et ensuite les autres incisives à côté des premières tombent aussi, et se renouvellent dans le même temps et dans le même ordre que celles du cheval. L'on connaît aussi l'âge de l'âne par les dents; les troisièmes incisives de chaque côté le marquent comme dans le cheval.

L'âne qui, comme le cheval, est trois ou quatre ans à croître, vit aussi comme lui vingt-cinq ou trente ans : on prétend seulement que les femelles vivent ordinairement plus longtemps que les mâles; mais cela ne vient peut-être que de ce qu'étant souvent pleines, elles sont un peu ménagées, au lieu qu'on excède continuellement les mâles de fatigues et de coups. Ils dorment moins que les chevaux, et ne se couchent pour dormir que quand ils sont excédés. En général, la santé de cet animal est bien plus ferme que celle du cheval : il est moins délicat, et il n'est pas sujet, à beaucoup près, à un aussi grand nombre de maladies; les anciens mêmes ne lui en connaissaient guère d'autres que celle de la morve, à laquelle il est, comme nous l'avons dit, encore bien moins sujet que le cheval.

Il y a parmi les ânes différentes races comme parmi les chevaux, mais que l'on connaît moins, parce qu'on ne les a ni soignés ni suivis avec la même attention; seulement on ne peut guère douter que tous ne soient originaires des climats chauds. Aristote assure qu'il n'y en avait point de son temps en Scythie, ni dans les autres pays septentrionaux qui avoisinent la Scythie, ni même dans les Gaules, dont le climat, dit-il, ne laisse pas d'être froid; et il ajoute que le climat froid, ou les empêche de produire, ou les fait dégénérer, et c'est par cette dernière raison que dans l'Illyrie, la Thrace et l'Épire, ils sont petits et faibles : ils sont encore tels en France, quoiqu'ils y soient déjà assez anciennement naturalisés, et que le froid du climat soit bien diminué depuis deux mille ans par la quantité de forêts abattues et de marais desséchés. Mais ce qui paraît encore plus certain, c'est qu'ils sont nouveaux pour la Suède et pour les autres pays du Nord. Ils paraissent être venus originairement d'Arabie, et avoir passé d'Arabie en Égypte, d'Égypte en Grèce, de Grèce en Italie, d'Italie en France, et ensuite en Allemagne, en Angleterre, et enfin en Suède, etc.; car ils sont en effet d'autant moins forts et d'autant plus petits que les climats sont plus froids.

Cette migration paraît assez bien prouvée par le rapport des voyageurs. Chardin dit « qu'il y a deux sortes d'ânes en » Perse : les ânes du pays, qui sont lents et pesants, et dont » on ne se sert que pour porter des fardeaux; et une race » d'ânes d'Arabie, qui sont de fort jolies bêtes, et les premiers ânes du monde : ils ont le poil poli, la tête haute, les » pieds légers ; ils les lèvent avec action, marchant bien, et » l'on ne s'en sert que pour montures. Les selles qu'on leur » met sont comme des bâts ronds et plats par-dessus; elles » sont de drap ou de tapisserie, avec les harnais et les étriers; » on s'assied dessus plus vers la croupe que vers le cou. Il y » a de ces ânes qu'on achète jusqu'à quatre cents livres, et » l'on n'en saurait avoir à moins de vingt-cinq pistoles. On les » panse comme les chevaux; mais on ne leur apprend autre » chose qu'à aller l'amble, et l'art de les y dresser est de leur » attacher les jambes, celles de devant et celles de derrière » du même côté, par deux cordes de coton, qu'on fait de la » mesure du pas de l'âne qui va l'amble, et qu'on suspend par » une autre corde passée dans la sangle à l'endroit de l'étrier. » Des espèces d'écuyers les montent soir et matin, et les » exercent à cette allure. On leur fend les naseaux afin de leur » donner plus d'haleine; et ils vont si vite qu'il faut galoper » pour les suivre. »

Les Arabes, qui sont dans l'habitude de conserver avec tant de soin et depuis si longtemps les races de leurs chevaux, prendraient-ils la même peine pour les ânes? ou plutôt ceci ne semble-t-il pas prouver que le climat d'Arabie est le premier et le meilleur climat pour les uns et pour les autres? De là ils ont passé en Barbarie, en Égypte, où ils sont beaux

et de grande taille, aussi bien que dans les climats excessivement chauds, comme aux Indes et en Guinée, où ils sont
plus grands, plus forts et meilleurs que les chevaux du pays;
ils sont même en grand honneur à Maduré, où l'une des plus
considérables et des plus nobles tribus des Indes les révère
particulièrement, parce qu'ils croient que les âmes de toute la
noblesse passent dans le corps des ânes. Enfin l'on trouve les
ânes en plus grande quantité que les chevaux dans tous les
pays méridionaux, depuis le Sénégal jusqu'à la Chine : on y
trouve aussi des ânes sauvages plus communément que des
chevaux sauvages. Les Latins, d'après les Grecs, ont appelé
l'âne sauvage *onager*, onagre, qu'il ne faut pas confondre,
comme l'ont fait quelques naturalistes et plusieurs voyageurs,
avec le zèbre, dont nous donnerons l'histoire à part, parce
que le zèbre est un animal d'une espèce différente de celle
de l'âne. L'onagre, ou l'âne sauvage, n'est point rayé comme
le zèbre, et il n'est pas, à beaucoup près, d'une figure aussi
élégante. On trouve des ânes sauvages dans quelques îles de
l'Archipel, et particulièrement dans celle de Cérigo. Il y en a
beaucoup dans les déserts de Libye et de Numidie : ils sont
gris, et courent si vite qu'il n'y a que les chevaux barbes qui
puissent les atteindre à la course. Lorsqu'ils voient un
homme, ils jettent un cri, font une ruade, s'arrêtent, et ne
fuient que lorsqu'on les approche. On les prend dans des
piéges et dans des lacs de corde. Ils vont par troupe pâturer
et boire. On en mange la chair. Il y avait aussi du temps de
Marmol, que je viens de citer, des ânes sauvages dans l'île
de Sardaigne, mais plus petits que ceux d'Afrique. Et Pietro
della Valle dit avoir vu un âne sauvage à Bassora : sa figure
n'était point différente de celle des ânes domestiques; il était
seulement d'une couleur plus claire, et il avait, depuis la tête
jusqu'à la queue, une raie de poil blond : il était aussi beaucoup plus vif et plus léger à la course que les ânes ordinaires.
Olearius rapporte qu'un jour le roi de Perse le fit monter
avec lui dans un petit bâtiment en forme de théâtre pour
faire collation de fruits et de confitures; qu'après le repas on
fit entrer trente-deux ânes sauvages, sur lesquels le roi tira
quelques coups de fusil et de flèches, et qu'il permit ensuite

aux ambassadeurs et autres seigneurs de tirer; que ce n'était pas un petit divertissement de voir ces ânes, chargés qu'ils étaient quelquefois de plus de dix flèches, dont ils incommodaient et blessaient les autres quand ils se mêlaient avec eux, de sorte qu'ils se mettaient à se mordre et à ruer les uns contre les autres d'une étrange façon; et que quand on les eut tous abattus et couchés de rang devant le roi, on les envoya à Ispahan et à la cuisine de la cour, les Persans faisant un si grand état de la chair de ces ânes sauvages, qu'ils en ont fait un proverbe, etc. Mais il n'y a pas apparence que ces trente-deux ânes sauvages fussent tous pris dans les forêts; et c'étaient probablement des ânes qu'on élevait dans de grands parcs pour avoir le plaisir de les chasser et de les manger.

On n'a point trouvé d'ânes en Amérique, non plus que de chevaux, quoique le climat, surtout celui de l'Amérique méridionale, leur convienne autant qu'aucun autre. Ceux que les Espagnols y ont transportés d'Europe, et qu'ils ont abandonnés dans les grandes îles et dans le continent, y ont beaucoup multiplié, et l'on y trouve en plusieurs endroits des ânes sauvages qui vont par troupes, et que l'on prend dans des piéges comme les chevaux sauvages.

Nous terminerons l'histoire de l'âne par celle de ses propriétés et des usages auxquels nous pouvons l'employer.

Comme les ânes sauvages sont inconnus dans ces climats, nous ne pouvons pas dire si leur chair est en effet bonne à manger : mais ce qu'il y a de sûr, c'est que celle des ânes domestiques est très-mauvaise, plus dure, plus désagréablement insipide que celle du cheval; Galien dit même que c'est un aliment pernicieux et qui donne des maladies. Le lait d'ânesse, au contraire, est un remède éprouvé et spécifique pour certains maux, et l'usage de ce remède s'est conservé depuis les Grecs jusqu'à nous. Pour l'avoir de bonne qualité, il faut choisir une ânesse jeune, saine, bien en chair, il faut lui ôter l'ânon qu'elle allaite, la tenir propre, la bien nourrir de foin, d'avoine, d'orge et d'herbe dont les qualités salutaires puissent influer sur la maladie, avoir attention de ne pas laisser refroidir le lait, et même ne le pas exposer à l'air; ce qui le gâterait en peu de temps.

Les anciens attribuaient aussi beaucoup de vertus médicinales au sang, à l'urine, etc., de l'âne; et beaucoup d'autres qualités spécifiques à la cervelle, au cœur, au foie, etc., de cet animal : mais l'expérience a détruit, ou du moins n'a pas confirmé ce qu'ils nous en disent.

Comme la peau de l'âne est très-dure et très-élastique, on l'emploie utilement à différents usages : on en fait des cribles, des tambours, et de très-bons souliers; on en fait du gros parchemin pour les tablettes de poche, que l'on enduit d'une couche légère de plâtre. C'est aussi avec le cuir de l'âne que les Orientaux font le sagri, que nous appelons *chagrin*. Il y a apparence que les os, comme la peau de cet animal, sont aussi plus durs que les os des autres animaux, puisque les anciens en faisaient des flûtes, et qu'ils les trouvaient plus sonnantes que tous les autres os.

L'âne est peut-être de tous les animaux celui qui, relativement à son volume, peut porter les plus grands poids; et comme il ne coûte presque rien à nourrir, et qu'il ne demande, pour ainsi dire, aucun soin, il est d'une grande utilité à la campagne, au moulin, etc. Il peut aussi servir de monture : toutes ses allures sont douces, et il bronche moins que le cheval. On le met souvent à la charrue dans les pays où le terrain est léger; et son fumier est un excellent engrais pour les terres fortes et humides.

· LE BŒUF.

—

A surface de la terre, parée de sa verdure, est le fonds inépuisable et commun duquel l'homme et les animaux tirent leur subsistance. Tout ce qui vit dans la nature vit sur ce qui végète, et les végétaux vivent à leur tour des débris de tout ce qui a vécu et végété. Pour vivre il faut détruire, et ce n'est en effet qu'en détruisant des êtres que les animaux peuvent se nourrir et se multiplier. Dieu, en créant les premiers individus de chaque espèce d'animal et de végétal, a non-seulement donné la forme à la poussière de la terre, mais il l'a rendue vivante et animée, en renfermant dans chaque individu une quantité plus ou moins grande de principes actifs, de molécules organiques vivantes, indestructibles, et communes à tous les êtres organisés. Ces molécules passent de corps en corps, et servent également à la vie actuelle et à la continuation de la vie, à la nutrition, à l'accroissement de chaque individu; et après la dissolution du corps, après sa destruction, sa réduction en cendres, ces molécules organiques, sur lesquelles la mort ne peut rien, survivent, circulent dans l'univers, passent dans d'autres êtres, et y portent la nourriture et la vie. Toute production, tout renouvellement, tout accroissement par la nutrition, par le développement, supposent donc une destruction précédente, une conversion de substance, un transport de ces molécules organiques qui ne se multiplient pas, mais qui, subsistant toujours en nombre égal, rendent la nature toujours également vivante, la terre également peuplée, et toujours également resplendissante de la première gloire de celui qui l'a créée.

A prendre les êtres en général, le total de la quantité de vie

est donc toujours le même, et la mort, qui semble tout détruire, ne détruit rien de cette vie primitive et commune à
toutes les espèces d'êtres organisés. Comme toutes les autres
puissances subordonnées et subalternes, la mort n'attaque que
les individus, ne frappe que la surface, ne détruit que la
forme, ne peut rien sur la matière, et ne fait aucun tort à la
nature, qui n'en brille que davantage, qui ne lui permet pas
d'anéantir les espèces, mais la laisse moissonner les individus
et les détruire avec le temps, pour se montrer elle-même indépendante de la mort et du temps, pour exercer à chaque
instant sa puissance toujours active, manifester sa plénitude
par sa fécondité, et faire de l'univers, en reproduisant, en
renouvelant les êtres, un théâtre toujours rempli, un spectacle
toujours nouveau.

Pour que les êtres se succèdent, il est donc nécessaire qu'ils
se détruisent entre eux ; pour que les animaux se nourrissent
et subsistent, il faut qu'ils détruisent des végétaux ou d'autres animaux ; et, comme, avant et après la destruction, la
quantité de vie reste toujours la même, il semble qu'il devrait
être indifférent à la nature que telle ou telle espèce détruisît
plus ou moins : cependant, comme une mère économe au sein
même de l'abondance, elle a fixé des bornes à la dépense et
prévenu le dégât apparent, en ne donnant qu'à peu d'espèces
d'animaux l'instinct de se nourrir de chair ; elle a même réduit
à un assez petit nombre d'individus ces espèces voraces et
carnassières, tandis qu'elle a multiplié bien plus abondamment et les espèces et les individus de ceux qui se nourrissent
de plantes, et que, dans les végétaux, elle semble avoir pro-
digué ces espèces, et répandu dans chacune avec profusion le
nombre et la fécondité. L'homme a peut-être beaucoup contribué à seconder ses vues, à maintenir et même à établir cet
ordre sur la terre ; car dans la mer on retrouve cette indifférence que nous supposions : toutes les espèces sont presque
également voraces ; elles vivent sur elles-mêmes ou sur les
autres, et s'entre-dévorent perpétuellement sans jamais se
détruire, parce que la fécondité y est aussi grande que la
déperdation, et que presque toute la nourriture, toute la con-
sommation tourne au profit de la reproduction.

L'homme sait user en maître de sa puissance sur les animaux ; il a choisi ceux dont la chair flatte son goût, il en a fait des esclaves domestiques, il les a multipliés plus que la nature ne l'aurait fait, il en a formé des troupeaux nombreux, et, par les soins qu'il prend de les faire naître, il semble avoir acquis le droit de se les immoler : mais il étend ce droit bien au delà de ses besoins ; car, indépendamment de ces espèces qu'il s'est assujetties, et dont il dispose à son gré, il fait aussi la guerre aux animaux sauvages, aux oiseaux, aux poissons : il ne se borne pas même à ceux du climat qu'il habite ; il va chercher au loin, et jusqu'au milieu des mers, de nouveaux mets, et la nature entière semble suffire à peine à son intempérance et à l'inconstante variété de ses appétits. L'homme consomme, engloutit lui seul plus de chair que tous les animaux ensemble n'en dévorent : il est donc le plus grand destructeur, et c'est plus par abus que par nécessité. Au lieu de jouir modérément des biens qui lui sont offerts, au lieu de les dispenser avec équité, au lieu de réparer à mesure qu'il détruit, de renouveler lorsqu'il anéantit, l'homme riche met toute sa gloire à consommer, toute sa splendeur à perdre en un jour à sa table plus de biens qu'il n'en faudrait pour faire subsister plusieurs familles : il abuse également et des animaux et des hommes, dont le reste demeure affamé, languit dans la misère, et ne travaille que pour satisfaire à l'appétit immodéré et à la vanité encore plus insatiable de cet homme, qui, détruisant les autres par la disette, se détruit lui-même par les excès.

Cependant l'homme pourrait, comme l'animal, vivre de végétaux : la chair, qui paraît être si analogue à la chair, n'est pas une nourriture meilleure que les grains ou le pain. Ce qui fait la vraie nourriture, celle qui contribue à la nutrition, au développement, à l'accroissement, et à l'entretien du corps, n'est pas cette matière brute qui compose à nos yeux la texture de la chair ou de l'herbe ; mais ce sont les molécules organiques que l'une et l'autre contiennent, puisque le bœuf, en paissant l'herbe, acquiert autant de chair que l'homme ou que les animaux qui ne vivent que de chair et de sang. La seule différence réelle qu'il y ait entre ces aliments, c'est qu'à

volume égal, la chair, le blé, les graines, contiennent beaucoup plus de molécules organiques que l'herbe, les feuilles,
les racines, et les autres parties des plantes, comme nous
nous en sommes assurés en observant les infusions de ces
différentes matières : en sorte que l'homme et les animaux
dont l'estomac et les intestins n'ont pas assez de capacité pour
admettre un très-grand volume d'aliments, ne pourraient pas
prendre assez d'herbe pour en tirer la quantité de molécules
organiques nécessaires à leur nutrition; et c'est par cette raison. que l'homme et les autres animaux qui n'ont qu'un estomac ne peuvent vivre que de chair ou de graines, qui, dans
un petit volume, contiennent une très-grande quantité de ces
molécules organiques nutritives, tandis que le bœuf et les
autres animaux ruminants qui ont plusieurs estomacs, dont
l'un est d'une très-grande capacité, et qui, par conséquent,
peuvent se remplir d'un grand volume d'herbe, en tirent assez
de molécules organiques pour se nourrir, croître et multiplier. La quantité compense ici la qualité de la nourriture :
mais le fonds en est le même; c'est la même matière, ce sont
les mêmes molécules organiques qui nourrissent le bœuf,
l'homme, et tous les animaux.

On ne manquera pas de m'opposer que le cheval n'a qu'un
estomac, et même assez petit; que l'âne, le lièvre, et d'autres
animaux qui vivent d'herbe, n'ont aussi qu'un estomac, et
que, par conséquent cette explication, quoique vraisemblable,
n'en est peut-être ni plus vraie ni mieux fondée. Cependant,
bien loin que ces exceptions apparentes la détruisent, elles me
paraissent au contraire la confirmer; car quoique le cheval et
l'âne n'aient qu'un estomac, ils ont des poches dans les intestins, d'une si grande capacité, qu'on peut les comparer à la
panse des animaux ruminants; et les lièvres ont l'intestin
cœcum d'une si grande longueur et d'un tel diamètre, qu'il
équivaut au moins à un second estomac. Ainsi il n'est pas
étonnant que ces animaux puissent se nourrir d'herbe; et en
général on trouvera toujours que c'est de la capacité totale de
l'estomac et des intestins que dépend dans les animaux la
diversité de leur manière de se nourrir; car les ruminants,
comme le bœuf, le bélier, le chameau, etc., ont quatre esto-

macs et des intestins d'une longueur prodigieuse ; aussi vivent-ils d'herbe, et l'herbe seule leur suffit. Les chevaux, les ânes, les lièvres, les lapins, les cochons d'Inde, etc., n'ont qu'un estomac ; mais ils ont un *cœcum* qui équivaut à un second estomac, et ils vivent d'herbe et de graines. Les sangliers, les hérissons, les écureuils, etc., dont l'estomac et les boyaux sont d'une moindre capacité, ne mangent que peu d'herbe, et vivent de graines, de fruits, et de racines ; et ceux qui, comme les loups, les renards, les tigres, etc., ont l'estomac et les intestins d'une plus petite capacité que tous les autres, relativement au volume de leur corps, sont obligés, pour vivre, de choisir les nourritures les plus succulentes, les plus abondantes en molécules organiques, et de manger de la chair et du sang, des graines et des fruits.

C'est donc sur ce rapport physique et nécessaire, beaucoup plus que sur la convenance du goût, qu'est fondée la diversité que nous voyons dans les appétits des animaux : car si la nécessité ne les déterminait pas plus souvent que le goût, comment pourraient-ils dévorer la chair infecte et corrompue avec autant d'avidité que la chair succulente et fraîche ? pourquoi mangeraient-ils également de toutes sortes de chair ? Nous voyons que les chiens domestiques, qui ont de quoi choisir, refusent assez constamment certaines viandes, comme la bécasse, la grive, le cochon, etc., tandis que les chiens sauvages, les loups, les renards, etc., mangent également, et la chair du cochon, et la bécasse, et les oiseaux de toute espèce, et même les grenouilles, car nous en avons trouvé deux dans l'estomac d'un loup ; et lorsque la chair ou le poisson leur manque, ils mangent des fruits, des graines, des raisins, etc., et ils préfèrent toujours tout ce qui, dans un petit volume, contient une grande quantité de parties nutritives, c'est-à-dire de molécules organiques propres à la nutrition et à l'entretien du corps.

Si ces preuves ne paraissent pas suffisantes, que l'on considère encore la manière dont on nourrit le bétail que l'on veut engraisser. Au lieu de laisser le bœuf à sa pâture ordinaire et à l'herbe pour toute nourriture, on lui donne du son, du grain, des navets, des aliments, en un mot, plus substantiels que l'herbe, et en très-peu de temps la quantité de la chair de l'animal augmente, les sucs et la graisse abondent, et font d'une chair assez dure et assez sèche par elle-même une viande succulente et si bonne, qu'elle fait la base de nos meilleurs repas.

Il résulte aussi de ce que nous venons de dire que l'homme, dont l'estomac et les intestins ne sont pas d'une très-grande capacité relativement au volume de son corps, ne pourrait pas vivre d'herbe seule : cependant il est prouvé par les faits qu'il pourrait bien vivre de pain, de légumes, et d'autres graines de plantes, puisqu'on connaît des nations entières et des ordres d'hommes auxquels la religion défend de manger de rien qui ait eu vie. Mais ces exemples, appuyés même de l'autorité de Pythagore, et recommandés par quelques médecins trop amis de la diète, ne me paraissent pas suffisants pour nous convaincre qu'il y eût à gagner pour la santé des hommes et pour la multiplication du genre humain à ne vivre que de légumes et de pain, d'autant plus que les gens de la campagne, que le luxe des villes et la somptuosité de nos tables réduisent à cette façon de vivre, languissent et dépérissent plus tôt que les hommes de l'état mitoyen, auxquels l'inanition et les excès sont également inconnus.

Après l'homme, les animaux qui ne vivent que de chair sont les plus grands destructeurs; ils sont en même temps et les ennemis de la nature et les rivaux de l'homme : ce n'est que par une attention toujours nouvelle, et par des soins prémédités et suivis, qu'il peut conserver ses troupeaux, ses volailles, etc., en les mettant à l'abri de la serre de l'oiseau de proie, et de la dent carnassière du loup, du renard, de la fouine, de la belette, etc.; ce n'est que par une guerre continuelle qu'il peut défendre son grain, ses fruits, toute sa subsistance, et même ses vêtements, contre la voracité des rats, des chenilles, des scarabées, des mites, etc. : car les insectes sont aussi de ces bêtes qui dans le monde font plus de mal que de bien; au lieu que le bœuf, le mouton, et les autres animaux qui paissent l'herbe, non-seulement sont les meilleurs, les plus utiles, les plus précieux pour l'homme, puisqu'ils le nourrissent, mais sont encore ceux qui consomment et dépensent le moins : le bœuf surtout est à cet égard l'animal par excellence ; car il rend à la terre tout autant qu'il en tire, et même il améliore le fonds sur lequel il vit : il engraisse son pâturage, au lieu que le cheval et la plupart des autres animaux amaigrissent en peu d'années les meilleures prairies.

Mais ce ne sont pas là les seuls avantages que le bétail procure à l'homme : sans le bœuf, les pauvres et les riches auraient beaucoup de peine à vivre ; la terre demeurerait inculte ; les champs, et même les jardins, seraient secs et stériles : c'est sur lui que roulent tous les travaux de la campagne, il est le domestique le plus utile de la ferme, le soutien du ménage champêtre ; il fait toute la force de l'agriculture : autrefois il faisait toute la richesse des hommes, et aujourd'hui il est encore la base de l'opulence des États, qui ne peuvent se soutenir et fleurir que par la culture des terres et par l'abondance du bétail, puisque ce sont les seuls bien réels, tous les autres, et même l'or et l'argent, n'étant que des biens arbitraires, des représentations, des monnaies de crédit, qui n'ont de valeur qu'autant que le produit de la terre leur en donne.

Le bœuf ne convient pas autant que le cheval, l'âne, le chameau, etc., pour porter des fardeaux ; la forme de son dos et de ses reins le démontre ; mais la grosseur de son cou et la largeur de ses épaules indiquent assez qu'il est propre à tirer et à porter le joug : c'est aussi de cette manière qu'il tire le plus avantageusement ; et il est singulier que cet usage ne soit pas général, et que dans des provinces entières on l'oblige à tirer par les cornes : la seule raison qu'on ait pu m'en donner, c'est que quand il est attelé par les cornes, on le conduit plus aisément ; il a la tête très-forte, et il ne laisse pas de tirer assez bien de cette façon, mais avec beaucoup moins d'avantage que quand il tire par les épaules. Il semble avoir été fait pour la charrue ; la masse de son corps, la lenteur de ses mouvements, le peu de hauteur de ses jambes, tout, jusqu'à sa tranquillité et à sa patience dans le travail, semble concourir à le rendre propre à la culture des champs, et plus capable qu'aucun autre de vaincre la résistance constante et toujours nouvelle que la terre oppose à ses efforts. Le cheval, quoique peut-être aussi fort que le bœuf, est moins propre à cet ouvrage : il est trop élevé sur ses jambes ; ses mouvements sont trop grands, trop brusques ; et d'ailleurs il s'impatiente et se rebute trop aisément ; on lui ôte même toute la légèreté, toute la souplesse de ses mouvements, toute la grâce de son attitude et de sa démarche, lorsqu'on le réduit à ce travail pesant, pour lequel il faut plus de constance que d'ardeur, plus de masse que de vitesse, et plus de poids que de ressort.

Dans les espèces d'animaux dont l'homme a fait des troupeaux, et où la multiplication est l'objet principal, la femelle est plus nécessaire, plus utile que le mâle. Le produit de la vache est un bien qui croît et qui se renouvelle à chaque instant : la chair du veau est une nourriture aussi abondante que saine et délicate ; le lait est l'aliment des enfants ; le beurre, l'assaisonnement de la plupart de nos mets ; le fromage, la nourriture la plus ordinaire des habitants de la campagne. Que de pauvres familles sont aujourd'hui réduites à vivre de leur vache ! Ces mêmes hommes qui tous les jours, et du matin au soir, gémissent dans le travail et sont courbés sur la charrue, ne tirent de la terre que du pain noir, et sont obligés de céder à d'autres la fleur, la substance de leur grain ; c'est par eux et ce n'est pas pour eux que les moissons sont abondantes. Ces mêmes hommes qui élèvent, qui multiplient le bétail, qui le soignent et s'en occupent perpétuellement, n'osent jouir du fruit de leurs travaux ; la chair de ce bétail est une nourriture dont ils sont forcés de s'interdire l'usage, réduits par la nécessité de leur condition, c'est-à-dire par la dureté des autres hommes, à vivre, comme les chevaux, d'orge et d'avoine, ou de légumes grossiers et de lait aigre.

On peut aussi faire servir la vache à la charrue, et quoiqu'elle ne soit pas aussi forte que le bœuf, elle ne laisse pas de le remplacer souvent. Mais lorsqu'on veut l'employer à cet usage, il faut avoir attention de l'assortir, autant qu'on le peut avec un bœuf de sa taille et de sa force, ou avec une autre vache, afin de conserver l'égalité du trait et de maintenir le soc en équilibre entre ces deux puissances : moins elles sont inégales, et plus le labour de la terre en est régulier. Au reste, on emploie souvent six et jusqu'à huit bœufs dans les terrains fermes, et surtout dans les friches, qui se lèvent par grosses mottes et par quartiers, au lieu que deux vaches suffisent pour labourer les terrains meubles et sablonneux. On peut aussi, dans ces terrains légers, pousser à chaque fois le sillon beaucoup plus loin que dans les terrains forts. Les anciens avaient borné à une longueur de cent vingt pas la plus grande étendue de sillon que le bœuf devait tracer par une continuité non interrompue d'efforts et de mouvements; après quoi, disaient-ils, il faut cesser de l'exciter, et le laisser reprendre haleine pendant quelques moments avant que de poursuivre le même sillon ou d'en commencer un autre. Mais les anciens faisaient leurs délices de l'étude de l'agriculture, et mettaient leur gloire à labourer eux-mêmes, ou du moins à favoriser le labour, à épargner la peine du cultivateur et du bœuf; et parmi nous ceux qui jouissent le plus des biens de cette terre sont ceux qui savent le moins estimer, encourager, soutenir l'art de la cultiver.

Quoiqu'on puisse aussi soumettre le taureau au travail, on est moins sûr de son obéissance, et il faut être en garde contre l'usage qu'il peut faire de sa force. La nature a fait cet animal indocile et fier. Un troupeau de taureaux ne serait qu'une troupe effrénée que l'homme ne pourrait dompter ni conduire.....

On laisse le jeune veau auprès de sa mère pendant les cinq ou six premiers jours, afin qu'il soit chaudement et qu'il puisse téter aussi souvent qu'il en a besoin; mais il croît et se fortifie assez dans ces cinq ou six jours pour qu'on soit dès lors obligé de l'en séparer si l'on veut la ménager, car il l'épuiserait s'il était toujours auprès d'elle. Il suffira de le laisser téter deux ou trois fois par jour; et si l'on veut lui faire une bonne chair et l'engraisser promptement, on lui donnera tous les jours des œufs crus, du lait bouilli, de la mie de pain : au bout de quatre ou cinq semaines ce veau sera excellent à manger. On pourra donc ne laisser téter que trente ou quarante jours le veau qu'on voudra livrer au boucher; mais il faudra laisser

au lait pendant deux mois au moins ceux qu'on voudra nourrir : plus on les laissera téter, plus ils deviendront gros et
forts. On préférera pour les élever ceux qui seront nés aux
mois d'avril, mai et juin : les veaux qui naissent plus tard ne
peuvent acquérir assez de force pour résister aux injures de
l'hiver suivant ; ils languissent par le froid et périssent presque tous. A deux, trois ou quatre mois, on sèvrera donc les
veaux qu'on veut nourrir ; et avant de leur ôter le lait absolument, on leur donnera un peu de bonne herbe ou de foin fin
pour qu'ils commencent à s'accoutumer à cette nouvelle nourriture ; après quoi on les séparera tout à fait de leur mère, et
on ne les en laissera point approcher ni à l'étable ni au pâturage, où cependant on les mènera tous les jours et où on les
laissera du matin au soir pendant l'été : mais dès que le froid
commencera à se faire sentir en automne, il ne faudra les
laisser sortir que tard dans la matinée et les ramener de bonne
heure le soir ; et pendant l'hiver, comme le grand froid leur
est extrêmement contraire, on les tiendra chaudement dans
une étable bien fermée et bien garnie de litière ; on leur donnera, avec l'herbe ordinaire, du sainfoin, de la luzerne, etc.,
et on ne les laissera sortir que par le temps doux. Il leur faut
beaucoup de soin pour le premier hiver : c'est le temps le plus
dangereux de leur vie ; car ils se fortifieront assez pendant
l'été suivant pour ne plus craindre le froid du second hiver.

Ces animaux sont dans la plus grande force depuis trois ans
jusqu'à neuf ; après cela les vaches et les taureaux ne sont
plus propres qu'à être engraissés et livrés au boucher. Comme
ils prennent en deux ans la plus grande partie de leur accroissement, la durée de leur vie est aussi, comme dans la plupart
des autres espèces d'animaux, à peu près de sept fois deux
ans, et communément ils ne vivent guère que quatorze ou
quinze ans.

Dans tous les animaux quadrupèdes la voix du mâle est
plus forte et plus grave que celle de la femelle, et je ne crois
pas qu'il y ait d'exception à cette règle. Quoique les anciens
aient écrit que la vache, le bœuf, et même le veau, avaient
la voix plus grave que le taureau, il est très-certain que le
taureau a la voix beaucoup plus forte, puisqu'il se fait enten-

dre de bien plus loin que la vache, le bœuf, ou le veau. Ce qui a fait croire qu'il avait la voix moins grave, c'est que son mugissement n'est pas un son simple, mais un son composé de deux ou trois octaves, dont la plus élevée frappe le plus l'oreille; en y faisant attention, l'on entend en même temps un son grave, et plus grave que celui de la voix de la vache, du bœuf, et du veau, dont les mugissements sont aussi bien plus courts.

Les animaux les plus pesants et les plus paresseux ne sont pas ceux qui dorment le plus profondément ni le plus longtemps. Le bœuf dort, mais d'un sommeil court et léger; il se réveille au moindre bruit. Il se couche ordinairement sur le côté gauche, et le rein ou le rognon de ce côté gauche est toujours plus gros et plus chargé de graisse que le rognon du côté droit.

Les bœufs, comme les autres animaux domestiques, varient par la couleur : cependant le poil roux paraît être le plus commun; et plus il est rouge, plus il est estimé. On fait cas aussi du poil noir, et on prétend que les bœufs sous poil bai durent longtemps; que les bruns durent moins et se rebutent de bonne heure; que les gris, les pommelés, et les blancs, ne valent rien pour le travail, et ne sont propres qu'à être engraissés. Mais de quelque couleur que soit le poil du bœuf, il doit être luisant, épais, et doux au toucher; car s'il est rude, mal uni, ou dégarni, on a raison de supposer que l'animal souffre, ou du moins qu'il n'est pas d'un fort tempérament. Un bon bœuf pour la charrue ne doit être ni trop gras ni trop maigre; il doit avoir la tête courte et ramassée, les oreilles grandes, bien velues et bien unies, les cornes fortes, luisantes et de moyenne grandeur, le front large, les yeux gros et noirs, le mufle gros et camus, les naseaux bien ouverts, les dents blanches et égales, les lèvres noires, le cou charnu, les épaules grosses et pesantes, la poitrine large, le *fanon*, c'est-à-dire la peau du devant pendante jusque sur les genoux, les reins fort larges, le ventre spacieux et tombant, les flancs grands, les hanches longues, la croupe épaisse, les jambes et les cuisses grosses et nerveuses, le dos droit et plein, la queue pendante jusqu'à terre et garnie de poils touffus et fins, les pieds fermes, le cuir grossier et maniable, les muscles élevés, et l'ongle court et large. Il faut aussi qu'il soit sensible à l'aiguillon, obéissant à la voix et bien dressé. Mais ce n'est que peu à peu, et en s'y prenant de bonne heure, qu'on peut accoutumer le bœuf à porter le joug volontiers et à se laisser conduire aisément. Dès l'âge de deux ans et demi, ou trois ans au plus tard, il faut commencer à l'apprivoiser et à le subjuguer; si l'on attend plus tard, il devient indocile, et souvent indomptable : la patience, la douceur, et même les caresses, sont les seuls moyens qu'il faut employer; la force et les mauvais traitements ne serviraient qu'à le rebuter pour toujours. Il faut donc lui frotter le corps, le caresser, lui donner de temps en temps de l'orge bouillie, des fèves concassées, et d'autres nourritures de cette espèce, dont il est le plus friand, et toutes mêlées de sel, qu'il aime beaucoup. En même temps on lui liera souvent les cornes; quelques jours après on le mettra au joug, et on lui fera traîner la charrue avec un autre bœuf de la même taille et qui sera tout dressé; on aura soin de les attacher ensemble à la mangeoire, de les mener de même au pâturage, afin qu'ils se connaissent et s'habituent à n'avoir que des mouvements communs, et l'on n'emploiera jamais l'aiguillon dans les commencements, il ne servirait qu'à le rendre plus intraitable. Il faudra aussi le ménager et ne le faire travailler qu'à petites reprises, car il se fatigue beaucoup tant qu'il n'est pas tout à fait dressé; et, par la même raison, on le nourrira plus largement alors que dans les autres temps.

Le bœuf ne doit servir que depuis trois ans jusqu'à dix : on fera bien de le retirer alors de la charrue pour l'engraisser et le vendre; la chair en sera meilleure que si l'on attendait plus longtemps. On reconnaît l'âge de cet animal par les dents et par les cornes : les premières dents du devant tombent à dix mois, et sont remplacées par d'autres qui ne sont pas si blanches et qui sont plus larges; à seize mois les dents voisines de celles du milieu tombent et sont aussi remplacées par d'autres; et à trois ans toutes les incisives sont renouvelées : elles sont alors égales, longues, et assez blanches. À mesure que le bœuf avance en âge, elles s'usent et deviennent inégales et noires : c'est la même chose pour le taureau et pour la vache. Les cornes tombent à trois ans au taureau, au bœuf, et à la vache, et elles sont remplacées par d'autres cornes, qui, comme les secondes dents, ne tombent plus ; celles du bœuf et de la vache deviennent seulement plus grosses et plus longues que celles du taureau. L'accroissement de ces secondes cornes ne se fait pas d'une manière uniforme et par un développement égal : la première année, c'est-à-dire la quatrième année de l'âge du bœuf, il lui pousse deux petites cornes pointues, nettes, unies, et terminées vers la tête par une espèce de bourrelet ; l'année suivante ce bourrelet s'éloigne de la tête, poussé par un cylindre de corne qui se forme et qui se termine aussi par un autre bourrelet, et ainsi de suite ; car tant que l'animal vit, les cornes croissent : ces bourrelets deviennent des nœuds annulaires, qu'il est aisé de distinguer dans la corne, et par lesquels l'âge se peut aisément compter, en prenant pour trois ans la pointe de la corne jusqu'au premier nœud, et pour un an de plus chacun des intervalles entre les autres nœuds.

Le cheval mange nuit et jour, lentement, mais presque continuellement ; le bœuf, au contraire, mange vite et prend en assez peu de temps toute la nourriture qu'il lui faut, après quoi il cesse de manger et se couche pour ruminer : cette différence vient de la différente conformation de l'estomac de ces animaux. Le bœuf, dont les quatre estomacs ne forment qu'un même sac d'une très-grande capacité, peut sans inconvénient prendre à la fois beaucoup d'herbe et le remplir en peu de temps, pour ruminer ensuite et digérer à loisir. Le cheval, qui n'a qu'un petit estomac, ne peut y recevoir qu'une petite quantité d'herbe et le remplir successivement à mesure qu'elle s'affaisse et qu'elle passe dans les intestins, où se fait principalement la décomposition de la nourriture ; car ayant observé dans le bœuf et dans le cheval le produit successif de la digestion, et surtout dans la décomposition du foin, nous avons vu dans le bœuf qu'au sortir de la partie de la panse qui forme le second estomac, et qu'on appelle le *bonnet*, il est réduit en une espèce de pâte verte, semblable à des épinards hachés et bouillis ; que c'est sous cette forme qu'il est retenu et contenu dans les plis ou livret du troisième estomac, qu'on appelle le *feuillet*; que la décomposition en est entière dans le quatrième estomac, qu'on appelle la *caillette*; et que ce n'est pour ainsi dire que le marc qui passe dans les intestins : au lieu que dans le cheval le foin ne se décompose guère, ni dans l'estomac, ni dans les premiers boyaux, où il devient seulement plus souple et plus flexible, comme ayant été macéré et pénétré de la liqueur active dont il est environné; qu'il arrive au *cœcum* et au colon sans grande altération; que c'est principalement dans ces deux intestins, dont l'énorme capacité répond à celle de la panse des ruminants, que se fait dans le cheval la décomposition de la nourriture, et que cette décomposition n'est jamais aussi entière que celle qui se fait dans le quatrième estomac du bœuf.

Par ces mêmes considérations, et par la seule inspection des parties, il me semble qu'il est aisé de concevoir comment se fait la rumination, et pourquoi le cheval ne rumine ni ne vomit, au lieu que le bœuf, et les autres animaux qui ont plusieurs estomacs, semblent ne digérer l'herbe qu'à mesure qu'ils ruminent. La rumination n'est qu'un vomissement sans effort, occasionné par la réaction du premier estomac sur les aliments qu'il contient. Le bœuf remplit ces deux premiers estomacs, c'est-à-dire la panse et le bonnet, qui n'est qu'une portion de la panse, tout autant qu'ils peuvent l'être : cette membrane tendue réagit donc alors avec force sur l'herbe qu'elle contient, qui n'est que très-peu mâchée, à peine hachée, et dont le volume augmente beaucoup par la fermentation. Si l'aliment était liquide, cette force de contraction le ferait passer par le troisième estomac, qui ne communique à l'autre que par un conduit étroit, dont même l'orifice est situé à la partie postérieure du premier, et presque aussi haut que celui de l'œsophage. Ainsi ce conduit ne peut pas admettre cet aliment sec, ou du moins il n'en admet que la partie la plus coulante; il est donc nécessaire que les parties les plus sèches remontent dans l'œsophage, dont l'orifice est plus large que celui du conduit : elles y remontent en effet; l'animal les remâche, les macère, les imbibe de nouveau de sa salive, et rend ainsi peu à peu l'aliment plus

coulant ; il le réduit en pâte assez liquide pour qu'elle puisse
couler dans ce conduit qui communique au troisième estomac,
où elle se macère encore avant de passer dans le quatrième ;
et c'est dans ce dernier estomac que s'achève la décomposition du foin, qui est réduit en parfait mucilage. Ce qui confirme la vérité de cette explication, c'est que tant que ces
animaux tètent ou sont nourris de lait et d'autres aliments
liquides et coulants, ils ne ruminent pas et qu'ils ruminent
beaucoup plus en hiver et lorsqu'on les nourrit d'aliments
secs, qu'en été, pendant lequel ils paissent l'herbe tendre.
Dans le cheval, au contraire, l'estomac est très-petit, l'orifice de l'œsophage est fort étroit, et celui du pylore est fort
large : cela seul suffirait pour rendre impossible la rumination ; car l'aliment contenu dans ce petit estomac, quoique
peut-être plus fortement comprimé que dans le grand estomac
du bœuf, ne doit pas remonter, puisqu'il peut aisément des-
cendre par le pylore, qui est fort large. Il n'est pas même
nécessaire que le foin soit réduit en pâte molle et coulante
pour y entrer ; la force de contraction de l'estomac y pousse
l'aliment encore presque sec, et il ne peut remonter par
l'œsophage, parce que ce conduit est fort petit en comparaison de celui du pylore. C'est donc par cette différence générale de conformation que le bœuf rumine, et que le cheval
ne peut ruminer ; mais il y a encore une différence particulière
dans le cheval, qui fait que non-seulement il ne peut ruminer, c'est-à-dire vomir sans effort, mais même qu'il ne peut
absolument vomir, quelque effort qu'il puisse faire : c'est
que le conduit de l'œsophage arrivant très-obliquement dans
l'estomac du cheval, dont les membranes forment une épaisseur considérable, ce conduit fait dans cette épaisseur une
espèce de gouttière si oblique, qu'il ne peut que se serrer
davantage, au lieu de s'ouvrir par les convulsions de l'estomac. Quoique cette différence, aussi bien que les autres
différences de conformation qu'on peut remarquer dans le
corps des animaux, dépendent toutes de la nature lorsqu'elles
sont constantes, cependant il y a dans le développement, et
surtout dans celui des parties molles, des différences constantes en apparence, qui néanmoins pourraient varier, et qui

même varient par les circonstances. La grande capacité de la panse du bœuf, par exemple, n'est pas due en entier à la nature ; la panse n'est pas telle par sa conformation primitive, elle ne le devient que successivement et par le grand volume des aliments : car dans le veau qui vient de naître, et même dans le veau qui est encore au lait et qui n'a pas mangé d'herbe, la panse, comparée à la caillette, est beaucoup plus petite que dans le bœuf. Cette grande capacité de la panse ne vient donc que de l'extension qu'occasionne le grand volume des aliments : j'en ai été convaincu par une expérience qui me paraît décisive. J'ai fait nourrir deux agneaux de même âge et sevrés en même temps, l'un de pain, et l'autre d'herbe : les ayant ouverts au bout d'un an, j'ai vu que la panse de l'agneau qui avait vécu d'herbe était devenue plus grande de beaucoup que la panse de celui qui avait été nourri de pain.

On prétend que les bœufs qui mangent lentement résistent plus longtemps au travail que ceux qui mangent vite ; que les bœufs des pays élevés et secs sont plus vifs, plus vigoureux, et plus sains que ceux des pays bas et humides ; que tous deviennent plus forts, lorsqu'on les nourrit de foin sec que quand on ne leur donne que de l'herbe molle ; qu'ils s'accoutument plus difficilement que les chevaux au changement de climat, et que, par cette raison, l'on ne doit jamais acheter que dans son voisinage des bœufs pour le travail.

En hiver, comme les bœufs ne font rien, il suffira de les nourrir de paille et d'un peu de foin ; mais dans le temps des ouvrages, on leur donnera beaucoup plus de foin que de paille, et même un peu de son ou d'avoine, avant de les faire travailler : l'été, si le foin manque, on leur donnera de l'herbe fraîchement coupée, ou bien de jeunes pousses et des feuilles de frêne, d'orme, de chêne, etc., mais en petite quantité, l'excès de cette nourriture, qu'ils aiment beaucoup, leur causant quelquefois un pissement de sang. La luzerne, le sainfoin, la vesce, soit en vert ou en sec, les lupins, les navets, l'orge bouillie, etc., sont aussi de très-bons aliments pour les bœufs. Il n'est pas nécessaire de régler la quantité de leur nourriture ; ils n'en prennent jamais plus qu'il ne leur en faut, et l'on fera bien de leur en donner toujours assez pour qu'ils en laissent. On ne les mettra au pâturage que vers le 15 de mai : les premières herbes sont trop crues; et quoiqu'ils les mangent avec avidité, elles ne laissent pas de les incommoder. On les fera pâturer pendant tout l'été, et vers le 15 octobre, on les remettra au fourrage, en observant de ne les pas faire passer brusquement du vert au sec et du sec au vert, mais de les amener par degrés à ce changement de nourriture.

La grande chaleur incommode ces animaux, peut-être plus encore que le grand froid. Il faut pendant l'été les mener au travail dès la pointe du jour, les ramener à l'étable, ou les laisser dans les bois pâturer à l'ombre pendant la grande chaleur, et ne les remettre à l'ouvrage qu'à trois ou quatre heures du soir. Au printemps, en hiver, et en automne, on pourra les faire travailler sans interruption depuis huit ou neuf heures du matin jusqu'à cinq ou six heures du soir. Ils ne demandent pas autant de soin que les chevaux; cependant, si l'on veut les entretenir sains et vigoureux, on ne peut guère se dispenser de les étriller tous les jours, de les laver, et de leur graisser la corne des pieds , etc. Il faut aussi les faire boire au moins deux fois par jour : ils aiment l'eau nette et fraîche, au lieu que le cheval l'aime trouble et tiède.

La nourriture et le soin sont à peu près les mêmes et pour la vache et pour le bœuf; cependant la vache à lait exige des attentions particulières, tant pour la bien choisir que pour la bien conduire. On dit que les vaches noires sont celles qui donnent le meilleur lait, et que les blanches sont celles qui en donnent le plus; mais, de quelque poil que soit la vache à lait, il faut qu'elle soit en bonne chair, qu'elle ait l'œil vif, la démarche légère, qu'elle soit jeune, et que son lait soit, s'il se peut, abondant et de bonne qualité : on la traira deux fois par jour en été, et une fois seulement en hiver; et si l'on veut augmenter la quantité du lait , il n'y aura qu'à la nourrir avec des aliments plus succulents que de l'herbe.

Le bon lait n'est ni trop épais ni trop clair, sa consistance doit être telle que lorsqu'on en prend une petite goutte, elle conserve sa rondeur sans couler. Il doit aussi être d'un beau blanc, celui qui tire sur le jaune ou sur le bleu ne vaut rien. Sa saveur doit être douce, sans aucune amertume et sans âcreté ; il faut aussi qu'il soit de bonne odeur ou sans odeur. Il est meilleur au mois de mai et pendant l'été que pendant l'hiver, et il n'est parfaitement bon que quand la vache est en bon âge et en bonne santé : le lait des jeunes génisses est trop clair, celui des vieilles vaches est trop sec, et pendant l'hiver il est trop épais. Ces différentes qualités du lait sont relatives à la quantité plus ou moins grande des parties butyreuses, caséeuses, et séreuses qui le composent. Le lait trop clair est celui qui abonde trop en parties séreuses ; le lait trop épais est celui qui en manque ; et le lait trop sec n'a pas assez de parties butyreuses et séreuses. On trouve dans le troisième et dans le quatrième estomac du veau qui tète, des grumeaux de lait caillé ; ces grumeaux de lait, séchés à l'air, sont la présure dont on se sert pour faire cailler le lait. Plus on garde cette présure, meilleure elle est, et il n'en faut qu'une très-petite quantité pour faire un grand volume de fromage.

Les vaches et les bœufs aiment beaucoup le vin, le vinaigre, le sel ; ils dévorent avec avidité une salade assaisonnée. En Espagne et dans quelques autres pays, on met auprès du jeune veau à l'étable une de ces pierres qu'on appelle *salègres*, et qu'on trouve dans les mines de sel gemme : il lèche cette pierre salée pendant tout le temps que sa mère est au pâturage ; ce qui excite si fort l'appétit ou la soif, qu'au moment que la vache arrive, le jeune veau se jette à la mamelle, en tire avec avidité beaucoup de lait, s'engraisse et croît bien plus vite que ceux auxquels on ne donne point de sel. C'est par la même raison que quand les bœufs ou les vaches sont dégoûtés, on leur donne de l'herbe trempée dans du vinaigre ou saupoudrée d'un peu de sel : on peut leur en donner aussi lorsqu'ils se portent bien et que l'on veut exciter leur appétit pour les engraisser en peu de temps. C'est ordinairement à l'âge de dix ans qu'on les met à l'engrais : si l'on attend plus tard, on est moins sûr de réussir, et leur chair n'est pas si bonne. On peut les engraisser en toutes saisons ; mais l'été est celle qu'on préfère, parce que l'engrais se fait à moins de frais, et qu'en commençant au mois de mai ou de juin, on est presque sûr de les voir gras avant la fin d'octobre. Dès qu'on voudra les engraisser, on cessera de les faire travailler; on les fera boire beaucoup plus souvent; on leur donnera des nourritures succulentes en abondance, quelquefois mêlées d'un peu de sel, et on les laissera ruminer à loisir et dormir à l'étable pendant les grandes chaleurs : en moins de quatre ou cinq mois ils deviendront si gras, qu'ils auront de la peine à marcher, et qu'on ne pourra les conduire au loin qu'à très-petites journées. Les vaches peuvent s'engraisser aussi, mais la chair de la vache est plus sèche.

Les taureaux, les vaches et les bœufs sont fort sujets à se lécher, surtout dans les temps qu'ils sont en plein repos; et comme l'on croit que cela les empêche d'engraisser, on a soin de frotter de leur fiente tous les endroits de leur corps auxquels ils peuvent atteindre; lorsqu'on ne prend pas cette précaution, ils enlèvent le poil avec la langue, qu'ils ont fort rude, et ils avalent ce poil en grande quantité. Comme cette substance ne peut se digérer, elle reste dans leur estomac et y forme des pelotes rondes qu'on a appelées *égagropiles*, et qui sont quelquefois d'une grosseur si considérable, qu'elles doivent les incommoder par leur volume, et les empêcher de digérer par leur séjour dans l'estomac. Ces pelotes se revêtent avec le temps d'une croûte brune assez solide, qui n'est cependant qu'un mucilage épaissi, mais qui, par le frottement et la coction, deviendra dur et luisant. Elles ne se trouvent jamais que dans la panse; et s'il entre du poil dans les autres estomacs, il n'y séjourne pas, non plus que dans les boyaux : il passe apparemment avec le marc des aliments.

Les animaux qui ont des dents incisives, comme le cheval et l'âne, aux deux mâchoires, broutent plus aisément l'herbe courte que ceux qui manquent de dents incisives à la mâchoire supérieure; et si le mouton et la chèvre la coupent de très-près, c'est parce qu'ils sont petits et que leurs lèvres sont minces : mais le bœuf, dont les lèvres sont épaisses, ne peut brouter que l'herbe longue, et c'est par cette raison qu'il

ne fait aucun tort au pâturage sur lequel il vit : comme il
ne peut pincer que l'extrémité des jeunes herbes, il n'en
ébranle point la racine et n'en retarde que très-peu l'accroissement ; au lieu que le mouton et la chèvre les coupent de
si près, qu'ils détruisent la tige et gâtent la racine. D'ailleurs
le cheval choisit l'herbe la plus fine, et laisse grener et se
multiplier la grande herbe, dont les tiges sont dures ; au
lieu que le bœuf coupe ces grosses tiges et détruit peu à peu
l'herbe la plus grossière : ce qui fait qu'au bout de quelques
années la prairie sur laquelle le cheval a vécu n'est plus
qu'un mauvais pré, au lieu que celle que le bœuf a broutée
devient un pâturage fin.

L'espèce de nos bœufs, qu'il ne faut pas confondre avec
celles de l'aurochs, du buffle, et du bison, paraît être originaire de nos climats tempérés, la grande chaleur les incom-
modant autant que le froid excessif. D'ailleurs cette espèce,
si abondante en Europe, ne se trouve point dans les pays
méridionaux, et ne s'est pas étendue au delà de l'Arménie
et de la Perse en Asie, et au delà de l'Égypte et de la Barbarie en Afrique ; car aux Indes, aussi bien que dans le reste
de l'Afrique, et même en Amérique, ce sont des bisons qui
ont une bosse sur le dos, ou d'autres animaux, auxquels
les voyageurs ont donné le nom de *bœufs*, mais qui sont
d'une espèce différente de celle de nos bœufs. Ceux qu'on
trouve au cap de Bonne-Espérance et en plusieurs contrées de
l'Amérique, y ont été transportés d'Europe par les Hollandais
et par les Espagnols. En général, il paraît que les pays un peu
froids conviennent mieux à nos bœufs que les pays chauds, et
qu'ils sont d'autant plus gros et plus grands que le climat est
plus humide et plus abondant en pâturages. Les bœufs de Danemarck, de la Podolie, de l'Ukraine, et de la Tartarie qu'habitent les Calmouks, sont les plus grands de tous ; ceux d'Irlande, d'Angleterre, de Hollande, et de Hongrie, sont aussi
plus grands que ceux de Perse, de Turquie, de Grèce, d'Italie, de France et d'Espagne ; et ceux de Barbarie sont les
plus petits de tous. On assure même que les Hollandais tirent
tous les ans du Danemarck un grand nombre de vaches grandes et maigres, et que ces vaches donnent en Hollande beau-

coup plus de lait que les vaches de France. C'est apparemment cette même race de vaches à lait qu'on a transportée et multipliée en Poitou, en Aunis, et dans les marais de la Charente, où on les appelle *vaches flandrines*. Ces vaches sont en effet beaucoup plus grandes et plus maigres que les vaches communes, et elles donnent une fois autant de lait et de beurre; elles donnent aussi des veaux beaucoup plus grands et plus forts. Elles ont du lait en tout temps, et on peut les traire toute l'année. Mais il faut pour ces vaches des pâturages excellents; quoiqu'elles ne mangent guère plus que les vaches communes, comme elles sont toujours maigres, toute la surabondance de la nourriture se tourne en lait : au lieu que les vaches ordinaires deviennent grasses et cessent de donner du lait dès qu'elles ont vécu pendant quelque temps dans des pâturages trop gras.

En Irlande, en Angleterre, en Hollande, en Suisse, et dans le Nord, on sale et on fume la chair du bœuf en grande quantité, soit pour l'usage de la marine, soit pour l'avantage du commerce. Il sort aussi de ces pays une grande quantité de cuirs : la peau du bœuf, et même celle du veau, servent, comme l'on sait, à une infinité d'usages. La graisse est aussi une matière utile; on la mêle avec le suif du mouton. Le fumier du bœuf est le meilleur engrais pour les terres sèches et légères. La corne de cet animal est le premier vaisseau dans lequel on ait bu, le premier instrument dans lequel on ait soufflé pour augmenter le son, la première matière transparente que l'on ait employée pour faire des vitres, des lanternes, et que l'on ait ramollie, travaillée, moulée, pour faire des boîtes, des peignes, et mille autres ouvrages. Mais finissons, car l'histoire naturelle doit finir où commence l'histoire des arts.

*Je dois ici rectifier une erreur que j'ai faite au sujet de l'accroissement des cornes des bœufs, vaches et taureaux. On m'avait assuré, et j'ai dit qu'elles tombent à l'âge de trois ans, et qu'elles sont remplacées par d'autres cornes qui, comme les secondes dents, ne tombent plus. Ce fait n'est vrai qu'en partie; il est fondé sur une méprise dont M. Forster a recherché l'origine. Voici ce qu'il a bien voulu m'en écrire.

« A l'âge de trois ans, dit-il, une lame très-mince se sépare de la corne; cette lame, qui n'a pas plus d'épaisseur qu'une feuille de bon papier commun, se gerce dans toute sa longueur, et au moindre frottement elle tombe; mais la corne subsiste, ne tombe pas en entier, et n'est pas remplacée par une autre : c'est une simple exfoliation, d'où se forme cette espèce de bourrelet qui se trouve depuis l'âge de trois ans au bas des cornes des taureaux, des bœufs, et des vaches, et, chaque année suivante, un nouveau bourrelet est formé par l'accroissement et l'addition d'une nouvelle lame conique de corne, formée dans l'intérieur de la corne immédiatement sur l'os qu'elle enveloppe, et qui pousse le cône corné de trois ans un peu plus avant. Il semble donc que la lame mince, exfoliée au bout de trois ans, formait l'attache de la corne à l'os frontal, et que la production d'une nouvelle lame intérieure force la lame extérieure, qui s'ouvre par une fissure longitudinale et tombe au premier frottement. Le premier bourrelet formé, les lames intérieures suivent d'année en année, et poussent la corne triennale plus avant, et le bourrelet se détache de même par le frottement, car on observe que ces animaux aiment à frotter leurs cornes contre les arbres ou contre les bois dans l'étable : il y a même des gens assez soigneux de leur bétail pour planter quelques poteaux dans leur pâturage, afin que les bœufs et les vaches puissent y frotter leurs cornes : sans cette précaution, ils prétendent avoir remarqué que ces animaux se battent entre eux par les cornes, et cela parce que la démangeaison qu'ils éprouvent les force à chercher les moyens de la faire cesser. Ce poteau sert aussi à ôter les vieux poils, qui, poussés par les nouveaux, causent des démangeaisons à la peau de ces animaux. »

Ainsi les cornes du bœuf sont permanentes, et ne tombent jamais en entier que par accident, et quand le bœuf se heurte avec violence contre quelque corps dur; et lorsque cela arrive, il ne reste qu'un petit moignon qui est fort sensible pendant plusieurs jours; et quoiqu'il se durcisse, il ne prend jamais d'accroissement, et l'animal est écorné pour toute la vie.

LE BÉLIER ET LA BREBIS.

'on ne peut guère douter que les animaux actuellement domestiques n'aient été sauvages auparavant :
ceux dont nous avons donné l'histoire en ont fourni
la preuve ; et l'on trouve encore aujourd'hui des chevaux, des ânes, et des taureaux sauvages. Mais l'homme, qui
s'est soumis tant de millions d'individus, peut-il se glorifier
d'avoir conquis une seule espèce entière? Comme toutes ont
été créées sans sa participation, ne peut-on pas croire que
toutes ont eu ordre de croître et de multiplier sans son secours? Cependant, si l'on fait attention à la faiblesse et à la
stupidité de la brebis, si l'on considère en même temps que
cet animal sans défense ne peut même trouver son salut dans
la fuite ; qu'il a pour ennemis tous les animaux carnassiers,
qui semblent le chercher de préférence et le dévorer par
goût ; que d'ailleurs cette espèce produit peu, que chaque
individu ne vit que peu de temps, etc., on serait tenté d'imaginer que dès les commencements la brebis a été confiée à la
garde de l'homme, qu'elle a eu besoin de sa protection pour
subsister, et de ses soins pour se multiplier, puisqu'en effet
on ne trouve point de brebis sauvages dans les déserts ; que
dans tous les lieux où l'homme ne commande pas, le lion, le
tigre, le loup, règnent par la force et par la cruauté ; que ces
animaux de sang et de carnage vivent plus longtemps et multiplient tous beaucoup plus que la brebis ; et qu'enfin, si l'on
abandonnait encore aujourd'hui dans nos campagnes les troupeaux nombreux de cette espèce que nous avons tant multipliée, ils seraient bientôt détruits sous nos yeux, et l'espèce
entière anéantie par le nombre et la voracité des espèces en-
nemies.

Il paraît donc que ce n'est que par notre secours et par nos soins que cette espèce a duré, dure, et pourra durer encore : il paraît qu'elle ne subsisterait pas par elle-même. La brebis est sans ressource et sans défense : le bélier n'a que de faibles armes ; son courage n'est qu'une pétulance inutile pour lui-même, et incommode pour les autres. Les moutons sont encore plus timides que les brebis ; c'est par crainte qu'ils se rassemblent si souvent en troupeaux ; le moindre bruit extraordinaire suffit pour qu'ils se précipitent et se serrent les uns contre les autres ; et cette crainte est accompagnée de la plus grande stupidité, car ils ne savent pas fuir le danger : ils semblent même ne pas sentir l'incommodité de leur situation ; ils restent où ils se trouvent, à la pluie, à la neige ; ils y demeurent opiniâtrément ; et, pour les obliger à changer de lieu et à prendre une route, il leur faut un chef qu'on instruit à marcher le premier, et dont ils suivent tous les mouvements pas à pas. Ce chef demeurerait lui-même, avec le reste du troupeau, sans mouvement, dans la même place, s'il n'était chassé par le berger ou excité par le chien commis à leur garde, lequel sait en effet veiller à leur sûreté, les défendre, les diriger, les séparer, les rassembler, et leur communiquer les mouvements qui leur manquent.

Ce sont donc, de tous les animaux quadrupèdes, les plus stupides ; ce sont ceux qui ont le moins de ressource et d'instinct. Les chèvres, qui leur ressemblent à tant d'autres égards, ont beaucoup plus de sentiment ; elles savent se conduire ; elles évitent les dangers, elles se familiarisent aisément avec les nouveaux objets, au lieu que la brebis ne sait ni fuir ni s'approcher : quelque besoin qu'elle ait de secours, elle ne vient point à l'homme aussi facilement que la chèvre ; et, ce qui, dans les animaux, paraît être le dernier degré de la timidité ou de l'insensibilité, elle se laisse enlever son agneau sans le défendre, sans s'irriter, sans résister, et sans marquer sa douleur par un cri différent du bêlement ordinaire.

Mais cet animal si chétif en lui-même, si dépourvu de sentiment, si dénué de qualités intérieures, est pour l'homme l'animal le plus précieux, celui dont l'utilité est la plus immédiate et la plus étendue : seul il peut suffire aux besoins de première nécessité ; il fournit tout à la fois de quoi se nourrir et se vêtir, sans compter les avantages particuliers que l'on sait tirer du suif, du lait, de la peau, et même des boyaux, des os, et du fumier de cet animal, auquel il semble que la nature n'ait, pour ainsi dire, rien accordé en propre, rien donné que pour le rendre à l'homme.

L'instinct est d'autant plus sûr qu'il est plus machinal, et, pour ainsi dire, plus inné : le jeune agneau cherche lui-même dans un nombreux troupeau, trouve et saisit la mamelle de sa mère sans jamais se méprendre. L'on dit aussi que les moutons sont sensibles aux douceurs du chant, qu'ils paissent avec plus d'assiduité, qu'ils se portent mieux, qu'ils engraissent au son du chalumeau, que la musique a pour eux des attraits ; et l'on dit encore plus souvent, et avec plus de fondement, qu'elle sert au moins à charmer l'ennui du berger, et que c'est à ce genre de vie oisive et solitaire que l'on doit rapporter l'origine de cet art.

Ces animaux dont le naturel est si simple, sont aussi d'un tempérament très-faible ; ils ne peuvent marcher longtemps ; les voyages les affaiblissent et les exténuent ; dès qu'ils courent, ils palpitent et sont bientôt essoufflés ; la grande chaleur, l'ardeur du soleil, les incommodent autant que l'humidité, le froid, et la neige ; ils sont sujets à un grand nombre de maladies, dont la plupart sont contagieuses ; la surabondance de la graisse les fait quelquefois mourir.

On livre ordinairement au boucher tous les agneaux qui paraissent faibles, et l'on ne garde pour les élever que ceux qui sont les plus vigoureux, les plus gros, les plus chargés de laine. Si l'on veut élever ceux qui naissent aux mois d'octobre, novembre, décembre, janvier, février, on les garde à l'étable pendant l'hiver ; on ne les en fait sortir que le soir et le matin pour téter, et on ne les laisse point aller aux champs avant le commencement d'avril : quelque temps auparavant, on leur donne tous les jours un peu d'herbe, afin de les accoutumer peu à peu à cette nouvelle nourriture. On peut les sevrer à un mois ; mais il vaut mieux ne le faire qu'à six semaines ou deux mois. On préfère toujours les agneaux blancs

et sans taches aux agneaux noirs ou tachés, la laine blanche
se vendant mieux que la laine noire ou mêlée.

A un an, les béliers, les brebis, et les moutons, perdent
les deux dents de devant de la mâchoire inférieure : ils manquent, comme l'on sait, de dents incisives à la mâchoire
supérieure. A dix-huit mois, les deux dents voisines des deux
premières tombent aussi, et à trois ans elles sont toutes
remplacées : elles sont alors égales et assez blanches ; mais
à mesure que l'animal vieillit, elles se déchaussent, s'émous-
sent, et deviennent inégales et noires. On connaît aussi l'âge
du bélier par les cornes ; elles paraissent dès la première ·
année, souvent dès la naissance, et croissent tous les ans
d'un anneau jusqu'à l'extrémité de la vie. Communément les
brebis n'ont pas de cornes ; mais elles ont sur la tête des
proéminences osseuses aux mêmes endroits où naissent les
cornes des béliers. Il y a cependant quelques brebis qui ont
deux et même quatre cornes : ces brebis sont semblables
aux autres ; leurs cornes sont longues de cinq ou six pouces,
moins contournées que celles des béliers ; et lorsqu'il y a deux
cornes, les deux cornes extérieures sont plus courtes que
les deux autres.

La brebis a du lait pendant sept ou huit mois, et en grande
abondance : ce lait est une assez bonne nourriture pour les
enfants et pour les gens de la campagne ; on en fait aussi de
fort bons fromages, surtout en le mêlant avec celui de la
vache. L'heure de traire les brebis est immédiatement avant
qu'elles aillent aux champs, ou aussitôt après qu'elles sont
revenues : on peut les traire deux fois par jour en été, et une
fois en hiver.

La chair du bélier a toujours un mauvais goût : celle de la
brebis est mollasse et insipide, au lieu que celle du mouton
est la plus succulente et la meilleure de toutes les viandes
communes.

Les gens qui veulent former un troupeau, et en tirer du
profit, achètent des brebis et des moutons de l'âge de dix-huit
mois ou deux ans. On en peut mettre cent sous la conduite
d'un seul berger : s'il est vigilant et aidé d'un bon chien, il
en perdra peu. Il doit les précéder lorsqu'il les conduit aux

champs, et les accoutumer à entendre sa voix, à le suivre
sans s'arrêter et sans s'écarter dans les blés, dans les vignes,
dans les bois, dans les terres cultivées, où ils ne manqueraient pas de causer du dégât. Les coteaux et les plaines
élevées au-dessus des collines sont des lieux qui leur conviennent le mieux : on évite de les mener paître dans les endroits
bas, humides, et marécageux. On les nourrit pendant l'hiver,
à l'étable, de son, de navets, de foin, de paille, de luzerne,
de sainfoin, de feuilles d'orme, de frêne, etc. On ne laisse pas
de les faire sortir tous les jours, à moins que le temps ne soit
fort mauvais; mais c'est plutôt pour les promener que pour
les nourrir; et dans cette mauvaise saison on ne les conduit
aux champs que sur les dix heures du matin : on les y laisse
pendant quatre ou cinq heures, après quoi on les fait boire et
on les ramène vers les trois heures après midi. Au printemps
et en automne, au contraire, on les fait sortir aussitôt que le
soleil a dissipé la gelée ou l'humidité, et on ne les ramène
qu'au soleil couchant. Il suffit aussi, dans ces deux saisons,
de les faire boire une seule fois par jour avant de les ramener
à l'étable, où il faut qu'ils trouvent toujours du fourrage, mais
en plus petite quantité qu'en hiver. Ce n'est que pendant l'été
qu'ils doivent prendre aux champs toute leur nourriture; on
les y mène deux fois par jour, et on les fait boire aussi deux
fois : on les fait sortir de grand matin, on attend que la rosée
soit tombée pour les laisser paître pendant quatre ou cinq
heures, ensuite on les fait boire et on les ramène à la bergerie
ou dans quelque autre endroit à l'ombre; sur les trois ou
quatre heures du soir, lorsque la grande chaleur commence à
diminuer, on les mène paître une seconde fois jusqu'à la fin
du jour : il faudrait même les laisser passer toute la nuit aux
champs, comme on le fait en Angleterre, si l'on n'avait rien
à craindre du loup; ils n'en seraient que plus vigoureux, plus
propres, et plus sains. Comme la chaleur trop vive les incommode beaucoup, et que les rayons du soleil leur étourdissent
la tête et leur donnent des vertiges, on fera bien de choisir
des lieux opposés au soleil, et de les mener le matin sur des
coteaux exposés au levant, et l'après-midi sur des coteaux
exposés au couchant, afin qu'ils aient en paissant la tête à

l'ombre de leur corps; enfin il faut éviter de les faire passer par des endroits couverts d'épines, de ronces, d'ajoncs, de chardons, si l'on veut qu'ils conservent leur laine.

Dans les terrains secs, dans les lieux élevés, où le serpolet et les autres herbes odoriférantes abondent, la chair du mouton est de bien meilleure qualité que dans les plaines basses et dans les vallées humides; à moins que ces plaines ne soient sablonneuses et voisines de la mer, parce qu'alors toutes les herbes sont salées, et la chair du mouton n'est nulle part aussi bonne que dans ces pacages ou prés salés; le lait des brebis y est aussi plus abondant et de meilleur goût. Rien ne flatte plus l'appétit de ces animaux que le sel; rien aussi ne leur est plus salutaire, lorsqu'il leur est donné modérément; et dans quelques endroits on met dans la bergerie un sac de sel ou une pierre salée, qu'ils vont lécher tour à tour.

Tous les ans il faut trier dans le troupeau les bêtes qui commencent à vieillir, et qu'on veut engraisser : comme elles demandent un traitement différent de celui des autres, on doit en faire un troupeau séparé; et si c'est en été, on les mènera aux champs avant le lever du soleil, afin de leur faire paître l'herbe humide et chargée de rosée. Rien ne contribue plus à l'engrais des moutons que l'eau prise en grande quantité, et rien ne s'y oppose davantage que l'ardeur du soleil : ainsi on les ramènera à la bergerie sur les huit ou neuf heures du matin avant la grande chaleur, et on leur donnera du sel pour les exciter à boire; on les mènera une seconde fois, sur les quatre heures du soir, dans les pacages les plus frais et les plus humides. Ces petits soins continués pendant deux ou trois mois suffisent pour leur donner toutes les apparences de l'embonpoint, et même pour les engraisser autant qu'ils peuvent l'être; mais cette graisse, qui ne vient que de la grande quantité d'eau qu'ils ont bue, n'est pour ainsi dire qu'une bouffissure, un œdème qui les ferait périr de pourriture en peu de temps, et qu'on ne prévient qu'en les tuant immédiatement après qu'ils se sont chargés de cette fausse graisse; leur chair même, loin d'avoir acquis des sucs et pris de la fermeté, n'en est souvent que plus insipide et plus fade : il faut, lorsqu'on veut leur faire une bonne chair, ne se pas borner à leur laisser paître la rosée et boire beaucoup d'eau, mais leur donner en même temps des nourritures plus succulentes que l'herbe. On peut les engraisser en hiver et dans toutes les saisons, en les mettant dans une étable à part et en les nourrissant de farines d'orge, d'avoine, de froment, de fèves, etc., mêlées de sel, afin de les exciter à boire plus souvent et plus abondamment : mais de quelque manière et dans quelque saison qu'on les ait engraissés, il faut s'en défaire aussitôt; car on ne peut jamais les engraisser deux fois, et ils périssent presque tous par des maladies du foie.

On trouve souvent des vers dans le foie des animaux. On peut voir la description des vers du foie des moutons et des bœufs dans le *Journal des Savants*, et dans les *Éphémérides d'Allemagne*. On croyait que ces vers singuliers ne se trouvaient que dans le foie des animaux ruminants; mais M. Daubenton en a trouvé de tout semblables dans le foie de l'âne, et il est probable qu'on en trouvera de semblables aussi dans le foie de plusieurs autres animaux. Mais on prétend encore avoir trouvé des papillons dans le foie des moutons. M. Rouillé, ministre et secrétaire d'État des affaires étrangères, a eu la bonté de me communiquer une lettre qui lui a été écrite, en 1749, par M. Gachet de Beaufort, docteur en médecine à Moutiers en Tarantaise, dont voici l'extrait : « L'on a remar-
» qué depuis longtemps que les moutons, qui, dans nos
» Alpes, sont les meilleurs de l'Europe, maigrissent quelque-
» fois à vue d'œil, ayant les yeux blancs, chassieux et con-
» centrés, le sang séreux, sans presque aucune partie rouge
» sensible, la langue aride et resserrée, le nez rempli d'un
» mucus jaunâtre, glaireux et purulent, avec une débilité
» extrême, quoique mangeant beaucoup, et qu'enfin toute
» l'économie animale tombait en décadence. Plusieurs recher-
» ches exactes ont appris que ces animaux avaient, dans le
» foie, des papillons blancs ayant des ailes assorties, la tête
» semi-ovale, velue, et de la grosseur de ceux des vers à
» soie : plus de soixante-dix, que j'ai fait sortir en comprimant
» les deux lobes, m'ont convaincu de la réalité du fait. Le foie
» se dilatait en même temps sur toute la partie convexe. L'on
» n'en a remarqué que dans les veines, et jamais dans les

» artères ; on en a trouvé de petits, avec de petits vers, dans
» le conduit cystique. La veine-porte et la capsule de Glisson,
» qui paraissent s'y manifester comme dans l'homme, cédaient
» au toucher le plus doux. Le poumon et les autres viscères
» étaient sains, etc. » Il serait à désirer que M. le docteur
Gachet de Beaufort nous eût donné une description plus dé-
taillée de ces papillons, afin d'ôter le soupçon qu'on doit avoir
que ces animaux qu'il a vus ne sont que les vers ordinaires
du foie du mouton, qui sont fort plats, fort larges, et d'une
figure si singulière, que du premier coup d'œil on les pren-
drait plutôt pour des feuilles que pour des vers.

Tous les ans on fait la tonte de la laine des moutons, des
brebis, et des agneaux : dans les pays chauds, où l'on ne
craint pas de mettre l'animal tout à fait nu, l'on ne coupe
pas la laine, mais on l'arrache, et on en fait souvent deux
récoltes par an ; en France, et dans les climats plus froids, on
se contente de la couper une fois par an, avec de grands
ciseaux, et on laisse aux moutons une partie de leur toison,
afin de les garantir de l'intempérie du climat. C'est au mois
de mai que se fait cette opération, après les avoir bien
lavés, afin de rendre la laine aussi nette qu'elle peut l'être :
au mois d'avril il fait encore trop froid ; et si l'on attendait les
mois de juin et de juillet, la laine ne croîtrait pas assez
pendant le reste de l'été pour les garantir du froid pendant
l'hiver. La laine des moutons est ordinairement plus abondante et meilleure que celle des brebis. Celle du cou et du
dessus du dos est la laine de la première qualité ; celle des
cuisses, de la queue, du ventre, de la gorge, etc., n'est pas
si bonne, et celle que l'on prend sur des bêtes mortes ou
malades est la plus mauvaise. On préfère aussi la laine blanche à la grise, à la brune, et à la noire, parce qu'à la teinture elle peut prendre toutes sortes de couleurs. Pour la
qualité, la laine lisse vaut mieux que la laine crépue ; on
prétend même que les moutons dont la laine est trop frisée
ne se portent pas aussi bien que les autres. On peut encore
tirer des moutons un avantage considérable en les faisant
parquer, c'est-à-dire en les laissant séjourner sur les terres
qu'on veut améliorer : il faut pour cela enclore le terrain et y

renfermer le troupeau toutes les nuits pendant l'été ; le fumier, l'urine, et la chaleur du corps de ces animaux, ranimeront en peu de temps les terres épuisées, ou froides et infertiles. Cent moutons amélioreront en un été huit arpents de terre pour six ans.

Les anciens ont dit que tous les animaux ruminants avaient du suif : cependant cela n'est exactement vrai que de la chèvre et du mouton ; et celui du mouton est plus abondant, plus blanc, plus sec, plus ferme, et de meilleure qualité qu'aucun autre. La graisse diffère du suif en ce qu'elle reste toujours molle, au lieu que le suif durcit en se refroidissant. C'est surtout autour des reins que le suif s'amasse en grande quantité, et le rein gauche en est toujours plus chargé que le droit : il y en a aussi beaucoup dans l'épiploon et autour des intestins ; mais ce suif n'est pas, à beaucoup près, aussi ferme ni aussi bon que celui des reins, de la queue, et des autres parties du corps. Les moutons n'ont pas d'autre graisse que le suif, et cette matière domine si fort dans l'habitude de leur corps, que toutes les extrémités de la chair en sont garnies ; le sang même en contient une assez grande quantité.

Le goût de la chair de mouton, la finesse de la laine, la quantité de suif, et même la grandeur et la grosseur du corps de ces animaux, varient beaucoup suivant les différents pays. En France, le Berri est la province où ils sont plus abondants ; ceux des environs de Beauvais sont les plus gras et les plus chargés de suif, aussi bien que ceux de quelques endroits de la Normandie ; ils sont très-bons en Bourgogne ; mais les meilleurs de tous sont ceux des côtes sablonneuses de nos provinces maritimes. Les laines d'Italie, d'Espagne, et même d'Angleterre, sont plus fines que les laines de France. Il y a en Poitou, en Provence, aux environs de Bayonne, et dans quelques autres endroits de la France, des brebis qui paraissent être de races étrangères, et qui sont plus grandes, plus fortes, et plus chargées de laine que celles de la race commune : ces brebis produisent aussi beaucoup plus que les autres, et donnent souvent deux agneaux à la fois ou deux agneaux par an. En Italie et en Espagne il y a encore un plus grand nombre de variétés dans les races des brebis ; mais toutes doivent être regardées comme ne formant qu'une seule et même espèce avec nos brebis, et cette espèce si abondante et si variée ne s'étend guère au delà de l'Europe. Les animaux à longue et large queue qui sont communs en Afrique et en Asie, et auxquels les voyageurs ont donné le nom de *moutons de Barbarie*, paraissent être d'une espèce différente de nos moutons, aussi bien que la vigogne et le lama d'Amérique.

Comme la laine blanche est plus estimée que la noire, on détruit presque partout avec soin les agneaux noirs ou tachés ; cependant il y a des endroits où presque toutes les brebis sont noires. En France il n'y a que des moutons blancs, bruns, noirs, et tachés ; en Espagne il y a des moutons roux ; en Écosse il y en a de jaunes ; mais ces différences et ces variétés dans la couleur sont encore plus accidentelles que les différences et les variétés des races, qui ne viennent cependant que de la différence de la nourriture et de l'influence du climat.

LE BOUC ET LA CHÈVRE.

UOIQUE les espèces dans les animaux soient toutes séparées par un intervalle que la nature ne peut franchir, quelques-unes semblent se rapprocher par un si grand nombre de rapports, qu'il ne reste pour ainsi dire entre elles que l'espace nécessaire pour tirer la ligne de séparation; et lorsque nous comparons ces espèces voisines, et que nous les considérons relativement à nous, les unes se présentent comme des espèces de première utilité, et les autres semblent n'être que des espèces auxiliaires, qui pourraient, à bien des égards, remplacer les premières et nous servir aux mêmes usages. L'âne pourrait presque remplacer le cheval; et de même, si l'espèce de la brebis venait à nous manquer, celle de la chèvre pourrait y suppléer. La chèvre fournit du lait comme la brebis, et même en plus grande abondance; elle donne aussi du suif en quantité; son poil, quoique plus rude que la laine, sert à faire de très-bonnes étoffes; sa peau vaut mieux que celle du mouton; la chair du chevreau approche assez de celle de l'agneau, etc. Ces espèces auxiliaires sont plus agrestes, plus robustes, que les espèces principales : l'âne et la chèvre ne demandent pas autant de soin que le cheval et la brebis; partout ils trouvent à vivre et broutent également les plantes de toutes espèces, les herbes grossières, les arbrisseaux chargés d'épines : ils sont moins affectés de l'intempérie du climat, ils peuvent mieux se passer du secours de l'homme : moins ils nous appartiennent, plus ils semblent appartenir à la nature; et au lieu d'imaginer que ces espèces subalternes n'ont été produites que par la dégénération des espèces premières; au lieu de regarder l'âne comme un cheval dégénéré, il y aurait plus de raison de dire que le cheval est un âne perfectionné; que la brebis n'est qu'une espèce de chèvre plus délicate que nous avons soignée, perfectionnée, propagée pour notre utilité; et qu'en général les espèces les plus parfaites, surtout dans les animaux domestiques, tirent leur origine de l'espèce moins parfaite des animaux sauvages qui en approche le plus, la nature seule ne pouvant faire autant que la nature et l'homme réunis.

Quoi qu'il en soit, la chèvre est une espèce distincte, et peut-être encore plus éloignée de celle de la brebis que l'espèce de l'âne ne l'est de celle du cheval. Ces deux espèces sont distinctes, demeurent constamment séparées et toujours à la même distance l'une de l'autre; elles n'ont donc point été altérées par des mélanges; elles n'ont point fait de nouvelles souches et de nouvelles races d'animaux mitoyens; elles n'ont produit que des différences individuelles, qui n'influent pas sur l'unité de chacune des espèces primitives, et qui con- firment au contraire la réalité de leur différence caracté- ristique.

Mais il y a bien des cas où nous ne pouvons ni distinguer ces caractères ni prononcer sur leurs différences avec autant de certitude; il y en a beaucoup d'autres où nous sommes obligés de suspendre notre jugement, et encore une infinité d'autres sur lesquels nous n'avons aucune lumière : car, indé- pendamment de l'incertitude où nous jette la contrariété des témoignages sur les faits qui nous ont été transmis, indépen- damment du doute qui résulte du peu d'exactitude de ceux qui ont observé la nature, le plus grand obstacle qu'il y ait à l'avancement de nos connaissances est l'ignorance presque forcée dans laquelle nous sommes d'un très-grand nombre d'effets que le temps seul n'a pu présenter à nos yeux, et qui ne se dévoileront même à ceux de la postérité que par des expériences et des observations combinées; en attendant, nous errons dans les ténèbres, ou nous marchons avec per- plexité entre des préjugés et des probabilités, ignorant même jusqu'à la possibilité des choses, et confondant à tout moment les opinions des hommes avec les actes de la nature.

Quoiqu'il y ait plusieurs animaux qui ressemblent à la brebis et à la chèvre, nous ne parlons ici que de la chèvre et de la brebis domestiques. Nous sommes fondés à regarder les espèces étrangères comme des espèces différentes.

La chèvre a de sa nature plus de sentiment et de ressource que la brebis; elle vient à l'homme volontiers, elle se familiarise aisément, elle est sensible aux caresses et capable d'attachement; elle est aussi plus forte, plus légère, plus agile et moins timide que la brebis; elle est vive, capricieuse, et vagabonde. Ce n'est qu'avec peine qu'on la conduit et qu'on peut la réduire en troupeau; elle aime à s'écarter dans les solitudes, à grimper sur les lieux escarpés, à se placer et même à dormir sur la pointe des rochers et sur le bord des précipices : elle est robuste, aisée à nourrir; presque toutes les herbes lui sont bonnes, et il y en a peu qui l'incommodent. Le tempérament, qui dans tous les animaux influe beaucoup sur le naturel, ne paraît cependant pas dans la chèvre différer essentiellement de celui de la brebis. Ces deux espèces d'animaux, dont l'organisation intérieure est presque entièrement semblable, se nourrissent, croissent et multiplient de la même manière, et se ressemblent encore par le caractère des maladies, qui sont les mêmes, à l'exception de quelques-unes auxquelles la chèvre n'est pas sujette : elle ne craint pas, comme la brebis, la trop grande chaleur; elle dort au soleil, et s'expose volontiers à ses rayons les plus vifs, sans en être incommodée, et sans que cette ardeur lui cause ni étourdissements ni vertiges : elle ne s'effraie point des orages, ne s'impatiente pas à la pluie, mais elle paraît être sensible à la rigueur du froid. Les mouvements extérieurs. lesquels, comme nous l'avons dit, dépendent beaucoup moins de la conformation du corps que de la force et de la variété des sensations relatives à l'appétit et au désir, sont par cette raison, beaucoup moins mesurés, beaucoup plus vifs dans la chèvre que dans la brebis. L'inconstance de son naturel se marque par l'irrégularité de ses actions; elle marche, elle s'arrête, elle court, elle bondit, elle saute, s'approche, s'éloigne, se montre, se cache, ou fuit, comme par caprice et sans autre cause déterminante que celle de la vivacité bizarre de son sentiment intérieur; et toute la souplesse des organes, tout le nerf du corps, suffisent à peine à la pétulance et à la rapidité de ces mouvements, qui lui sont naturels.

On a des preuves que ces animaux sont naturellement amis de l'homme, et que dans les lieux inhabités, ils ne deviennent point sauvages. En 1698, un vaisseau anglais ayant relâché à l'île de Bonavista, deux Nègres se présentèrent à bord et offrirent *gratis* aux Anglais autant de boucs qu'ils en voudraient emporter. A l'étonnement que le capitaine marqua de cette offre, les Nègres répondirent qu'il n'y avait que douze personnes dans toute l'île, que les boucs et les chèvres s'y étaient multipliés jusqu'à devenir incommodes, et que, loin de donner beaucoup de peine à les prendre, ils suivaient les hommes avec une sorte d'obstination, comme les animaux domestiques.

Lorsqu'on conduit les chèvres avec les moutons, elles ne restent pas à leur suite; elles précèdent toujours le troupeau. Il vaut mieux les mener séparément paître sur les collines; elles aiment mieux les lieux élevés et les montagnes, même les plus escarpées; elles trouvent autant de nourriture qu'il leur en faut dans les bruyères, dans les friches, dans les terrains incultes et dans les terres stériles. Il faut les éloigner des endroits cultivés, les empêcher d'entrer dans les blés, dans les vignes, dans les bois : elles font un grand dégât dans les taillis; les arbres, dont elles broutent avec avidité les jeunes pousses et les écorces tendres, périssent presque tous. Elles craignent les lieux humides, les prairies marécageuses, les pâturages gras. On en élève rarement dans les pays de plaines; elles s'y portent mal, et leur chair est de mauvaise qualité. Dans la plupart des climats chauds, l'on nourrit des chèvres en grande quantité et on ne leur donne point d'étable; en France, elles périraient si on ne les mettait pas à l'abri pendant l'hiver. On peut se dispenser de leur donner de la litière en été, mais il leur en faut pendant l'hiver; et, comme toute humidité les incommode beaucoup, on ne les laisse pas coucher sur leur fumier et on leur donne souvent de la litière fraîche. On les fait sortir de grand matin pour les mener aux champs; l'herbe chargée de rosée, qui n'est pas bonne pour les moutons, fait grand bien aux chèvres. Comme elles sont indociles et vagabondes, un homme, quelque robuste et quelque agile qu'il soit, n'en peut guère conduire que cinquante. On ne les laisse pas sortir pendant les neiges et les frimas; on les nourrit à l'étable d'herbes et de petites branches d'arbres cueillies en automne, ou de choux, de navets, et d'autres légumes. Plus elles mangent, plus la quantité de leur lait augmente; et, pour entretenir et augmenter cette abondance de lait, on les fait beaucoup boire, et on leur donne quelquefois du salpètre ou de l'eau salée. Elles donnent du lait en quantité pendant quatre à cinq mois, et elles en donnent soir et matin.

On les engraisse de la même manière que l'on engraisse les moutons; mais, quelque soin qu'on prenne et quelque nourriture qu'on leur donne, leur chair n'est jamais aussi bonne que celle du mouton, si ce n'est dans les climats très-chauds, où la chair du mouton est fade et de mauvais goût. L'odeur forte du bouc ne vient pas de sa chair, mais de sa peau. On ne laisse pas vieillir ces animaux, qui pourraient peut-être vivre dix ou douze ans : plus ils sont vieux, plus leur chair est mauvaise. Communément les boucs et les chèvres ont des cornes; cependant il y a, quoique en moindre nombre, des chèvres et des boucs sans cornes. Ils varient aussi beaucoup par la couleur du poil. On dit que les blanches et celles qui n'ont point de cornes sont celles qui donnent le plus de lait, et que les noires sont les plus fortes et les plus robustes de toutes. Ces animaux, qui ne coûtent presque rien à nourrir, ne laissent pas de faire un produit assez considérable; on en vend la chair, le suif, le poil, et la peau. Leur lait est plus sain et meilleur que celui de la brebis : il est d'usage dans la médecine; il se caille aisément, et l'on en fait de très-bons fromages. Comme il ne contient que peu de parties butyreuses, l'on ne doit pas en séparer la crème. Les chèvres se laissent téter aisément, même par les enfants, pour lesquels leur lait est une très-bonne nourriture; elles sont, comme les vaches et les brebis, sujettes à être tétées par la couleuvre, et encore par un oiseau connu sous le nom de *tette-chèvre* ou *crapaud-volant*, qui s'attache à leur mamelle pendant la nuit, et leur fait, dit-on, perdre leur lait.

Les chèvres n'ont point de dents incisives à la mâchoire supérieure ; celles de la mâchoire inférieure tombent et se renouvellent dans le même temps et dans le même ordre que celles des brebis : les nœuds des cornes et des dents peuvent indiquer l'âge. Le nombre des dents n'est pas constant dans les chèvres ; elles en ont ordinairement moins que les boucs, qui ont aussi le poil plus rude, la barbe et les cornes plus longues que les chèvres. Ces animaux, comme les bœufs et les moutons, ont quatre estomacs et ruminent : l'espèce en est plus répandue que celle de la brebis ; on trouve des chèvres semblables aux nôtres dans plusieurs parties du monde : elles sont seulement plus petites en Guinée et dans les autres pays chauds ; elles sont plus grandes en Moscovie et dans les autres climats froids. Les chèvres d'Angora ou de Syrie, à oreilles pendantes, sont de la même espèce que les nôtres. Le mâle a les cornes à peu près aussi longues que le bouc ordinaire, mais dirigées et contournées d'une manière différente ; elles s'étendent horizontalement de chaque côté de la tête, et forment des spirales à peu près comme un tire-bourre. Les cornes de la femelle sont courtes et se recourbent en arrière, en bas et en avant, de sorte qu'elles aboutissent auprès de l'œil ; et il paraît que leur contour et leur direction varient. Le bouc et la chèvre d'Angora que nous avons vus à la ménagerie du roi les avaient telles que nous venons de les décrire, et ces chèvres ont, comme presque tous les autres animaux de Syrie, le poil très-long, très-fourni, et si fin qu'on en fait des étoffes aussi belles et aussi lustrées que nos étoffes de soie.

LE COCHON,

LE COCHON DE SIAM ET LE SANGLIER.

ous mettons ensemble le cochon, le cochon de Siam et le sanglier, parce que tous trois ne font qu'une seule et même espèce : l'un est l'animal sauvage, les deux autres sont l'animal domestique; et quoiqu'ils diffèrent par quelques marques extérieures, peut-être aussi par quelques habitudes, comme ces différences ne sont pas essentielles, qu'elles sont seulement relatives à leur condition, que leur naturel n'est pas même fort altéré par l'état de domesticité, nous n'avons pas dû les séparer.

Ces animaux sont singuliers; l'espèce en est pour ainsi dire unique; elle est isolée; elle semble exister plus solitairement qu'aucune autre; elle n'est voisine d'aucune espèce qu'on puisse regarder comme principale ni comme accessoire, telle que l'espèce du cheval relativement à celle de l'âne, ou l'espèce de la chèvre relativement à la brebis : elle n'est pas sujette à une grande variété de races comme celle du chien; elle participe de plusieurs espèces, et cependant elle diffère essentiellement de toutes. Que ceux qui veulent réduire la nature à de petits systèmes, qui veulent renfermer son immensité dans les bornes d'une formule, considèrent avec nous cet animal, et voient s'il n'échappe pas à toutes leurs méthodes. Par les extrémités il ne ressemble point à ceux qu'ils ont appelés *solipèdes*, puisqu'il a le pied divisé; il ne ressemble point à ceux qu'ils ont appelés *pieds fourchus,* puisqu'il a réellement quatre doigts au-dedans, quoiqu'il n'en paraisse que deux à l'extérieur; il ne ressemble point à ceux qu'ils ont appelés *fissipèdes,* puisqu'il ne marche que sur deux doigts, et que les deux au-

tres ne sont ni développés ni posés comme ceux des fissipèdes, ni même assez allongés pour qu'il puisse s'en servir.
Il a donc des caractères équivoques, des caractères ambigus,
dont les uns sont apparents et les autres obscurs. Dira-t-on
que c'est une erreur de la nature; que ces phalanges, ces
doigts, qui ne sont pas' assez développés à l'extérieur, ne doivent point être comptés? Mais cette erreur est constante. D'ailleurs cet animal ne ressemble point aux *pieds fourchus* par les
autres os du pied, et il en diffère encore par les caractères les
plus frappants : car ceux-ci ont des cornes et manquent de
dents incisives à la mâchoire supérieure; ils ont quatre estomacs, ils ruminent, etc. Le cochon n'a point de cornes; il a
des dents en haut comme en bas; il n'a qu'un estomac; il ne
rumine point : il est donc évident qu'il n'est ni du genre des
solipèdes ni de celui des *pieds fourchus;* il n'est pas non plus
de celui des *fissipèdes*, puisqu'il diffère de ces animaux non-
seulement par l'extrémité du pied, mais encore par les dents,
par l'estomac, par les intestins, etc. Tout ce que l'on pourrait
dire, c'est qu'il fait la nuance, à certains égards, entre les
solipèdes et les *pieds fourchus*, et à d'autres égards, entre les
pieds fourchus et les *fissipèdes;* car il diffère moins des *solipèdes* que des autres par l'ordre et le nombre des dents. Il leur
ressemble encore par l'allongement des mâchoires : il n'a,
comme eux, qu'un estomac, qui seulement est beaucoup plus
grand ; mais par une appendice qui y tient, aussi bien que par
la position des intestins, il semble se rapprocher des *pieds
fourchus* ou *ruminants*. En même temps il ressemble aux *fissipèdes* par la forme des jambes, par l'habitude du corps. Aristote est le premier qui ait divisé les animaux quadrupèdes en
solipèdes, *pieds fourchus* et *fissipèdes;* et il convient que le
cochon est d'un genre ambigu ; mais la seule raison qu'il en
donne, c'est que, dans l'Illyrie, la Péonie, et dans quelques
autres lieux, il se trouve des cochons solipèdes. Enfin il est en
tout d'une nature équivoque, ambiguë, ou, pour mieux dire,
il paraît tel à ceux qui croient que l'ordre hypothétique de
leurs idées fait l'ordre réel des choses, et qui ne voient dans
la chaîne infinie des êtres que quelques points apparents auxquels ils veulent tout rapporter.

Ce n'est point en resserrant la sphère de la nature et en la renfermant dans un cercle étroit qu'on pourra la connaître ; ce n'est point en la faisant agir par des vues particulières qu'on saura la juger ni qu'on pourra la deviner ; ce n'est point en lui prêtant nos idées qu'on approfondira les desseins de son auteur. Au lieu de resserrer les limites de sa puissance, il faut les reculer, les étendre jusque dans l'immensité ; il faut ne rien voir d'impossible, s'attendre à tout, et supposer que tout ce qui peut être, est. Les espèces ambiguës, les productions irrégulières, les êtres anormaux cesseront dès lors de nous étonner, et se trouveront aussi nécessairement que les autres dans l'ordre infini des choses ; ils en forment les nœuds, les points intermédiaires ; ils en marquent aussi les extrémités. Ces êtres sont pour l'esprit humain des exemplaires précieux, uniques, où la nature paraissant moins conforme à elle-même, se montre plus à découvert, où nous pouvons reconnaître des caractères singuliers, et des traits fugitifs qui nous indiquent que ses fins sont bien plus générales que nos vues, et que si elle ne fait rien en vain, elle ne fait rien non plus dans les desseins que nous lui supposons.

En effet, ne doit-on pas faire des réflèxions sur ce que nous venons d'exposer ? Ne doit-on pas tirer des inductions de cette singulière conformation du cochon ? Il ne paraît pas avoir été formé sur un plan original, particulier et parfait, puisqu'il est un composé des autres animaux : il a évidemment des parties inutiles, ou plutôt des parties dont il ne peut faire usage, des doigts dont tous les os sont parfaitement formés, et qui cependant ne lui servent à rien. La nature est donc bien éloignée de s'assujettir à des causes finales dans la composition des êtres[1] : pourquoi n'y mettrait-elle pas quelquefois des parties surabondantes, puisqu'elle manque si souvent d'y mettre des parties essentielles ? Combien n'y a-t-il pas d'animaux privés de sens et de membres ! Pourquoi veut-on que dans chaque individu toute partie soit utile aux autres

[1] Il est important de bien entendre cette phrase : Buffon admet les causes finales ; toutes les pages de ses écrits le prouvent. Mais il ne veut pas qu'on ait la prétention d'expliquer absolument tous les détails de la création par une raison immédiate d'utilité, ce qui serait une exagération absurde. (N. E.)

et nécessaires au tout? Ne suffit-il pas, pour qu'elles se trouvent ensemble, qu'elles ne se nuisent pas, qu'elles puissent croître sans obstacles, et se développer sans s'oblitérer mutuellement? Tout ce qui ne se nuit point assez pour se détruire, tout ce qui peut subsister ensemble, subsiste; et peut-être y a-t-il dans la plupart des êtres moins de parties relatives, utiles, ou nécessaires, que de parties indifférentes, inutiles, ou surabondantes. Mais comme nous voulons toujours tout rapporter à un certain but, lorsque les parties n'ont pas des usages apparents, nous leur supposons des usages cachés; nous imaginons des rapports qui n'ont aucun fondement, qui n'existent point dans la nature des choses, et qui ne servent qu'à l'obscurcir : nous ne faisons pas attention que nous altérons la philosophie, que nous en dénaturons l'objet, qui est de connaître le *comment* des choses, la manière dont la nature agit, et que nous substituons à cet objet réel une idée vaine, en cherchant à deviner le *pourquoi* des faits, la fin qu'elle se propose en agissant[1].

C'est pour cela qu'il faut recueillir avec soin les exemples qui s'opposent à cette prétention, qu'il faut insister sur les faits capables de détruire un préjugé général auquel nous nous livrons par goût, une erreur de méthode que nous adoptons par choix, quoiqu'elle ne tende qu'à voiler notre ignorance, et qu'elle soit inutile, et même opposée à la recherche et à la découverte des effets de la nature. Nous pouvons, sans sortir de notre sujet, donner d'autres exemples par lesquels ces fins que nous supposons si vainement à la nature sont évidemment démenties.

Les phalanges ne sont faites, dit-on, que pour former des doigts : cependant il y a dans le cochon des phalanges inutiles, puisqu'elles ne forment pas des doigts dont il puisse se servir; et dans les animaux à pied fourchu, il y a de petits os qui ne forment pas même des phalanges. Si c'est là le but de la nature, n'est-il pas évident que dans le cochon elle n'a exécuté que la moitié de son projet, et que dans les autres à

---

[1] La fin des choses tient à leur nature, et la philosophie doit s'en occuper.   (N. E.)

peine l'a-t-elle commencé? Ceci ne prouve-t-il pas que ce n'est pas par des causes finales que nous pouvons juger des ouvrages de la nature; que nous ne devons pas lui prêter d'aussi petites vues, la faire agir par des convenances morales, mais examiner comment elle agit en effet, et employer pour la connaître tous les rapports physiques que nous présente l'immense variété de ces productions? J'avoue que cette méthode, la seule qui puisse nous conduire à quelques connaissances réelles, est incomparablement plus difficile que l'autre, et qu'il y a une infinité de faits dans la nature, auxquels, comme aux exemples précédents, il ne paraît guère possible de l'appliquer avec succès.

Mais je ne fais ici qu'indiquer la vraie route, et ce n'est pas le lieu de la suivre plus loin.

Aux singularités que nous avons déjà rapportées, nous devons en ajouter une autre; c'est que la graisse du cochon est différente de celle de presque tous les autres animaux quadrupèdes, non-seulement par sa consistance et sa qualité, mais aussi par sa position dans le corps de l'animal. La graisse de l'homme et des animaux qui n'ont point de suif, comme le chien, le cheval, etc., est mêlée avec la chair assez également; le suif dans le bélier, le bouc, le cerf, etc., ne se trouve qu'aux extrémités de la chair : mais le lard du cochon n'est ni mêlé avec la chair ni ramassé aux extrémités de la chair; il la recouvre partout, et forme une couche épaisse, distincte et continue entre la chair et la peau. Le cochon a cela de commun avec la baleine et les autres animaux cétacés, dont la graisse n'est qu'une espèce de lard à peu près de la même consistance, mais plus huileux que celui du cochon. Ce lard, dans les animaux cétacés, forme aussi sous la peau une couche de plusieurs pouces d'épaisseur qui enveloppe la chair.

Encore une singularité, même plus grande que les autres; c'est que le cochon ne perd aucune de ses premières dents. Les autres animaux, comme le cheval, l'âne, le bœuf, la brebis, la chèvre, le chien, et même l'homme, perdent tous leurs premières dents incisives : ces dents de lait sont bientôt remplacées par d'autres. Dans le cochon, au contraire, les

dents de lait ne tombent jamais; elles croissent même pen
dant toute la vie. Il a six dents au-devant de la mâchoire
inférieure, qui sont incisives et tranchantes; il a aussi à la
mâchoire supérieure six dents correspondantes : mais, par
une imperfection qui n'a pas d'exemple dans la nature, ces
six dents de la mâchoire supérieure sont d'une forme très-
différente de celle des dents de la mâchoire inférieure; au
lieu d'être incisives et tranchantes, elles sont longues et
émoussées à la pointe, en sorte qu'elles forment un angle
presque droit avec celles de la mâchoire inférieure, et qu'elles
ne s'appliquent que très-obliquement les unes contre les autres par leurs extrémités.

Il n'y a que le cochon, et deux ou trois autres espèces
d'animaux, qui aient des défenses ou des dents canines très-
allongées : elles diffèrent des autres dents en ce qu'elles
sortent au dehors et qu'elles croissent pendant toute la vie.
Dans l'éléphant et la vache marine elles sont cylindriques
et longues de quelques pieds, dans le sanglier et le cochon
mâle elles se courbent en portion de cercle, elles sont plates
et tranchantes, et j'en ai vu de neuf à dix pouces de longueur. Elles sont enfoncées très-profondément dans l'alvéole,
et elles ont aussi, comme celles de l'éléphant, une cavité
à leur extrémité supérieure : mais l'éléphant et la vache
marine n'ont de défenses qu'à la mâchoire supérieure; ils
manquent même de dents canines à la mâchoire inférieure,
au lieu que le cochon mâle et le sanglier en ont aux deux
mâchoires, et celles de la mâchoire inférieure sont plus utiles
à l'animal; elles sont aussi plus dangereuses, car c'est avec
les défenses d'en bas que le sanglier blesse.

La truie, la laie, ont aussi ces quatre dents canines à la
mâchoire inférieure; mais elles croissent beaucoup moins
que celles du mâle, et ne sortent presque point au dehors.
Outre ces seize dents, savoir, douze incisives et quatre canines, ils ont encore vingt-huit dents mâchelières; ce qui
fait en tout quarante-quatre dents. Le sanglier a les défenses
plus grandes, le boutoir plus fort, et la hure plus longue
que le cochon domestique; il a aussi les pieds plus gros,
les pinces plus séparées, et le poil toujours noir.

De tous les quadrupèdes, le cochon paraît être l'animal le plus brut : les imperfections de la forme semblent influer sur le naturel; toutes ses habitudes sont grossières, tous ses goûts sont immondes; toutes ses sensations se réduisent à une luxure furieuse et à une gourmandise brutale, qui lui fait dévorer indistinctement tout ce qui se présente, et même sa progéniture au moment qu'elle vient de naître. Sa voracité dépend apparemment du besoin continuel qu'il a de remplir la grande capacité de son estomac, et la grossièreté de ses appétits, de l'hébétation des sens du goût et du toucher. La rudesse du poil, la dureté de la peau, l'épaisseur de la graisse, rendent ces animaux peu sensibles aux coups : l'on a vu des souris se loger sur leurs dos, et leur manger le lard et la peau sans qu'ils parussent le sentir. Ils ont donc le toucher fort obtus, et le goût aussi grossier que le toucher : leurs autres sens sont bons; les chasseurs n'ignorent pas que les sangliers voient, entendent, et sentent de fort loin, puisqu'ils sont obligés, pour les surprendre, de les attendre en silence pendant la nuit, et de se placer au-dessous du vent pour dérober à leur odorat les émanations qui les frappent de loin, et toujours assez vivement pour leur faire sur-le-champ rebrousser chemin.

Cette imperfection dans les sens du goût et du toucher est encore augmentée par une maladie qui les rend ladres, c'est-à-dire presque absolument insensibles, et de laquelle il faut peut-être moins chercher la première origine dans la texture de la chair ou de la peau de cet animal, que dans sa malpropreté naturelle, et dans la corruption qui doit résulter des nourritures infectes dont il se remplit quelquefois; car le sanglier, qui n'a point de pareilles ordures à dévorer, et qui vit ordinairement de grains, de fruits, de glands, et de racines, n'est point sujet à cette maladie, non plus que le jeune cochon pendant qu'il tète : on ne la prévient même qu'en tenant le cochon domestique dans une étable propre, et en lui donnant abondamment des nourritures saines. Sa chair deviendra même excellente au goût, et le lard ferme et cassant, si, comme je l'ai vu pratiquer, on le tient pendant quinze jours ou trois semaines, avant de le tuer, dans une

étable pavée et toujours propre, sans litière, en ne lui donnant alors pour toute nourriture que du grain de froment
pur et sec, et ne le laissant boire que très-peu. On choisit
pour cela un jeune cochon d'un an, en bonne chair et à moitié
gras.

La manière ordinaire de les engraisser est de leur donner
abondamment de l'orge, du gland, des choux, des légumes
cuits, et beaucoup d'eau mêlée de son : en deux mois ils
sont gras; le lard est abondant et épais, mais sans être bien
ferme ni bien blanc, et la chair, quoique bonne, est toujours
un peu fade. On peut encore les engraisser avec moins de
dépense dans les campagnes où il y a beaucoup de glands,
en les menant dans les forêts pendant l'automne, lorsque
les glands tombent, et que la châtaigne et la faine quittent
leurs enveloppes. Ils mangent également de tous les fruits
sauvages, et ils engraissent en peu de temps, surtout si
le soir, à leur retour, on leur donne de l'eau tiède mêlée
d'un peu de son et de farine d'ivraie; cette boisson les fait
dormir, et augmente tellement leur embonpoint, qu'on en
a vu ne pouvoir plus marcher ni presque se remuer. Ils
engraissent aussi beaucoup plus promptement en automne
dans le temps des premiers froids, tant à cause de l'abondance des nourritures, que parce qu'alors la transpiration
est moindre qu'en été.

Il est assez rare qu'on les laisse vivre deux ans; cependant
ils croissent encore beaucoup pendant le second, et ils conti-
nueraient de croître pendant la troisième, la quatrième, la
cinquième, etc., année. Ceux que l'on remarque parmi les
autres par la grandeur et la grosseur de leur corpulence ne
sont que des cochons plus âgés que l'on a mis plusieurs fois
à la glandée. Il paraît que la durée de leur accroissement ne
se borne pas à quatre ou cinq ans : les *verrats* ou *cochons
mâles*, que l'on garde pour la propagation de l'espèce, gros-
sissent encore à cinq ou six ans; et plus un sanglier est
vieux, plus il est gros, dur et pesant.

La durée de la vie d'un sanglier peut s'étendre jusqu'à
vingt-cinq ou trente ans. Aristote dit vingt ans pour les cochons en général... On ne souffre pas que la truie domestique

allaite ses petits pendant plus de deux mois ; on commence même, au bout de trois semaines, à les mener aux champs avec la mère, pour les accoutumer peu à peu à se nourrir comme elle : on les sèvre cinq semaines après, et on leur donne soir et matin du petit lait mêlé de son, ou seulement de l'eau tiède avec des légumes bouillis.

Ces animaux aiment beaucoup les vers de terre et certaines racines, comme celles de la carotte sauvage : c'est pour trouver ces vers et pour couper ces racines qu'ils fouillent la terre avec leur boutoir. Le sanglier, dont la hure est plus longue et plus forte que celle du cochon, fouille plus profondément ; il fouille aussi presque toujours en ligne droite dans le même sillon, au lieu que le cochon fouille çà et là, et plus légèrement. Comme il fait beaucoup de dégâts, il faut l'éloigner des terrains cultivés, et ne le mener que dans les bois et sur les terres qu'on laisse reposer.

On appelle, en terme de chasse, *bêtes de compagnie*, les sangliers qui n'ont pas passé trois ans, parce que jusqu'à cet âge ils ne se séparent pas les uns des autres, et qu'ils suivent tous leur mère commune : ils ne vont seuls que quand ils sont assez forts pour ne plus craindre les loups. Ces animaux forment donc d'eux-mêmes des espèces de troupes, et c'est de là que dépend leur sûreté : lorsqu'ils sont attaqués, ils résistent par le nombre, ils se secourent, se défendent ; les plus gros font face en se pressant en rond les uns contre les autres, et en mettant les plus petits au centre. Les cochons domestiques se défendent aussi de la même manière, et l'on n'a pas besoin de chiens pour les garder ; mais, comme ils sont indociles et durs, un homme agile et robuste n'en peut guère conduire que cinquante. En automne et en hiver, on les mène dans les forêts, où les fruits sauvages sont abondants ; l'été, on les conduit dans les lieux humides et marécageux, où ils trouvent des vers et des racines en quantité ; et au printemps, on les laisse aller dans les champs et sur les terres en friche. On les fait sortir deux fois par jour, depuis le mois de mars jusqu'au mois d'octobre ; on les laisse paître depuis le matin, après que la rosée est dissipée, jusqu'à dix heures, et depuis deux heures après midi jusqu'au soir. En hiver, on ne les mène qu'une fois par jour dans les beaux temps : la rosée, la neige, et la pluie, leur sont contraires. Lorsqu'il survient un orage ou seulement une pluie fort abondante, il est assez ordinaire de les voir déserter les uns après les autres, et s'enfuir en courant et toujours criant jusqu'à la porte de leur étable; les plus jeunes sont ceux qui crient le plus et le plus haut : ce cri est différent de leur grognement ordinaire, c'est un cri de douleur semblable aux premiers cris qu'ils jettent lorsqu'on les garrotte pour les égorger. Le mâle crie moins que la femelle. Il est rare d'entendre le sanglier jeter un cri, si ce n'est lorsqu'il se bat et qu'un autre le blesse; la laie crie plus souvent : et quand ils sont surpris et effrayés subitement, ils soufflent avec tant de violence qu'on les entend à une grande distance.

Quoique ces animaux soient fort gourmands, ils n'attaquent ni ne dévorent pas, comme les loups, les autres animaux; cependant ils mangent quelquefois de la chair corrompue : on a vu des sangliers manger de la chair de cheval, et nous avons trouvé dans leur estomac de la peau de chevreuil et des pattes d'oiseau, mais c'est peut-être plutôt nécessité qu'instinct. Cependant on ne peut nier qu'ils ne soient avides de sang et de chair sanguinolente et fraîche, puisque les cochons mangent leurs petits, et même des enfants au berceau : dès qu'ils trouvent quelque chose de succulent, d'humide, de gras, et d'onctueux, ils le lèchent, et finissent bientôt par l'avaler. J'ai vu plusieurs fois un troupeau entier de ces animaux s'arrêter, à leur retour des champs, autour d'un monceau de terre glaise nouvellement tirée; tous léchaient cette terre, qui n'était que très-légèrement onctueuse, et quelques-uns en avalaient une assez grande quantité. Leur gourmandise est, comme l'on voit, aussi grossière que leur naturel est brutal : ils n'ont aucun sentiment bien distinct; les petits reconnaissent à peine leur mère, ou du moins sont fort sujets à se méprendre, et à téter la première truie qui leur laisse saisir ses mamelles. La crainte et la nécessité donnent apparemment un peu plus de sentiment et d'instinct aux cochons sauvages; il semble que les petits soient fidèlement attachés à leur mère, qui paraît être aussi plus attentive à leurs besoins que ne l'est la truie domestique.

On chasse le sanglier à force ouverte, avec des chiens, ou bien on le tue par surprise pendant la nuit au clair de la lune : comme il ne fuit que lentement, qu'il laisse une odeur très-forte, qu'il se défend contre les chiens et les blesse toujours dangereusement, il ne faut pas le chasser avec les bons chiens courants destinés pour le cerf et le chevreuil ; cette chasse leur gâterait le nez, et les accoutumerait à aller lentement : des mâtins un peu dressés suffisent pour la chasse du sanglier. Il ne faut attaquer que les plus vieux, on les connaît aisément aux traces : un jeune sanglier de trois ans est difficile à forcer, parce qu'il court très-loin sans s'arrêter, au lieu qu'un sanglier plus âgé ne fuit pas loin, se laisse chasser de près, n'a pas grand'peur des chiens, et s'arrête souvent pour leur faire tête. Le jour, il reste ordinairement dans sa bauge, au plus épais et dans le plus fort du bois ; le soir, à la nuit, il en sort pour chercher sa nourriture : en été, lorsque les grains sont mûrs, il est assez facile de le surprendre dans les blés et dans les avoines, où il fréquente toutes les nuits. Au reste, il n'y a que la hure qui soit bonne dans un vieux sanglier ; au lieu que toute la chair du marcassin, et celle du jeune sanglier qui n'a pas encore un an, est délicate et même assez fine. Celle du verrat, ou cochon domestique mâle, est encore plus mauvaise que celle du sanglier.

Pour peu qu'on ait habité la campagne, on n'ignore pas les profits qu'on tire du cochon : sa chair se vend à peu près autant que celle du bœuf ; le lard se vend au double, et même au triple ; le sang, les boyaux, les viscères, les pieds, la langue, se préparent et se mangent. Le fumier du cochon est plus froid que celui des autres animaux, et l'on ne doit s'en servir que pour les terres trop chaudes et trop sèches. La graisse des intestins et de l'épiploon, qui est différente du lard, fait le saindoux et le vieux oing. La peau a ses usages, on en fait des cribles, comme l'on fait aussi des vergettes, des brosses, des pinceaux avec les soies. La chair de cet animal prend mieux le sel, le salpêtre, et se conserve salée plus longtemps qu'aucune autre.

Cette espèce, quoique abondante et fort répandue en Europe, en Asie, et en Afrique, ne s'est point trouvée dans le continent du Nouveau-Monde; elle y a été transportée par les Espagnols, qui ont jeté des cochons noirs dans le continent et dans presque toutes les grandes îles de l'Amérique; ils se sont multipliés, et sont devenus sauvages en beaucoup d'endroits : ils ressemblent à nos sangliers; ils ont le corps plus court, la hure plus grosse, et la peau plus épaisse, que les cochons domestiques, qui, dans les climats chauds, sont tous noirs comme les sangliers.

Par un de ces préjugés ridicules que la seule superstition peut faire subsister, les mahométans sont privés de cet animal utile : on leur a dit qu'il était immonde; ils n'osent donc ni le toucher ni s'en nourrir. Les Chinois, au contraire, ont beaucoup de goût pour la chair du cochon; ils en élèvent de nombreux troupeaux; c'est leur nourriture la plus ordinaire, et c'est ce qui les a empêchés, dit-on, de recevoir la loi de Mahomet. Ces cochons de la Chine, qui sont aussi de Siam et de l'Inde, sont un peu différents de ceux de l'Europe; ils sont plus petits, ils ont les jambes beaucoup plus courtes; leur chair est plus blanche et plus délicate : on les connaît en France, quelques personnes en élèvent. Les Nègres élèvent aussi une grande quantité de cochons; et, quoiqu'il y en ait peu chez les Maures et dans tous les pays habités par les mahométans, on trouve en Afrique et en Asie des sangliers aussi abondamment qu'en Europe.

Ces animaux n'affectent donc point de climat particulier; seulement il paraît que dans les pays froids le sanglier, en devenant animal domestique, a plus dégénéré que dans les pays chauds. Un degré de température de plus suffit pour changer leur couleur : les cochons sont communément blancs dans nos provinces septentrionales de France, et même en Vivarais, tandis que dans la province du Dauphiné, qui en est très-voisine, ils sont tous noirs; ceux de Languedoc, de Provence, d'Espagne, d'Italie, des Indes, de la Chine et de l'Amérique, sont aussi de même couleur. Le cochon de Siam ressemble plus que le cochon de France au sanglier. Un des signes les plus évidents de la dégénération sont les oreilles ; elles deviennent d'autant plus souples, d'autant plus molles, plus inclinées, et plus pendantes, que l'animal est plus altéré, ou, si l'on veut, plus adouci par l'éducation et par l'état de domesticité : et en effet le cochon domestique a les oreilles beaucoup moins raides, beaucoup plus longues, et plus inclinées, que le sanglier, qu'on doit regarder comme le modèle de l'espèce.

Sur le Cochon de Siam ou de la Chine.

* L'espèce du cochon est, comme nous l'avons dit, l'une des plus universellement répandues. MM. Cook et Forster l'ont trouvée aux îles de la Société, aux Marquises, aux îles des Amis, aux nouvelles Hébrides. « Il n'y a, disent-ils, » dans toutes ces îles de la mer du Sud, que deux espèces » d'animaux domestiques, le cochon et le chien. La race des » cochons est celle de la Chine (ou de Siam) ; ils ont le corps » et les jambes courtes, le ventre pendant jusqu'à terre, » les oreilles droites, et très-peu de soies. Je n'en ai jamais » mangé, dit M. Forster, qui fût aussi succulente et qui eût » la graisse d'un goût aussi agréable. Cette qualité ne peut » être attribuée qu'à l'excellente nourriture qu'ils prennent : » ils se nourrissent surtout de fruits à pain frais, ou de la » pâte aigrie de ce fruit, d'ignames, etc. Il y en a une grande » quantité aux îles de la Société : on en voit autour de pres- » que toutes les cabanes..... Ils sont abondants aussi aux » Marquises et à Amsterdam, l'une des îles des Amis ; mais » ils sont plus rares aux îles occidentales des nouvelles Hé- » brides. »

Le Cochon de Guinée.

Quoique cet animal diffère du cochon ordinaire par quelques caractères assez marqués, je présume néanmoins qu'il est de la même espèce, et que ces différences ne sont que des variétés produites par l'influence du climat ; nous en avons l'exemple dans le cochon de Siam, qui diffère aussi du cochon d'Europe, et qui cependant est certainement de la même espèce. Le cochon de Guinée est à peu près de la même figure que notre cochon, et de la même grosseur que le cochon de Siam, c'est-à-dire plus petit que notre sanglier ou que notre cochon. Il est originaire de Guinée, et a été transporté au Brésil, où il s'est multiplié comme dans son pays natal ; il y est domestique et tout à fait privé ; il a le poil court, roux, et brillant ; il n'a pas de soies, pas même sur le dos ; le cou seulement et la croupe près de l'origine de la queue sont couverts de poils un peu plus longs que ceux du reste du corps : il n'a pas la tête si grosse que le cochon d'Europe, et il en diffère encore par la forme des oreilles, qu'il a très-longues, très-pointues, et couchées en arrière le long du cou ; sa queue est aussi beaucoup plus longue, elle touche presque à terre, et elle est sans poil jusqu'à son extrémité. Au reste, cette race de cochon, qui, selon Marcgrave, est originaire de Guinée, se trouve en Asie, et particulièrement dans l'île de Java, d'où il paraît qu'elle a été transportée au cap de Bonne-Espérance par les Hollandais.

Le Sanglier du cap Vert.

Il y a dans les terres voisines du cap Vert un autre cochon ou sanglier qui, par le nombre des dents et par l'énormité des deux défenses de la mâchoire supérieure, nous paraît être d'une race et peut-être même d'une espèce différente de tous les autres cochons, et s'approcher un peu du babiroussa. Les défenses du dessus ressemblent plus à des cornes d'ivoire qu'à des dents; elles ont un demi-pied de longueur et cinq pouces de circonférence à la base, et elles sont courbées et recourbées à peu près comme les cornes d'un taureau. Ce caractère seul ne suffirait pas pour qu'on dût regarder ce sanglier comme une espèce particulière; mais, ce qui semble fonder cette présomption, c'est qu'il diffère encore de tous les autres cochons par la longue ouverture de ses narines, par la grande largeur et la forme de ses mâchoires, et par le nombre et la figure des dents mâchelières. Cependant nous avons vu les défenses d'un sanglier tué dans nos bois de Bourgogne qui approchaient un peu de celles de ce sanglier du cap Vert : ces défenses avaient environ trois pouces et demi de long sur quatre pouces de circonférence à la base; elles étaient contournées comme les cornes d'un taureau; c'est-à-dire qu'elles avaient une double courbure, au lieu que les défenses ordinaires n'ont qu'une simple courbure en portion de cercle; elles paraissaient être aussi d'un ivoire solide, et il est certain que ce sanglier devait avoir la mâchoire plus large que les autres : ainsi nous pouvons présumer, avec quelque fondement, que ce sanglier du cap Vert est une simple variété, une race particulière dans l'espèce du sanglier ordinaire.

*Nous avons donné une notice au sujet d'un animal qui se trouve en Afrique et que nous avons appelé *sanglier du cap Vert*. Nous avons dit que, par l'énormité des deux défenses de la mâchoire supérieure, il nous paraissait être d'une race et peut-être même d'une espèce différente de tous les autres cochons, desquels il diffère encore par la longue ouverture de ses narines, et par la grande largeur et la forme de ses mâchoires; que néanmoins nous avons vu les défenses d'un sanglier tué dans nos bois de Bourgogne qui approchaient un peu de celles de ce sanglier du cap Vert, puisque ces défenses avaient environ trois pouces et demi de long sur quatre pouces de circonférence à la base, etc.; ce qui nous faisait présumer, avec quelque fondement, que ce sanglier du cap Vert pouvait être une simple variété et non pas une espèce particulière dans le genre des cochons. M. Allamand, très-célèbre professeur en histoire naturelle à Leyde, eut la bonté de nous envoyer la gravure de cet animal, et ensuite il écrivit à M. Daubenton dans les termes suivants :

« Je crois avec vous, monsieur, que le sanglier représenté
» dans la planche que je vous ai envoyée est le même que ce-
» lui que vous avez désigné par le nom de *sanglier du cap Vert*.
» Cet animal est encore vivant (5 mai 1767) dans la ménagerie
» de M. le prince d'Orange. Je vais de temps en temps lui
» rendre visite, et cela toujours avec un nouveau plaisir. Je
» ne puis me lasser d'admirer la forme singulière de sa tête.
» J'ai écrit au gouverneur du cap de Bonne-Espérance, pour
» le prier de m'en envoyer un autre, s'il est possible ; ce que
» je n'ose pas espérer, parce qu'au Cap même il a passé pour
» un monstre, tel que personne n'en avait jamais vu de sem-
» blable. Si, contre toute espérance, il m'en vient un, je l'en-
» verrai en France, afin que M. de Buffon et vous le voyiez.

M. Allamand dit, dans la même lettre, que ce qu'il y a de
plus singulier dans ce cochon c'est la tête ; qu'elle diffère beaucoup de celle de nos cochons, surtout par deux appendices
extraordinaires en forme d'oreilles qu'il a à côté des yeux.

Tout cela semble prouver qu'il est d'une espèce différente
de nos cochons. Cependant, comme il est beaucoup plus voisin du cochon que d'aucun autre animal, et qu'il se trouve
non-seulement dans les terres voisines du cap Vert, mais encore dans celles du cap de Bonne-Espérance, nous l'appellerons le *sanglier d'Afrique ;* et nous allons en donner l'histoire
et la description par extrait d'après MM. Pallas et Vosmaër.

Celui-ci l'appelle *porc à large groin,* ou *sanglier d'Afrique ;*
il le distingue, avec raison, du porc de Guinée à longues
oreilles pointues, et du pécari ou tacaju d'Amérique, et aussi
du babiroussa des Indes.

« M. de Buffon, dit-il, parlant d'une partie des mâchoires,
» de la queue et des pieds d'un sanglier extraordinaire du cap
» Vert, qu'on conserve dans le cabinet du roi, dit qu'il y a
» des dents de devant à ces mâchoires ; or elles manquent à
» notre sujet. »

Et de là M. Vosmaër insinue que ce n'est pas le même animal ; cependant on vient de voir que M. Allamand pense,
comme moi, que ce sanglier du cap Vert, dont je n'avais vu

qu'une partie de la tête, se trouve néanmoins être le même porc à large groin que M. Vosmaër dit être inconnu à tous les naturalistes.

M. Tulbagh, gouverneur du cap de Bonne-Espérance, qui a envoyé ce sanglier, a écrit qu'il avait été pris entre la Cafrerie et le pays des grands Namaquas, à environ deux cents lieues du Cap, ajoutant que c'était le premier de cette espèce qu'on eût vu en vie. M. Vosmaër reçut aussi la peau d'un animal de même espèce qui paraissait différer à plusieurs égards de celle de l'animal vivant.

« On avait mis cet animal dans une cage de bois; et comme » j'étais prévenu, dit M. Vosmaër, qu'il n'était pas méchant, » je fis ouvrir la porte de sa cage. Il sortit sans donner aucune » marque de colère; il courait bondissant gaiement ou fure- » tant pour trouver quelque nourriture, et prenait avidement » ce que nous lui présentions: ensuite, l'ayant laissé seul pen- » dant quelques moments, je le trouvai, à mon retour, fort » occupé à fouiller en terre, où, nonobstant le pavé fait de » petites briques bien liées, il avait déjà fait un trou d'une » grandeur incroyable, pour se rendre maître, comme nous le » découvrimes ensuite, d'une rigole très-profonde qui pas- » sait au-dessous. Je le fis interrompre dans son travail, et » ce ne fut qu'avec beaucoup de peine, et avec l'aide de plu- » sieurs hommes, qu'on vint à bout de vaincre sa résistance, » et de le faire rentrer dans sa cage, qui était à claire-voie. » Il marqua son chagrin par des cris aigus et lamentables. On » peut croire qu'il a été pris jeune dans les bois de l'Afrique, » car il paraît avoir grandi considérablement ici; il est encore » vivant (dit l'auteur, dont l'ouvrage a été imprimé en 1767). » Il a très-bien passé l'hiver dernier, quoique le froid ait été » fort rude, et qu'on l'ait tenu enfermé la plus grande partie » du temps.

» Il semble l'emporter en agilité sur les porcs de notre » pays; il se laisse frotter volontiers de la main et même avec » un bâton : il semble qu'on lui fait encore plus de plaisir en » le frottant rudement; c'est de cette manière qu'on est venu » à bout de le faire demeurer tranquille pour le dessiner. » Quand on l'agace ou qu'on le pousse, il se recule en arrière,

» faisant toujours face du côté qu'il se trouve assailli, et se-
» couant ou heurtant vivement de la tête. Après avoir été
» longtemps enfermé, si on le lâche il paraît fort gai ; il saute
» et donne la chasse aux daims et aux autres animaux, en
» redressant la queue, qu'autrement il porte pendante. Il ex-
» hale une forte odeur, que je ne puis comparer, et que je ne
» trouve pas désagréable. Quand on le frotte de la main, cette
» odeur approche beaucoup de celle du fromage vert. Il mange
» de toutes sortes de graines, sa nourriture à bord du vais-
» seau était le maïs et de la verdure autant qu'on en avait ;
» depuis qu'il a goûté ici de l'orge et du blé sarrazin, avec
» lesquels on nourrit plusieurs autres animaux de la ména-
» gerie, il s'est décidé préférablement pour cette mangeaille
» et pour les racines d'herbes et de plantes qu'il fouille dans
» la terre. Le pain de seigle est ce qu'il aime le mieux ; il suit
» les personnes qui en ont. Lorsqu'il mange, il s'appuie fort
» en avant sur ses genoux courbés ; ce qu'il fait aussi en bu-
» vant, en humant l'eau de la surface, et il se tient souvent
» dans cette position sur les genoux des pieds de devant. Il a
» l'ouïe et l'odorat très-bons ; mais il a la vue bornée, tant par
» la petitesse que par la situation de ses yeux, qui l'empê-
» chent de bien apercevoir les objets qui sont autour de lui,
» les yeux se trouvant non-seulement placés beaucoup plus
» haut et plus près l'un de l'autre que dans les autres porcs,
» mais étant encore à côté et en dessous plus ou moins offus-
» qués par deux lambeaux que bien des gens prennent pour
» de doubles oreilles. Il a plus d'intelligence que le porc ordi-
» naire.

» La tête est d'une figure affreuse ; la forme aplatie et large
» du nez, jointe à la longueur extraordinaire de la tête, à son
» large groin, aux lambeaux singuliers, aux protubérances
» pointues, saillantes des deux côtés de ses yeux, et à ses
» fortes défenses, tout cela lui donne un aspect des plus mons-
» trueux.

Dimensions prises (pied du Rhin).

	pieds.	pouces.
Longueur du corps entier......................	4	3
Hauteur du train de devant....................	2	3

	pieds.	pouces.
Hauteur du train de derrière.....................	4	11 11/16
La plus grande épaisseur du corps..............	3	1
La moindre épaisseur du corps, près des cuisses...	2	10 1/2
Longueur de la tête jusque entre les oreilles.......	1	3
Largeur de la tête entre les lambeaux.............	»	9 1/2
Largeur du groin entre les défenses.............	»	6 15/16
Longueur de la queue.........................	»	11 13/16

» La forme du corps approche assez de celle de notre co-
» chon domestique. Il me paraît plus petit, ayant le dos plus
» aplati en dessus, et les pieds plus courts.

» La tête, en comparaison de celle des autres porcs, est
» difforme, tant par la structure que par sa grandeur. Le mu-
» seau est fort large, aplati, et très-dur. Le nez est mobile, à
» côté un peu recourbé vers le bas et coupé obliquement. Les
» narines sont grandes, éloignées l'une de l'autre; elles ne se
» voient que quand on soulève la tête. La lèvre supérieure est
» dure et épaisse, à côté, près des défenses, par dessus et
» autour desquelles elle est fort avancée et pendante, for-
» mant, surtout derrière les défenses, une fraise demi-ovale
» pendante et cartilagineuse qui couvre les coins du mu-
» seau.

» Cet animal n'a point de dents de devant ni en dessus ni
» en dessous; mais les gencives antérieures sont lisses, arron-
» dies et dures.

» Les défenses, à la mâchoire supérieure, sont à leur base
» d'un bon pouce d'épaisseur, recourbées et saillantes de cinq
» pouces et demi dans leur ligne courbe, fort écartées en
» dehors et se terminant en une pointe obtuse; elles sont
» aussi, à côté de chacune, pourvues d'une espèce de raie ou
» cannelure : celles de la mâchoire inférieure sont beaucoup
» plus petites, moins recourbées, presque triangulaires, et
» usées par leur frottement continuel contre les défenses su-
» périeures; elles paraissent comme obliquement coupées. Il y
» a des dents molaires; mais elles sont fort en arrière dans le
» museau, et la résistance de l'animal nous a empêché de les
» voir.

» Les yeux, à proportion de la tête, sont petits, placés plus

» haut dans la tête et plus près l'un de l'autre et des oreilles
» que dans le porc commun. L'iris est d'un brun foncé sur
» une cornée blanche. Les paupières supérieures sont garnies
» de cils bruns, raides, droits et fort serrés, plus longs au
» milieu que des deux côtés ; les paupières inférieures en sont
» dépourvues.

» Les oreilles sont assez grandes, plus rondes que pointues,
» en dedans fort velues de poil jaune ; elles se renversent en
» arrière contre le corps. Sous les yeux on aperçoit une espèce
» de petit sac bulbeux ou glanduleux, et immédiatement au-
» dessous se font voir deux pellicules rondes, plates, épaisses,
» droites et horizontales, que j'appelle *lambeaux des yeux*;
» leur longueur et largeur est d'environ deux pouces un
» quart..... Sur une ligne droite entre ces pellicules et le mu-
» seau paraît, de chaque côté de la tête, une protubérance
» dure, ronde et pointue, saillante en dehors.

» La peau semble fort épaisse et remplie de lard aux endroits
» ordinaires, mais détendue au cou, aux aines, et au fanon;
» en quelques endroits elle paraît légèrement cannelée, iné-
» gale, et comme si la peau supérieure muait par intervalles.
» Sur tout le corps se montrent quelques poils clair-semés,
» comme en petites brosses de trois, quatre et cinq poils, qui
» sont plus ou moins longs et posés en ligne droite les uns
» près des autres. Le front, entre les oreilles, paraît ridé, et
» il est garni de poils blancs et bruns fort serrés, qui, partant
» du centre, s'aplatissent ou s'abaissent de plus en plus. De
» là, vers le bas du museau, descend au milieu de la tête une
» bande étroite de poils noirs et gris, qui, partant du milieu,
» s'abattent de chaque côté de la tête ; du reste, ils sont clair-
» semés. C'est principalement sur la nuque du cou et sur la
» partie antérieure du dos qu'il y a le plus de soies, qui sont
» aussi les plus serrées et les plus longues : leur couleur est
» le brun obscur et le gris ; quelques-unes ont jusqu'à huit
» pouces de longueur avec l'épaisseur de celles des porcs com-
» muns, et se fendent de même. Toutes ces soies ne sont pas
» droites, mais légèrement inclinées. Plus loin, sur le dos,
» elles s'éclaircissent et diminuent tellement en nombre qu'elles
» laissent voir partout la peau nue. Du reste, les flancs, le

» poitrail et le ventre, les côtés de la tête et le cou, sont gar-
» nis de petites soies blanches.

» Les pieds sont conformes à ceux de nos porcs, divisés en
» deux ongles pointus et noirs. Les faux onglets posent aussi
» à terre, mais sont pendants la plupart du temps. La queue
» est nue, perpendiculairement pendante, rase, et se termine
» presque en pointe.

» La couleur de l'animal est noirâtre à la tête, mais d'un
» gris roux clair sur le reste du dos et du ventre. »

Comparé avec la peau d'un autre sujet de même espèce, et
venu de même du cap de Bonne-Espérance, M. Vosmaër a remarqué que la tête de ce dernier était plus petite et le museau
moins large : « Il lui manquait les deux lambeaux sous les
» yeux; cependant on y voyait de petites éminences qui en
» paraissent être les bases ou principes : mais il n'y avait
» point ces protubérances rondes et pointues qui sont placées
» en ligne droite entre ces lambeaux des yeux et le museau;
» en revanche, les défenses sont beaucoup plus grandes, les
» supérieures, qui ont des deux côtés une profonde fossette ou
» canelure, et qui se terminent en pointes aiguës sortant de
» plus de six pouces et demi des côtés du museau, et les infé-
» rieures de deux pouces et demi : celles-ci par leur frottement
» contre les premières, sont obliquement usées, et par là fort
» aiguës. La grandeur des défenses du dernier sujet montre
» assez que cette peau ne peut être d'un jeune animal. Au
» reste, je n'ai trouvé aucune différence aux pieds. »

M. Vosmaër termine ainsi cette description, et soupçonne
que ces différences qu'il vient d'indiquer peuvent provenir de
la différence du sexe. Pour moi, je ne suis pas encore convaincu que ce sanglier d'Afrique ne soit pas une simple variété de notre cochon d'Europe. Nous voyons sous nos yeux
cette même espèce varier beaucoup en Asie, à Siam, et à la
Chine; et les grosses défenses que j'ai trouvées sur une tête
énorme d'un sanglier tué dans mes propres bois il y a environ
trente ans, défenses qui étaient presque aussi grosses que
celles du sanglier du Cap, me laissent toujours dans l'incertitude si ce sont en effet deux espèces différentes ou deux va-

riétés de la même espèce produites par la seule influence du climat et de la nourriture.

Au reste, je trouve une note de M. Commerson, dans laquelle il est dit que l'on voit à Madagascar des cochons sauvages dont la tête, depuis les oreilles jusqu'aux yeux, est de la figure ordinaire; mais qu'au-dessous des yeux est un renfort qui va en diminuant jusqu'au bout du groin, de manière qu'il semble que ce soient deux têtes, dont la moitié de l'une est enchâssée dans l'autre; qu'au reste, la chair de ce cochon est glaireuse et a peu de goût. Cette notice me fait croire que l'animal que j'ai d'abord indiqué sous le nom de *sanglier du cap Vert*, parce que la tête nous a été envoyée des terres voisines du Cap, qu'ensuite je nomme *sanglier d'Afrique*, parce qu'il existe dans les terres du cap de Bonne-Espérance, se trouve aussi dans l'île de Madagascar.

*Dans le temps même que je revoyais la feuille précédente, et que j'en corrigeais l'épreuve pour l'impression, il m'est arrivé de Hollande une nouvelle édition de mon ouvrage sur l'histoire naturelle, et j'ai trouvé, dans le quinzième volume de cette édition, des additions très-importantes, faites par M. Allamand, dont je viens de parler. Quoique ce quinzième volume soit imprimé à Amsterdam en 1771, je n'en ai eu connaissance qu'aujourd'hui 23 juillet 1775, et j'avoue que c'est avec la plus grande satisfaction que j'ai parcouru l'édition entière, qui est bien soignée à tous égards; j'ai trouvé les notes et les additions de M. Allamand si judicieuses et si bien écrites que je me fais un grand plaisir de les adopter; je les insérerai donc dans ce volume, à la suite des articles auxquels ces observations ont rapport. Je me serais bien dispensé de copier ce que l'on vient de lire, j'aurais même évité quelques recherches pénibles et plusieurs discussions que j'ai été contraint de faire, si j'avais eu plus tôt connaissance de ce travail de M. Allamand. Je crois que l'on en sera aussi satisfait que moi; et je vais commencer par donner ici ce que ce savant homme a dit au sujet du sanglier d'Afrique.

Du Sanglier d'Afrique.

Addition de l'éditeur hollandais (M. le professeur Allamand).

« Dans l'histoire que M. Buffon nous a donnée du cochon,
» il a démontré que cet animal échappe à toutes les méthodes
» de ceux qui veulent réduire les productions de la nature en
» classes et en genres, qu'ils distinguent par des caractères
» tirés de quelques-unes de leurs parties. Quoique les raisons
» par lesquelles il appuie ce qu'il avance soient sans réplique,
» elles auraient acquis un nouveau degré de force, s'il avait
» connu l'animal représenté dans notre ouvrage.
» C'est un sanglier qui a été envoyé, en 1765, du cap de
» Bonne-Espérance à la ménagerie du prince d'Orange, et qui
» jusqu'alors a été inconnu de tous les naturalistes. Outre
» toutes ces singularités qui font de notre cochon d'Europe
» un animal d'une espèce isolée, celui-ci nous offre de nou-
» velles anomalies qui le distinguent de tous les autres du
» même genre; car non-seulement il a la tête différemment
» figurée, mais encore il n'a point de dents incisives, d'où la
» plupart des nomenclateurs ont tiré les caractères distinctifs
» de cette sorte d'animaux, quoique leur nombre ne soit point
» constant dans nos cochons domestiques.
» M. Tulbagh, gouverneur du cap de Bonne-Espérance,
» qui ne perd aucune occasion de rassembler et d'envoyer
» en Europe tout ce que la contrée où il habite fournit de
» curieux, est celui à qui l'on est redevable de ce sanglier.
» Dans la lettre dont il l'accompagna, il marquait qu'il avait
» été pris fort avant dans les terres, à environ deux cents
» lieues du Cap, et que c'était le premier qu'on y eût vu
» vivant. Cependant il en a envoyé un autre l'année passée,
» qui vit encore, et en 1757 il en avait envoyé une peau,
» dont on n'a pu conserver que la tête, ce qui semble indi-
» quer que ces animaux ne sont pas rares dans leur pays
» natal. Je ne sais si c'est d'eux que Kolbe a voulu parler
» quand il dit : *On ne voit que rarement des cochons sauvages*
» *dans les contrées qu'occupent les Hollandais; comme il n'y a*

» que peu de bois, qui sont leur retraite ordinaire, ils ne sont
» pas tentés d'y venir : d'ailleurs les lions, les tigres, et les
» autres animaux de proie, les détruisent si bien qu'ils ne sau-
» raient beaucoup multiplier.

» Comme il n'ajoute à cela aucune description, on n'en
» peut rien conclure; et ensuite il range au nombre des co-
» chons du Cap le grand fourmilier ou le tamandua, qui est
» un animal d'Amérique qui ne ressemble en rien au cochon.
» Quel cas peut-on faire de ce que dit un auteur aussi mal
» instruit?

» Notre sanglier africain ressemble à celui d'Europe par
» le corps; mais il en diffère par la tête, qui est d'une gros-
» seur monstrueuse. Ce qui frappe d'abord les yeux, ce sont
» deux énormes défenses qui sortent de chaque côté de la
» mâchoire supérieure, et qui sont dirigées presque perpendi-
» culairement en haut. Elles ont près de sept pouces de lon-
» gueur, et se terminent en une pointe émoussée. Deux sem-
» blables dents, mais plus petites, et surtout plus minces
» dans leur côté intérieur, sortent de la mâchoire inférieure,
» et s'appliquent exactement au côté extérieur des défenses
» supérieures quand la gueule est fermée; ce sont là de puis-
» santes armes dont il peut se servir utilement dans le pays
» qu'il habite, où il est vraisemblablement exposé souvent
» aux attaques des bêtes carnassières.

» Sa tête est fort large, et plate par devant; elle se termine
» en un ample boutoir, d'un diamètre presque égal à la lar-
» geur de la tête, et d'une dureté qui approche de celle de la
» corne : il s'en sert, comme nos cochons, pour creuser la
» terre. Ses yeux sont petits et placés sur le devant de la tête,
» de façon qu'il ne peut guère voir de côté, mais seulement
» devant soi; ils sont moins distants l'un de l'autre et des
» oreilles que dans le sanglier européen : au-dessous est un
» enfoncement de la peau qui forme une espèce de sac très-
» ridé. Ses oreilles sont fort garnies de poil en dedans. Un
» peu plus bas, presque à côté des yeux, la peau s'élève et
» forme deux excroissances qui, vues d'une certaine distance,
» ressemblent tout à fait à deux oreilles; elles en ont la figure
» et la grandeur; et, sans être fort mobiles, elles forment
» presque un même plan avec le devant de la tête : au-des-

» sous, entre ces excroissances et les défenses, il y a une
» grosse verrue à chaque côté de la tête. On comprend aisé-
» ment qu'une telle configuration doit donner à cet animal
» une physionomie très-singulière. Quand on le regarde de
» front, on croit voir quatre oreilles sur une tête qui ne res-
» semble à celle d'aucun autre animal connu, et qui inspire
» de la crainte par la grandeur de ses défenses. MM. Pallas
» et Vosmaër, qui nous en ont donné une bonne description,
» disent qu'il était fort doux et très-apprivoisé quand il ar-
» riva en Hollande; comme il avait été plusieurs mois sur un
» vaisseau, et qu'il avait été pris assez jeune, il était presque
» devenu domestique; cependant, si on le poursuivait, et s'il
» ne connaissait pas les gens, il se retirait lentement en ar-
» rière, en présentant le front d'un air menaçant, et ceux-là
» mêmes qu'il voyait tous les jours devaient s'en défier.
» L'homme à qui la garde en était confiée en a fait une triste
» expérience : cet animal se mit un jour de mauvaise humeur
» contre lui, et d'un coup de ses défenses il lui fit une large
» blessure à la cuisse, dont il mourut le lendemain. Pour pré-
» venir de pareils accidents dans la suite, on fut obligé de
» l'ôter de la ménagerie, et de le tenir dans un endroit ren-
» fermé, où personne ne pouvait en approcher. Il est mort
» au bout d'une année, et sa dépouille se voit dans le Cabinet
» d'histoire naturelle du prince d'Orange. Celui qui l'a rem-
» placé, et qui est actuellement dans la même ménagerie, est
» encore fort jeune; ses défenses n'ont guère plus de deux
» pouces de longueur. Quand on le laisse sortir du lieu où on
» le renferme, il témoigne sa joie par des bonds et des sauts,
» et en courant avec beaucoup plus d'agilité que nos cochons;
» il tient alors sa queue élevée et fort droite. C'est pour cela,
» sans doute, que les habitants du Cap lui ont donné le nom
» de *hartlooper*, ou de *coureur.*
  » On ne peut pas douter que cet animal ne fasse un genre
» très-distinct de ceux qui ont été connus jusqu'à présent dans
» la race des cochons : quoiqu'il leur ressemble par le corps,
» le défaut de dents incisives et la singulière configuration de
» sa tête sont des caractères distinctifs trop marqués pour
» qu'on puisse les attribuer aux changements opérés par le
» climat, et cela d'autant plus qu'il y a en Afrique des co-

» chons qui ne diffèrent en rien des nôtres que par la taille,
» qui est plus petite.

  » Il est étonnant que cet animal, qui, comme je l'ai remar-
» qué, paraît n'être pas rare dans les lieux dont il est origi-
» naire, n'ait été décrit par aucun voyageur, ou que, s'ils en
» ont parlé, ce soit en termes si vagues, qu'on ne peut s'en
» former aucune idée. Flaccourt dit qu'il y a à Madagascar
» des sangliers qui ont deux cornes à côté du nez, qui sont
» comme deux callosités, et que ces animaux sont presque
» aussi dangereux qu'en France. M. de Buffon croit qu'il
» s'agit dans ce passage du babiroussa, et peut-être a-t-il
» raison ; peut-être aussi y est-il question de notre sanglier :
» ces cornes, qui ressemblent à deux callosités, peuvent aussi
» bien être les défenses de ce sanglier que celles du babi-
» roussa, mais très-mal décrites ; et ce que Flaccourt ajoute,
» que ces animaux sont dangereux, semble mieux convenir à
» notre sanglier africain. M. Adanson, en parlant d'un san-
» glier qu'il a vu au Sénégal, s'exprime en ces termes :
» *J'aperçus*, dit-il, *un de ces énormes sangliers particuliers à*
» *l'Afrique, et dont je ne sache pas qu'aucun naturaliste ait*
» *encore parlé. Il était noir comme le sanglier d'Europe, mais*
» *d'une taille infiniment plus haute. Il avait quatre grandes*
» *défenses, dont les deux supérieures étaient recourbées en*
» *demi-cercle vers le front, où elles imitaient les cornes que*
» *portent d'autres animaux.* M. de Buffon suppose encore que
» M. Adanson a voulu parler du babiroussa ; et, sans son
» autorité, je serais porté à croire que cet auteur a indiqué
» notre sanglier : car je ne comprends pas comment il a pu
» dire qu'aucun naturaliste n'en a parlé, s'il a eu le babi-
» roussa en vue ; il est trop versé dans l'histoire naturelle
» pour ignorer que cet animal a été souvent décrit, et qu'on
» trouve la tête de son squelette dans presque tous les cabi-
» nets de l'Europe.

  » Mais peut-être aussi y a-t-il en Afrique une autre espèce
» de sanglier qui ne nous est pas encore connue, et qui est
» celle qui a été aperçue par M. Adanson. Ce qui me le fait
» soupçonner, c'est la description que M. Daubenton a donnée
» d'une partie des mâchoires d'un sanglier du cap Vert : ce
» qu'il en dit prouve clairement qu'il diffère de nos sangliers,

» et serait tout à fait applicable à celui dont il est ici question,
» s'il n'avait pas des dents incisives dans chacune de ces mâ-
» choires. »

Je souscris bien volontiers à la plupart des réflexions que
fait ici M. Allamand : seulement je persiste à croire, comme
il l'a cru d'abord lui-même, que le sanglier du Cap dont nous
avons parlé, et des mâchoires duquel M. Daubenton a donné
la description, est le même animal que celui-ci, quoiqu'il
n'eût point de dents incisives; il n'y a aucun genre d'animaux où l'ordre et le nombre des dents varient plus que dans
le cochon. Cette différence seule ne me paraît donc pas suffisante pour faire deux espèces distinctes du sanglier d'Afrique,
et de celui du cap Vert, d'autant que tous les autres caractères de la tête paraissent être les mêmes.

* Nous avons dit ci-dessus que le sanglier du cap Vert, dont
M. Daubenton a donné la description des mâchoires, nous paraissait être le même animal que celui dont nous avons donné
la figure sous le nom de *sanglier d'Afrique*. Nous sommes
maintenant bien assuré que ces deux animaux forment deux
espèces très-distinctes. Elles diffèrent en effet l'une de l'autre
par plusieurs caractères remarquables, surtout par la conformation, tant intérieure qu'extérieure, de la tête, et particulièrement par le défaut de dents incisives qui manquent constamment au sanglier d'Afrique, tandis qu'on en trouve six
dans la mâchoire inférieure du sanglier du cap Vert et deux
dans la mâchoire supérieure.

Le sanglier du cap Vert a la tête longue et le museau délié,
au lieu que celui d'Afrique ou d'Éthiopie a le museau très-
large et aplati. Les oreilles sont droites, relevées et pointues;
les soies qui les garnissent sont très-longues, ainsi que celles
qui couvrent le corps, particulièrement sur les épaules, le
ventre, et les cuisses, où elles sont plus longues que partout
ailleurs. La queue est menue, terminée par une grosse touffe
de soie, et ne descend que jusqu'à la longueur des cuisses.
On le rencontre non-seulement au cap Vert, mais sur toute la
côte occidentale de l'Afrique, jusqu'au cap de Bonne-Espérance. Il paraît que c'est cette espèce de sanglier que M.
Adanson a vue au Sénégal, et qu'il a désignée sous le nom de
très-grand sanglier d'Afrique.

LE CHIEN.

———

A grandeur de la taille, l'élégance de la forme, la force du corps, la liberté des mouvements, toutes les qualités extérieures, ne sont pas ce qu'il y a de plus noble dans un être animé : et comme nous préférons dans l'homme l'esprit à la figure, le courage à la force, les sentiments à la beauté, nous jugeons aussi que les qualités intérieures sont ce qu'il y a de plus relevé dans l'animal; c'est par elles qu'il diffère de l'automate, qu'il s'élève au-dessus du végétal, et s'approche de nous : c'est le sentiment qui ennoblit son être, qui le régit, qui le vivifie, qui commande aux organes, rend les membres actifs, fait naître le désir, et donne à la matière le mouvement progressif, la volonté, la vie.

La perfection de l'animal dépend donc de la perfection du sentiment; plus il est étendu, plus l'animal a de facultés et de ressources; plus il existe, plus il a de rapports avec le reste de l'univers : et lorsque le sentiment est délicat, exquis, lorsqu'il peut encore être perfectionné par l'éducation, l'animal devient digne d'entrer en société avec l'homme; il sait concourir à ses desseins, veiller à sa sûreté, l'aider, le défendre, le flatter; il sait, par des services assidus, par des caresses réitérées, se concilier son maître, le captiver, et de son tyran se faire un protecteur.

Le chien, indépendamment de la beauté de sa forme, de la vivacité, de la force, de la légèreté, a par excellence toutes les qualités intérieures qui peuvent lui attirer les regards de l'homme. Un naturel ardent, colère, même féroce et sanguinaire, rend le chien sauvage redoutable à tous les animaux, et cède dans le chien domestique aux sentiments les plus

doux, au plaisir de s'attacher, et au désir de plaire; il vient
en rampant mettre aux pieds de son maître son courage, sa
force, ses talents; il attend ses ordres pour en faire usage; il
le consulte, il l'interroge, il le supplie; un coup d'œil suffit,
il entend les signes de sa volonté. Sans avoir, comme
l'homme, la lumière de la pensée, il a toute la chaleur du
sentiment; il a de plus que lui la fidélité, la constance dans
ses affections : nulle ambition, nul intérêt, nul désir de ven-
geance, nulle crainte que celle de déplaire; il est tout zèle,
tout ardeur, et tout obéissance. Plus sensible au souvenir des
bienfaits qu'à celui des outrages, il ne se rebute pas par les
mauvais traitements; il les subit, les oublie, ou ne s'en souvient que pour s'attacher davantage : loin de s'irriter ou de
fuir, il s'expose de lui-même à de nouvelles épreuves; il lèche
cette main, instrument de douleur, qui vient de le frapper; il
ne lui oppose que la plainte, et la désarme enfin par la patience et la soumission.

Plus docile que l'homme, plus souple qu'aucun des animaux, non-seulement le chien s'instruit en peu de temps,
mais même il se conforme aux mouvements, aux manières, à
toutes les habitudes de ceux qui lui commandent; il prend le
ton de la maison qu'il habite; comme les autres domestiques,
il est dédaigneux chez les grands, et rustre à la campagne.
Toujours empressé pour son maître et prévenant pour ses
seuls amis, il ne fait aucune attention aux gens indifférents,
et se déclare contre ceux qui par état ne sont faits que pour
importuner, il les connaît aux vêtements, à la voix, à leurs
gestes, et les empêche d'approcher. Lorsqu'on lui a confié
pendant la nuit la garde de la maison, il devient plus fier, et
quelquefois féroce; il veille, il fait la ronde; il sent de loin
les étrangers; et pour peu qu'ils s'arrêtent ou tentent de
franchir les barrières, il s'élance, s'oppose, et, par des aboie-
ments réitérés, des efforts et des cris de colère, il donne l'a-
larme, avertit, et combat : aussi furieux contre les hommes
de proie que contre les animaux carnassiers, il se précipite sur
eux, les blesse, les déchire, leur ôte ce qu'ils s'efforçaient
d'enlever; mais, content d'avoir vaincu, il se repose sur les
dépouilles, n'y touche pas, même pour satisfaire son appétit,

et donne en même temps des exemples de courage, de tempérance et de fidélité.

On sentira de quelle importance cette espèce est dans l'ordre de la nature, en supposant un instant qu'elle n'eût jamais existé. Comment l'homme aurait-il pu, sans le secours du chien, conquérir, dompter, réduire en esclavage les autres animaux? comment pourrait-il encore aujourd'hui découvrir, chasser, détruire les bêtes sauvages et nuisibles? Pour se mettre en sûreté, et pour se rendre maître de l'univers vivant, il a fallu commencer par se faire un parti parmi les animaux, se concilier avec douceur et par caresses ceux qui se sont trouvés capables de s'attacher et d'obéir, afin de les opposer aux autres. Le premier art de l'homme a donc été l'éducation du chien, et le fruit de cet art la conquête et la possession paisible de la terre.

La plupart des animaux ont plus d'agilité, plus de vitesse, plus de force, et même plus de courage que l'homme : la nature les a mieux munis, mieux armés. Ils ont aussi les sens, et surtout l'odorat, plus parfaits. Avoir gagné une espèce courageuse et docile comme celle du chien, c'est avoir acquis de nouveaux sens et les facultés qui nous manquent. Les machines, les instruments que nous avons imaginés pour perfectionner nos autres sens, pour en augmenter l'étendue, n'approchent pas, même pour l'utilité, de ces machines toutes faites que la nature nous présente, et qui, en suppléant à l'imperfection de notre odorat, nous ont fourni de grands et d'éternels moyens de vaincre et de régner : et le chien, fidèle à l'homme, conservera toujours une portion de l'empire, un degré de supériorité sur les autres animaux; il leur commande, il règne lui-même à la tête d'un troupeau; il s'y fait mieux entendre que la voix du berger : la sûreté, l'ordre, et la discipline, sont les fruits de sa vigilance et de son activité; c'est un peuple qui lui est soumis, qu'il conduit, qu'il protége, et contre lequel il n'emploie jamais la force que pour y maintenir la paix. Mais c'est surtout à la guerre, c'est contre les animaux ennemis ou indépendants qu'éclate son courage, et que son intelligence se déploie tout entière : les talents naturels se réunissent ici aux qualités acquises. Dès que le bruit des armes se fait entendre, dès que le son du cor ou la voix du chasseur a donné le signal d'une guerre prochaine, brillant d'une ardeur nouvelle, le chien marque sa joie par les plus vifs transports ; il annonce, par ses mouvements et par ses cris, l'impatience de combattre et le désir de vaincre : marchant ensuite en silence, il cherche à reconnaître le pays, à découvrir, à surprendre l'ennemi dans son fort; il recherche ses traces, il les suit pas à pas, et par des accents différents, indique le temps, la distance, l'espèce, et même l'âge de celui qu'il poursuit.

Intimidé, pressé, désespérant de trouver son salut dans la fuite, l'animal se sert aussi de toutes ses facultés, il oppose la ruse à la sagacité. Jamais les ressources de l'instinct ne furent plus admirables : pour faire perdre sa trace, il va, vient, et revient sur ses pas ; il fait des bonds, il voudrait se détacher de la terre et supprimer les espaces : il franchit d'un saut les routes, les haies ; passe à la nage les ruisseaux, les rivières : mais, toujours poursuivi, et ne pouvant anéantir son corps, il cherche à en mettre un autre à sa place, il va lui-même troubler le repos d'un voisin plus jeune et moins expérimenté, le faire lever, marcher, fuir avec lui, et lorsqu'ils ont confondu leurs traces, lorsqu'il croit l'avoir substitué à sa mauvaise fortune, il le quitte plus brusquement encore qu'il ne l'a joint, afin de le rendre seul l'objet et la victime de l'ennemi trompé.

Mais le chien, par cette supériorité que donnent l'exercice et l'éducation, par cette finesse de sentiment qui n'appartient qu'à lui, ne perd pas l'objet de sa poursuite ; il démêle les points communs, délie les nœuds du fil tortueux qui seul peut y conduire; il voit de l'odorat tous les détours du labyrinthe, toutes les fausses routes où l'on a voulu l'égarer ; et loin d'abandonner l'ennemi pour un indifférent, après avoir triomphé de la ruse, il s'indigne, il redouble d'ardeur, arrive enfin, l'attaque, et, le mettant à mort, étanche dans le sang sa soif et sa haine.

Le penchant pour la chasse ou la guerre nous est commun avec les animaux : l'homme sauvage ne sait que combattre et chasser. Tous les animaux qui aiment la chair, et qui ont de

la force et des armes, chassent naturellement. Le lion, le
tigre, dont la force est si grande qu'ils sont sûrs de vaincre,
chassent seuls, et sans art; les loups, les renards, les chiens
sauvages, se réunissent, s'entendent, s'aident, se relaient, et
partagent la proie; et lorsque l'éducation a perfectionné ce
talent naturel dans le chien domestique, lorsqu'on lui a appris
à réprimer son ardeur, à mesurer ses mouvements, qu'on l'a
accoutumé à une marche régulière et à l'espèce de discipline
nécessaire à cet art, il chasse avec méthode, et toujours avec
succès.

Dans les pays déserts, dans les contrées dépeuplées, il y a
des chiens sauvages qui, pour les mœurs, ne diffèrent des
loups que par la facilité qu'on trouve à les apprivoiser; ils se
réunissent aussi en plus grandes troupes pour chasser et attaquer en force les sangliers, les taureaux sauvages, et même
les lions et les tigres. En Amérique, ces chiens sauvages sont
de races anciennement domestiques; ils y ont été transportés
d'Europe; et quelques-uns, ayant été oubliés ou abandonnés
dans ces déserts, s'y sont multipliés au point qu'ils se répandent par troupes dans les contrées habitées, où ils attaquent
le bétail et insultent même les hommes. On est donc obligé de
les écarter par la force, et de les tuer comme les autres bêtes
féroces; et les chiens sont tels en effet tant qu'ils ne connaissent pas les hommes : mais lorsqu'on les approche avec douceur, ils s'adoucissent, deviennent bientôt familiers, et demeurent fidèlement attachés à leurs maîtres; au lieu que le
loup, quoique pris jeune et élevé dans les maisons, n'est doux
que dans le premier âge, ne perd jamais son goût pour la
proie, et se livre tôt ou tard à son penchant pour la rapine et
la destruction.

L'on peut dire que le chien est le seul animal dont la fidélité soit à l'épreuve; le seul qui connaisse toujours son maître
et les amis de la maison; le seul qui, lorsqu'il arrive un inconnu, s'en aperçoive; le seul qui entende son nom, et qui
reconnaisse la voix domestique; le seul qui ne se confie
point à lui-même; le seul qui, lorsqu'il a perdu son maître
et qu'il ne peut le trouver, l'appelle par ses gémissements;
le seul qui, dans un voyage long et qu'il n'aura fait qu'une

fois, se souvienne du chemin et retrouve la route; le seul
enfin dont les talents naturels soient évidents et l'éducation
toujours heureuse.

Et de même que de tous les animaux le chien est celui dont
le naturel est le plus susceptible d'impression, et se modifie
le plus aisément par les causes morales, il est aussi de tous
celui dont la nature est le plus sujette aux variétés et aux
altérations causées par les influences physiques : le tempérament, les facultés, les habitudes du corps, varient prodigieusement, la forme même n'est pas constante : dans le
même pays un chien est très-différent d'un autre chien, et
l'espèce est pour ainsi dire toute différente d'elle-même dans
les différents climats. De là cette confusion, ce mélange et
cette variété de races si nombreuses, qu'on ne peut en faire
l'énumération : de là ces différences si marquées pour la grandeur de la taille, la figure du corps, l'allongement du museau,
la forme de la tête, la longueur et la direction des oreilles et
de la queue, la couleur, la qualité, la quantité du poil, etc.,
en sorte qu'il ne reste rien de constant, rien de commun à
ces animaux que la conformité de l'organisation intérieure.

Mais ce qui est difficile à saisir dans cette nombreuse variété de races différentes, c'est le caractère de la race primitive, de la race originaire, de la race mère de toutes les autres races : comment reconnaître les effets produits par
l'influence du climat, de la nourriture, etc.? comment les
distinguer encore des autres effets, ou plutôt des résultats
qui proviennent du mélange de ces différentes races entre
elles, dans l'état de liberté ou de domesticité? En effet, toutes ces causes altèrent avec le temps les formes les plus constantes, et l'empreinte de la nature ne conserve pas toute sa
pureté dans les objets que l'homme a beaucoup maniés. Les
animaux assez indépendants pour choisir eux-mêmes leur
climat et leur nourriture sont ceux qui conservent le mieux
leur empreinte originaire; et l'on peut croire que, dans ces
espèces, le premier, le plus ancien de tous, nous est encore
aujourd'hui assez fidèlement représenté par ses descendants :
mais ceux que l'homme s'est soumis, ceux qu'il a transportés
de climats en climats, ceux dont il a changé la nourriture,

les habitudes, et la manière de vivre, ont aussi dû changer pour la forme plus que tous les autres ; et l'on trouve en effet bien plus de variétés dans les espèces d'animaux domestiques que dans celles des animaux sauvages : et comme, parmi les animaux domestiques, le chien est de tous celui qui s'est attaché à l'homme de plus près ; celui qui, vivant comme l'homme, vit aussi le plus irrégulièrement ; celui dans lequel le sentiment domine assez pour le rendre docile, obéissant, et susceptible de toute impression et même de toute contrainte, il n'est pas étonnant que de tous les animaux ce soit aussi celui dans lequel on trouve les plus grandes variétés pour la figure, pour la taille, pour la couleur, et pour les autres qualités.

Quelques circonstances concourent encore à cette altération. Le chien vit assez peu de temps ; et comme il est perpétuellement sous les yeux de l'homme, dès que, par un hasard assez ordinaire à la nature, il se sera trouvé dans quelques individus des singularités ou des variétés apparentes, on aura tâché de les perpétuer. D'ailleurs, quoique toutes les espèces soient également anciennes, le nombre des générations, depuis la création, étant beaucoup plus grand dans les espèces dont les individus ne vivent que peu de temps, les variétés, les altérations, la dégénération même, doivent en être devenues plus sensibles, puisque ces animaux sont plus loin de leur souche que ceux qui vivent plus longtemps. L'homme est aujourd'hui huit fois plus près d'Adam que le chien ne l'est du premier chien, puisque l'homme vit quatre-vingts ans, et que le chien n'en vit que dix. Si donc, par quelque cause que ce puisse être, ces deux espèces tendaient également à dégénérer, cette altération serait aujourd'hui huit fois plus marquée dans le chien que dans l'homme.

Les petits animaux éphémères, ceux dont la vie est si courte qu'ils se renouvellent tous les ans, sont infiniment plus sujets que les autres animaux aux variétés et aux altérations de tout genre. Il en est de même des plantes annuelles en comparaison des autres végétaux ; et il y en a même dont la nature est pour ainsi dire artificielle et factice. Le blé, par exemple, est une plante que l'homme a changée au point qu'elle n'existe nulle part dans l'état de nature : on voit bien qu'il a quelque rapport avec l'ivraie, avec les gramens, les chiendents, et quelques autres herbes des prairies; mais on ignore à laquelle de ces herbes on doit le rapporter : et comme il se renouvelle tous les ans, et que, servant de nourriture à l'homme, il est de toutes les plantes celle qu'il a le plus travaillée, il est aussi de toutes celle dont la nature est le plus altérée. L'homme peut donc non-seulement faire servir à ses besoins, à son usage, tous les individus de l'univers, mais il peut encore, avec le temps, changer, modifier, et perfectionner les espèces : c'est même le plus beau droit qu'il ait sur la nature. Avoir transformé une herbe stérile en blé est une espèce de création dont cependant il ne doit pas s'enorgueillir, puisque ce n'est qu'à la sueur de son front et par des cultures réitérées qu'il peut tirer du sein de la terre ce pain souvent amer qui fait sa subsistance.

Les espèces que l'homme a beaucoup travaillées, tant dans les végétaux que dans les animaux, sont donc celles qui de toutes sont le plus altérées; et comme quelquefois elles le sont au point qu'on ne peut reconnaître leur forme primitive, comme dans le blé, qui ne ressemble plus à la plante dont il a tiré son origine, il ne serait pas impossible que dans la nombreuse variété des chiens que nous voyons aujourd'hui, il n'y en eût pas un seul de semblable au premier chien, ou plutôt au premier animal de cette espèce, qui s'est peut-être beaucoup altérée depuis la création, et dont la souche a pu par conséquent être très-différente des races qui subsistent actuellement, quoique ces races en soient originairement toutes également provenues.

Les chiens qui ont été abandonnés dans les solitudes de l'Amérique, et qui vivent en chiens sauvages depuis cent cinquante ou deux cents ans, quoique originaires de races altérées, ont dû, pendant ce long espace de temps, se rapprocher au moins en partie, de leur forme primitive. Cependant les voyageurs nous disent qu'ils ressemblent à nos lévriers; ils disent la même chose des chiens sauvages ou devenus sauvages au Congo, qui, comme ceux d'Amérique, se rassemblent par troupes pour faire la guerre aux tigres, aux lions, etc. Mais d'autres, sans comparer les chiens sauvages de Saint-Domingue aux lévriers, disent seulement qu'ils ont pour l'ordinaire la tête plate et longue, le museau effilé, l'air sauvage, le corps mince et décharné; qu'ils sont très-légers à la course; qu'ils chassent en perfection; qu'ils s'apprivoisent aisément en les prenant tout petits. Ainsi ces chiens sauvages sont extrêmement maigres et légers; et comme le lévrier ne diffère d'ailleurs qu'assez peu du mâtin ou du chien que nous appelons *chien de berger,* on peut croire que ces chiens sauvages sont plutôt de cette espèce que de vrais lévriers; parce que d'autre côté les anciens voyageurs ont dit que les chiens naturels du Canada avaient les oreilles droites comme les renards, et ressemblaient aux mâtins de médiocre grandeur de nos villageois, c'est-à-dire à nos chiens de berger; que ceux des sauvages des Antilles avaient aussi la tête et les oreilles fort longues et approchaient de la forme des renards; que les Indiens du Pérou n'avaient pas toutes les espèces de chiens que nous avons en Europe, qu'ils en avaient seulement de grands et de petits qu'ils nommaient *alco;* que ceux de l'isthme de l'Amérique étaient laids, qu'ils avaient le poil rude et long, ce qui suppose aussi les oreilles droites. Ainsi on ne peut guère douter que les chiens originaires d'Amérique, et qui, avant la découverte de ce nouveau monde, n'avaient eu aucune communication avec ceux de nos climats, ne fussent tous pour ainsi dire d'une seule et même race, et que de toutes les races de nos chiens celle qui en approche le plus ne soit celle des chiens à museau effilé, à oreilles droites, et à long poil rude, comme les chiens de berger; et ce qui me fait croire encore que les chiens devenus sauvages à Saint-Domingue ne sont pas de vrais lévriers, c'est que, comme les lévriers sont assez rares en France, on en tire pour le roi de Constantinople et des autres endroits du Levant, et que je ne sache pas qu'on en ait jamais fait venir de Saint-Domingue ou de nos autres colonies d'Amérique. D'ailleurs, en recherchant dans la même vue ce que les voyageurs ont dit de la forme des chiens des différents pays, on trouve que les chiens des pays froids ont tous le museau long et les oreilles droites; que ceux de la Laponie sont petits, qu'ils ont le poil long, les oreilles droites, et le museau pointu; que ceux de Sibérie, et ceux que l'on appelle *chiens-loups*, sont plus gros que ceux de la Laponie, mais qu'ils ont de même les oreilles droites, le poil rude, et le museau pointu; que ceux d'Islande sont aussi à très-peu près semblables à ceux de Sibérie; et que de même dans les climats chauds, comme au cap de Bonne-Espérance, les chiens naturels du pays ont le museau pointu, les oreilles droites, la queue longue et traînante à terre, le poil clair, mais long et toujours hérissé; que ces chiens sont excellents pour garder les troupeaux, et que par conséquent ils ressemblent non-seulement par la figure, mais encore par l'instinct, à nos chiens de berger; que dans d'autres climats encore plus chauds, comme à Madagascar, à Maduré, à Calicut, au Malabar, les chiens originaires de ces pays ont tous le museau long, les oreilles droites, et ressemblent encore à nos chiens de berger; qu'enfin dans les pays excessivement chauds, comme en Guinée, les chiens du pays sont fort laids, qu'ils ont le museau pointu, les oreilles longues et droites, la queue longue et pointue sans aucun poil, la peau du corps nue, ordinairement tachetée, et quelquefois d'une seule couleur; qu'enfin ils sont désagréables à la vue, et plus encore au toucher.

On peut donc déjà présumer avec quelque vraisemblance que le chien de berger est de tous les chiens celui qui approche le plus de la race primitive de cette espèce, puisque dans tous les pays habités par des hommes sauvages, ou même à demi-civilisés, les chiens ressemblent à cette sorte de chiens plus qu'à aucune autre; que dans le continent entier du Nouveau-Monde il n'y en avait pas d'autres; qu'on les retrouve seuls de même au nord et au midi de notre continent, et qu'en France où on les appelle communément *chiens de Brie*, et dans les autres climats tempérés, ils sont encore en grand nombre, quoiqu'on se soit beaucoup plus occupé à faire naître ou multiplier les autres races qui avaient plus d'agréments, qu'à conserver celle-ci, qui n'a que de l'utilité, et qu'on a par cette raison dédaignée et abandonnée aux paysans chargés du soin des troupeaux. Si l'on considère aussi que ce chien, malgré sa laideur et son air triste et sauvage, est cependant supérieur par l'instinct à tous les autres chiens; qu'il a un caractère décidé auquel l'éducation n'a point de part; qu'il est le seul qui naisse pour ainsi dire tout élevé, et que, guidé par le seul naturel, il s'attache de lui-même à la garde des troupeaux avec une assiduité, une vigilance, une fidélité singulière; qu'il les conduit avec une intelligence admirable et non communiquée; que ses talents font l'étonnement et le repos de son maître, tandis qu'il faut au contraire beaucoup de temps et de peines pour instruire les autres chiens et les dresser aux usages auxquels on les destine; on se confirmera dans l'opinion que ce chien est le vrai chien de la nature, celui qu'elle nous a donné pour la plus grande utilité, celui qui a le plus de rapport avec l'ordre général des êtres vivants, qui ont mutuellement besoin les uns des autres; celui enfin qu'on doit regarder comme la souche et le modèle de l'espèce entière.

Et de même que l'espèce humaine paraît agreste, contrefaite et rapetissée dans les climats glacés du nord; qu'on ne trouve d'abord que de petits hommes fort laids en Laponie, en Groënland, et dans tous les pays où le froid est excessif, mais qu'ensuite dans le climat voisin et moins rigoureux on voit tout à coup paraître la belle race des Finlandais, des Danois, etc., qui, par leur figure, leur couleur, et leur grande taille, sont peut-être les plus beaux de tous les hommes; on trouve aussi dans l'espèce des chiens le même ordre et les mêmes rapports. Les chiens de Laponie sont très-laids, très-petits, et n'ont pas plus d'un pied de longueur. Ceux de Sibérie, quoique moins laids, ont encore les oreilles droites, l'air agreste et sauvage, tandis que dans le climat voisin, où l'on trouve les beaux hommes dont nous venons de parler, on trouve aussi les chiens de la plus belle et de la plus grande taille. Les chiens de Tartarie, d'Albanie, du nord de la Grèce, du Danemarck, de l'Irlande, sont les plus grands, les plus forts et les plus puissants de tous les chiens : on s'en sert pour tirer des voitures. Ces chiens, que nous appelons *chiens d'Irlande*, ont une origine très-ancienne, et se sont maintenus, quoique en petit·nombre, dans le climat dont ils sont originaires. Les anciens les appelaient chiens d'Épire, chiens d'Albanie; et Pline rapporte, en termes aussi élégants qu'énergiques, le combat d'un de ces chiens contre un lion, et ensuite contre un éléphant. Ces chiens sont beaucoup plus grands que nos plus grands mâtins. Comme ils sont fort rares en France, je n'en ai jamais vu qu'un, qui me parut avoir, tout assis, près de cinq pieds de hauteur, et ressembler pour la forme au chien que nous appelons *grand danois;* mais il en différait beaucoup par l'énormité de sa taille : il était tout blanc et d'un naturel doux et tranquille. On trouve ensuite dans les endroits plus tempérés, comme en Angleterre, en France, en Allemagne, en Espagne, en Italie, des hommes et des chiens de toutes sortes de races. Cette variété provient en partie de l'influence du climat.

Le grand danois, le mâtin et le lévrier, quoique différents au premier coup d'œil, ne font cependant que le même chien : le grand danois n'est qu'un mâtin plus fourni, plus étoffé; le lévrier, un mâtin plus délié, plus effilé, et tous deux plus soignés; et il n'y a pas plus de différence entre un chien grand danois, un mâtin et un lévrier, qu'entre un Hollandais, un Français et un Italien. Le chien de berger, le chien-loup, l'autre espèce de chien-loup que nous appellerons chien de Sibérie, ne font aussi tous trois qu'un même chien : on pourrait même y joindre le chien de Laponie, celui de Canada, celui des Hottentots, et tous les autres chiens qui ont les oreilles droites; ils ne diffèrent en effet du chien de berger que par la taille, et parce qu'ils sont plus ou moins étoffés, et que leur poil est plus ou moins rude, plus ou moins long, et plus ou moins fourni. Le chien courant, le braque, le basset, le barbet, et même l'épagneul, peuvent encore être regardés comme ne faisant tous qu'un même chien : leur forme et leur instinct sont à peu près les mêmes, et ils ne diffèrent entre eux que par la hauteur des jambes et par l'ampleur des oreilles, qui, dans tous, sont cependant longues, molles et pendantes. Ces chiens sont naturels à ce climat, et je ne crois pas qu'on doive en séparer le braque, qu'on appelle *chien de Bengale,* qui ne diffère de notre braque que par la
be. Ce qui me fait penser que ce chien n'est pas originaire

du Bengale ou de quelque autre endroit des Indes, et que ce n'est pas, comme quelques-uns le prétendent, le chien indien dont les anciens ont parlé, c'est que ce même chien était connu en Italie il y a plus de cent cinquante ans et qu'on ne l'y regardait pas comme un chien venu des Indes, mais comme un braque ordinaire : *Canis sagax* (vulgo *brachus*), dit Aldrovande, *an unius vel varii coloris sit parum refert; in Italia eligitur varius et maculosæ lynci persimilis, quum tamen niger color, vel albus, aut fulvus, non sit spernendus.*

L'Angleterre, la France, l'Allemagne, etc., paraissent avoir produit le chien courant, le braque et le basset; ces chiens mêmes dégénèrent dès qu'ils sont portés dans des climats plus chauds, comme en Turquie, en Perse; mais les épagneuls et les barbets sont originaires d'Espagne et de Barbarie, où la température du climat fait que le poil de tous les animaux est plus long, plus soyeux et plus fin que dans tous les autres pays. Le dogue, le chien que l'on appelle *petit danois* (mais fort improprement, puisqu'il n'a d'autre rapport avec le grand danois que d'avoir le poil court), le chien-turc, et si l'on veut encore, le chien d'Islande, ne font aussi qu'un même chien, qui transporté dans un climat très-froid comme l'Islande, aura pris une forte fourrure de poils, et dans les climats très-chauds de l'Afrique et des Indes aura quitté sa robe; car le chien sans poils, appelé *chien-turc,* est encore mal nommé : ce n'est point dans le climat tempéré de la Turquie que les chiens perdent leur poil; c'est en Guinée et dans les climats les plus chauds des Indes que ce changement arrive, et le chien-turc n'est autre chose qu'un petit danois, qui transporté dans les pays excessivement chauds, aura perdu son poil, et dont la race aura ensuite été transportée en Turquie, où l'on aura eu soin de les multiplier. Les premiers que l'on ait vus en Europe, au rapport d'Aldrovande, furent apportés de son temps en Italie, où, cependant ils ne purent, dit-il, ni durer ni multiplier, parce que le climat était beaucoup trop froid pour eux; mais comme il ne donne pas la description de ces chiens nus, nous ne savons pas s'ils étaient semblables à ceux que nous appelons aujourd'hui *chiens-turcs,* et si l'on peut par conséquent les rapporter au petit danois, parce que tous les chiens, de quelque race et de quelque pays qu'ils soient, perdent leur poil dans les climats excessivement chauds, et, comme nous l'avons dit, ils perdent aussi leur voix. Dans de certains pays ils sont tout à fait muets, dans d'autres, ils ne perdent que la faculté d'aboyer; ils hurlent comme les loups, ou glapissent comme les renards. Ils semblent par cette altération se rapprocher de leur état de nature; car ils changent aussi pour la forme et pour l'instinct : ils deviennent laids, et prennent tous des oreilles droites et pointues. Ce n'est aussi que dans les climats tempérés que les chiens conservent leur ardeur, leur sagacité, et les autres talents qui leur sont naturels. Ils perdent donc tout lorsqu'on les transporte dans des climats trop chauds : mais, comme si la nature ne voulait jamais rien faire d'absolument inutile, il se trouve que, dans ces mêmes pays où les chiens ne peuvent plus servir à aucun des usages auxquels nous les employons, on les recherche pour la table, et que les Nègres en préfèrent la chair à celle de tous les autres animaux. On conduit les chiens au marché pour les vendre, on les achète plus cher que le mouton, le chevreau, plus cher même que tout autre gibier; enfin le mets le plus délicieux d'un festin chez les Nègres est un chien rôti. On pourrait croire que le goût si décidé qu'ont ces peuples pour la chair de cet animal vient du changement de qualité de cette même chair qui, quoique très-mauvaise à manger dans nos climats tempérés, acquiert peut-être un autre goût dans ces climats brûlants : mais ce qui me fait penser que cela dépend plutôt de la nature de l'homme que de celle du chien, c'est que les sauvages du Canada, qui habitent un pays froid, ont le même goût que les Nègres pour la chair du chien, et que nos missionnaires en ont quelquefois mangé sans dégoût : « Les chiens servent en guise de mouton » pour être mangés en festin, dit le P. Sabard Théodat. Je » me suis trouvé diverses fois à des festins de chien. J'avoue » véritablement que du commencement cela me faisait hor-» reur; mais je n'en eus pas mangé deux fois, que j'en trouvai » la chair bonne et de goût un peu approchant de celle du » porc. »

Dans nos climats les animaux sauvages qui approchent le

plus du chien, et surtout du chien à oreilles droites, du chien
de berger, que je regarde comme la souche et le type de
l'espèce entière, sont le renard et le loup; la conformation intérieure est presque entièrement la même, et les différences
extérieures sont assez légères. Néanmoins le renard et le loup
ne sont pas tout à fait de la même nature que le chien; ces
espèces non-seulement sont différentes, mais séparées et assez
éloignées pour ne pouvoir les rapprocher, du moins dans ces
climats; par conséquent le chien ne tire pas son origine du
renard ou du loup; et les nomenclateurs qui ne regardent
ces deux animaux que comme des chiens sauvages, ou qui ne
prennent le chien que pour un loup ou un renard devenu domestique, et qui leur donnent à tous trois le nom commun de
chien, se trompent, pour n'avoir pas assez consulté la nature.

Il y a dans les climats plus chauds que le nôtre une espèce
d'animal féroce et cruel, moins différent du chien que ne le
sont le renard ou le loup; cet animal, qui s'appelle *adive* ou
chacal, a été remarqué et assez bien décrit par quelques voyageurs. On en trouve en grand nombre en Asie et en Afrique,
aux environs de Trébisonde, autour du mont Caucase, en
Mengrélie, en Natolie, en Hyrcanie, en Perse, aux Indes, à
Surate, à Goa, à Guzarate, au Bengale, au Congo, en Guinée,
et en plusieurs autres endroits; et quoique cet animal soit
regardé, par les naturels des pays qu'il habite, comme un
chien sauvage, et que son nom même le désigne, nous en
ferons l'histoire à part, comme nous ferons aussi celle du
loup, celle du renard, et celle de tous les autres animaux qui
font autant d'espèces distinctes et séparées.

Nous connaissons trente variétés dans celle du chien, et
assurément nous ne les connaissons pas toutes. De ces trente
variétés, il y en a dix-sept que l'on doit rapporter à l'influence
du climat, savoir : le chien de berger, le chien-loup, le chien
de Sibérie, le chien d'Islande et le chien de Laponie; le mâtin,
les lévriers, le grand danois et le chien d'Irlande; le chien
courant, les braques, les bassets, les épagneuls et le barbet;
le petit danois, le chien-turc, et le dogue : les treize autres,
qui sont le chien-turc métis, le lévrier à poil de loup, le chien-
bouffe, le chien de Malte ou bichon, le roquet, le dogue de

forte race, le doguin ou mopse, le chien de Calabre, le bur-
gos, le chien d'Alicante, le chien-lion, le petit-barbet, et le
chien qu'on appelle artois, issois ou quatre-vingts, ne sont que
des métis qui proviennent du mélange des premiers, et en
rapportant chacun de ces chiens métis aux deux races dont ils
sont issus, leur nature est dès lors assez connue. Mais à l'é-
gard des dix-sept premières races, si l'on veut connaître les
rapports qu'elles peuvent avoir entre elles, il faut avoir égard
à l'instinct, à la forme et à plusieurs autres circonstances.
J'ai mis ensemble le chien de berger, le chien-loup, le chien
de Sibérie, le chien de Laponie et le chien d'Islande, parce
qu'ils se ressemblent plus qu'ils ne ressemblent aux autres
par la figure et par le poil, qu'ils ont tous cinq le museau
pointu à peu près comme le renard, qu'ils sont les seuls qui
aient les oreilles droites, et que leur instinct les porte à suivre
et à garder les troupeaux. Le mâtin, le lévrier, le grand danois et le chien d'Irlande, ont, outre la ressemblance de la
forme et du long museau, le même naturel; ils aiment à courir, à suivre les chevaux, les équipages : ils ont peu de nez,
et chassent plutôt à vue qu'à l'odorat. Les vrais chiens de
chasse sont les chiens courants, les braques, les bassets, les
épagneuls et les barbets : quoiqu'ils diffèrent un peu par la
forme du corps, ils ont cependant tous le museau gros; et
comme leur instinct est le même, on ne peut guère se tromper en les mettant ensemble. L'épagneul, par exemple, a été
appelé par quelques naturalistes, *canis aviarius terrestris*, et
le barbet, *canis aviarius aquaticus*; et en effet, la seule différence qu'il y ait dans le naturel de ces deux chiens, c'est que
le barbet, avec son poil touffu, long et frisé, va plus volontiers à l'eau que l'épagneul, qui a le poil lisse et moins fourni,
ou que les trois autres, qui l'ont trop court et trop clair pour
ne pas craindre de se mouiller la peau. Enfin le petit danois
et le chien-turc ne peuvent manquer d'aller ensemble, puisqu'il est avéré que le chien-turc n'est qu'un petit danois qui
a perdu son poil. Il ne reste que le dogue qui, par son museau court, semble se rapprocher du petit danois plus que
d'aucun autre chien, mais qui en diffère à tant d'autres
égards qu'il paraît seul former une variété différente de toutes

les autres, tant pour la forme que pour l'instinct. Il semble aussi affecter un climat particulier : il vient d'Angleterre, et l'on a peine à en maintenir la race en France; les métis qui en proviennent, et qui sont le dogue de forte race et le doguin, y réussissent mieux. Tous ces chiens ont le nez si court, qu'ils ont peu d'odorat, et souvent beaucoup d'odeur. Il paraît aussi que la finesse de l'odorat, dans les chiens, dépend de la grosseur plus que de la longueur du museau, parce que le lévrier, le mâtin et le grand danois, qui ont le museau fort allongé, ont beaucoup moins de nez que le chien courant, le braque et le basset, et même que l'épagneul et le barbet, qui ont tous, à proportion de leur taille, le museau moins long, mais plus gros que les premiers.

La plus ou moins grande perfection des sens, qui ne fait pas dans l'homme une qualité éminente ni même remarquable, fait dans les animaux tout leur mérite, et produit comme cause tous les talents dont leur nature peut être susceptible. Je n'entreprendrai pas de faire ici l'énumération de toutes les qualités d'un chien de chasse; on sait assez combien l'excellence de l'odorat, jointe à l'éducation, lui donne d'avantage et de supériorité sur les autres animaux; mais ces détails n'appartiennent que de loin à l'histoire naturelle; et dailleurs les ruses et les moyens, quoique émanés de la simple nature, que les animaux sauvages mettent en œuvre pour se dérober à la recherche ou pour éviter la poursuite et les atteintes des chiens, sont peut-être plus merveilleux que les méthodes les plus fines de l'art de la chasse.

Le chien, lorsqu'il vient de naître, n'est pas encore entièrement achevé. Les chiens naissent communément avec les yeux fermés : les deux paupières ne sont pas simplement collées, mais adhérentes par une membrane qui se déchire lorsque le muscle de la paupière supérieure est devenu assez fort pour la relever et vaincre cet obstacle ; et la plupart des chiens n'ont les yeux ouverts qu'au dixième ou douzième jour. Dans ce même temps, les os du crâne ne sont pas achevés, le corps est bouffi, le museau gonflé, et leur forme n'est pas encore bien dessinée : mais en moins d'un mois ils apprennent à faire usage de tous leurs sens, et prennent ensuite de la force et un prompt accroissement. Au quatrième mois ils perdent quelques-unes de leurs dents, qui, comme dans les autres animaux, sont bientôt remplacées par d'autres qui ne tombent plus. Ils ont tous quarante-deux dents, savoir : six incisives en haut et six en bas, deux canines en haut et deux en bas, quatorze mâchelières en haut et douze en bas : mais cela n'est pas constant : il se trouve des chiens qui ont plus ou moins de dents mâchelières.

La durée de la vie est dans le chien, comme dans les autres animaux, proportionnelle au temps de l'accroissement : il est environ deux ans à croître, il vit aussi sept fois deux ans. L'on peut connaître son âge par les dents, qui, dans la jeunesse, sont blanches, tranchantes et pointues, et qui, à mesure qu'il vieillit, deviennent noires, mousses et inégales. On le connaît aussi par le poil; car il blanchit sur le museau, sur le front, et autour des yeux.

Ces animaux, qui, de leur naturel, sont très-vigilants, très-actifs, et qui sont faits pour le plus grand mouvement, deviennent dans nos maisons, par la surcharge de la nourriture, si pesants et si paresseux, qu'ils passent toute leur vie à ronfler, dormir, et manger. Ce sommeil presque continuel est accompagné de rêves, et c'est peut-être une douce manière d'exister. Ils sont naturellement voraces ou gourmands, et cependant ils peuvent se passer de nourriture pendant longtemps. Il y a dans les *Mémoires de l'Académie des Sciences* l'histoire d'une chienne qui, ayant été oubliée dans une maison de campagne, a vécu quarante jours sans autre nourriture que l'étoffe ou la laine d'un matelas qu'elle avait déchiré. Il paraît que l'eau leur est encore plus nécessaire que la nourriture. Ils boivent souvent et abondamment : on croit même vulgairement que quand ils manquent d'eau pendant longtemps, ils deviennent enragés. Une chose qui leur est particulière, c'est qu'ils paraissent faire des efforts et souffrir toutes les fois qu'ils rendent leurs excréments : ce n'est pas, comme le dit Aristote, parce que les intestins deviennent plus étroits en approchant de l'anus; il est certain, au contraire, que dans le chien, comme dans les autres animaux, les gros boyaux s'élargissent toujours de plus en

plus, et que le rectum est plus large que le colon. La sécheresse du tempérament de cet animal suffit pour produire cet
effet, et les étranglements qui se trouvent dans le colon sont
trop loin pour qu'on puisse l'attribuer à la conformation des
intestins.

VARIÉTÉS DANS LES CHIENS.

Il y avait, ces années dernières, à la foire Saint-Germain,
un chien de Sibérie qui nous a paru assez différent de celui
que nous connaissons. Il était couvert d'un poil beaucoup plus
long et qui tombait presque à terre. Au premier coup d'œil,
il ressemblait à un gros bichon; mais ses oreilles étaient
droites et en même temps beaucoup plus grandes. Il était tout
blanc, et avait vingt pouces et demi de longueur depuis le
bout du nez jusqu'à l'extrémité du corps, onze pouces neuf
lignes de hauteur, mesuré aux jambes de derrière, et onze
pouces trois lignes à celles de devant; l'œil d'un brun châtain; le bout du nez noirâtre, ainsi que le tour des narines
et le bord de l'ouverture de la gueule. Les oreilles, qu'il
porte toujours droites, sont très-garnies de poil d'un blanc
jaune en dedans, et fauve sur les bords et aux extrémités.
Les longs poils qui lui couvrent la tête lui cachent en partie
les yeux et tombent jusque sur le nez; les doigts et les ongles
des pieds sont aussi cachés par les longs poils des jambes,
qui sont de la même grandeur que ceux du corps; la queue,
qui se recourbe comme celle du chien-loup, est aussi recou-
verte de grands poils pendants, longs en général de sept à
huit pouces. C'est le chien le plus vêtu et le mieux fourré de
tous les chiens.

D'autres chiens amenés à Paris par des Russes, en 1759, et
auxquels ils donnaient le nom de *chiens de Sibérie*, étaient
d'une race très-différente du précédent. Ils étaient de grosseur
égale, le mâle et la femelle, à peu près de la grandeur des
lévriers de moyenne taille, le nez pointu, les oreilles demi-
droites, un peu pliées par le milieu. Ils n'étaient point effilés
comme les lévriers, mais bien ronds sous le ventre. La queue

avait environ huit à neuf pouces de long, assez grosse et obtuse à son extrémité. Ils étaient de couleur noire et sans poils blancs ; la femelle en avait seulement une touffe grise au milieu de la tête, et le mâle une touffe de la même couleur au bout de la queue. Ils étaient si caressants qu'ils en étaient incommodes, et d'une gourmandise ou plutôt d'une voracité si grande qu'on ne pouvait jamais les rassasier ; ils étaient en même temps d'une malpropreté insupportable, et perpétuellement en quête pour assouvir leur faim. Leurs jambes n'étaient ni trop grosses ni trop menues ; mais leurs pattes étaient larges, plates, et même fort épatées ; enfin leurs doigts étaient unis par une petite membrane. Leur voix était très-forte. Ils n'avaient nulle inclination à mordre, et caressaient indistinctement tout le monde ; mais leur vivacité était au-dessus de toute expression. D'après cette notice il paraît que ces chiens prétendus de Sibérie sont plutôt de la race de ceux que j'ai appelés *chiens d'Islande*, qui présentent un grand nombre de caractères semblables à ceux qui sont indiqués dans la description ci-dessus.

« Je me suis informé, m'écrit M. Collinson, des chiens de » Sibérie. Ceux qui tirent des traîneaux et des charrettes sont » de médiocre grandeur ; ils ont le nez pointu, les oreilles » droites et longues ; ils portent leur queue recourbée ; quel- » ques-uns sont comme des loups, et d'autres comme des re- » nards. »

La plupart des chiens du Groënland sont blancs, mais il s'en trouve aussi de noirs et d'un poil très-épais. Ils hurlent et grognent plutôt qu'ils n'aboient : ils sont stupides, et ne sont propres à aucune sorte de chasse ; on s'en sert néanmoins pour tirer des traîneaux, auxquels on les attelle au nombre de quatre ou six. Les Groënlandais en mangent la chair, et se font des habits de leurs peaux.

Les chiens du Kamstchatka sont grossiers, rudes, et demi-sauvages comme leurs maîtres. Ils sont communément blancs et noirs, plus agiles et plus vifs que nos chiens. Ils mangent beaucoup de poissons. On les fait servir à tirer des traîneaux. On leur donne toute liberté pendant l'été : on ne les rassemble qu'au mois d'octobre pour les atteler aux traîneaux : et pendant l'hiver on les nourrit avec une espèce de pâte faite de poisson qu'on laisse fermenter dans une fosse. On fait chauffer et presque cuire ce mélange avant de le leur donner.

Il paraît, par ces deux derniers passages tirés des voyageurs, que la race des chiens du Groënland et du Kamtschatka, et peut-être des autres climats septentrionaux, ressemble plus aux chiens d'Islande qu'à toutes autres races de chiens ; car la description que nous avons donnée ci-dessus des deux chiens amenés de Russie à Paris, aussi bien que les notices qu'on vient de lire sur les chiens du Groënland et sur ceux du Kamtschatka, conviennent assez entre elles, et peuvent se rapporter également à notre chien d'Islande.

Quoique nous ayons donné toutes les variétés constantes que nous avons pu rassembler dans l'espèce du chien, il en reste néanmoins quelques-unes que nous n'avons pu nous procurer. Par exemple, il y a une race de chiens sauvages dont j'ai vu deux individus, et que je n'ai pas été à portée de décrire, ni de faire dessiner. M. Aubry, curé de Saint-Loüis, dont tous les savants connaissent le beau cabinet, et qui joint à beaucoup de connaissances en histoire naturelle le goût de les rendre utiles par la communication franche et honnête de ce qu'il possède en ce genre, nous a souvent fourni des animaux nouveaux qui nous étaient inconnus ; et, au sujet des chiens ; il nous a dit avoir vu, il y a plusieurs années, un chien de la grandeur à peu près d'un épagneul de la moyenne espèce qui avait de longs poils et une grande barbe au menton. Des chiens de même race avaient autrefois été donnés à Louis XIV par M. le comte de Toulouse. M. le comte de Lassai eut aussi de ces mêmes chiens ; mais on ignore ce que cette race singulière est devenue.

A l'égard des chiens sauvages, dans lesquels il se trouve, comme dans les chiens domestiques, des races diverses, je n'ai pas eu d'autres informations que celles dont j'ai fait mention dans mon ouvrage ; seulement M. le vicomte de Querhoent a eu la bonté de me communiquer une note au sujet des chiens sauvages qui se trouvent dans les terres voisines du cap de Bonne-Espérance. Il dit « qu'il y a au Cap » des compagnies très-nombreuses de chiens sauvages qui

» sont de la taille de nos grands chiens, et qui ont le poil
» marqué de diverses couleurs. Ils ont les oreilles droites,
» courent d'une grande vitesse, et ne s'établissent nulle part
» fixement. Ils détruisent une quantité étonnante de bêtes
» fauves. On en tue rarement, et ils se prennent difficilement
» aux piéges, car ils n'approchent pas aisément des choses
» que l'homme a touchées. Comme on rencontre quelquefois
» de leurs petits dans les bois, on a tenté de les rendre do-
» mestiques, mais ils sont si méchants étant grands qu'on y
» a renoncé. »

* On a vu dans l'histoire et dans la description que j'ai données des différentes races de chiens que celle du chien de
berger paraît être la souche ou tige commune de toutes les
autres races, et j'ai rendu cette conjecture probable par quelques faits et par plusieurs comparaisons. Ce chien de berger,
que je regarde comme le vrai chien de nature, se trouve dans
presque tous les pays du monde. MM. Cook et Forster nous
disent « qu'ils remarquèrent à la Nouvelle-Zélande un grand
» nombre de chiens que les habitants du pays paraissent aimer
» beaucoup, et qu'ils tenaient attachés dans leurs pirogues
» par le milieu du ventre. Ces chiens étaient de l'espèce à
» longs poils, et ils ressemblaient beaucoup au chien de ber-
» ger de M. de Buffon. Ils étaient de diverses couleurs, les
» uns tachés, ceux-ci entièrement noirs, et d'autres parfaite-
» ment blancs. Ces chiens se nourrissent de poisson ou des
» mêmes aliments que leurs maîtres, qui ensuite les tuent
» pour manger leur chair et se vêtir de leur peau. De plu-
» sieurs de ces animaux qu'ils nous vendirent, les vieux ne
» voulurent rien manger; mais les jeunes s'accoutumèrent à
» nos provisions. »

« A la Nouvelle-Zélande, disent les mêmes voyageurs, et
» suivant les relations des premiers voyages aux îles tropi-
» ques de la mer du Sud, les chiens sont les animaux les
» plus stupides et les plus tristes du monde; ils ne paraissent
» pas avoir plus de sagacité que nos moutons; et comme à
» la Nouvelle-Zélande on ne les nourrit que de poisson, et
» seulement de végétaux dans les îles de la mer du Sud, ces
» aliments peuvent avoir contribué à changer leur instinct. »

M. Forster ajoute « que la race des chiens des îles de la
» mer du Sud ressemble beaucoup aux chiens de berger;
» mais leur tête est, dit-il, prodigieusement grosse. Ils ont
» les yeux d'une petitesse remarquable, des oreilles pointues,
» le poil long, et une queue courte et touffue. Ils se nour-
» rissent surtout de fruits aux îles de la Société, mais sur
» les îles basses et à la Nouvelle-Zélande, ils ne mangent que
» du poisson. Leur stupidité est extrême. Ils aboient rarement
» ou presque jamais, mais ils hurlent de temps en temps. Ils
» ont l'odorat très-faible, et ils sont excessivement paresseux.
» Les naturels les engraissent pour leur chair, qu'ils aiment
» passionnément, et qu'ils préfèrent à celle du cochon : ils
» fabriquent d'ailleurs avec leurs poils des ornements; ils en
» font des franges, des cuirasses aux îles de la Société, et
» ils en garnissent leurs vêtements à la Nouvelle-Zélande. »

On trouve également les chiens comme indigènes dans l'A-
mérique méridionale, où on les a nommés *chiens des bois*,
parce qu'on ne les a pas encore réduits, comme nos chiens,
en domesticité constante.

Le Chien des bois de Cayenne.

Il y a en effet plusieurs animaux que les habitants de la
Guiane ont nommés *chiens des bois*. La première espèce est
celle dont nous donnons ici la description, et de laquelle
M. de La Borde nous a envoyé la dépouille. Cet animal avait
deux pieds quatre pouces de longueur; la tête, six pouces
neuf lignes, depuis le bout du nez jusqu'à l'occiput : elle est
arquée à la hauteur des yeux, qui sont placés à cinq pouces
trois lignes de distance du bout du nez. On voit que ces
dimensions sont à peu près les mêmes que celles du chien de
berger, et c'est aussi la race de chien à laquelle cet animal de
la Guiane ressemble le plus : car il a, comme le chien de
berger, les oreilles droites et courtes, et la forme de la tête
toute pareille : mais il n'en a pas les longs poils sur le corps,
la queue et les jambes. Il ressemble au loup par le poil au
point de s'y méprendre, sans cependant avoir ni l'encolure

ni la queue du loup. Il a le corps plus gros que le chien de berger, les jambes et la queue un peu plus petites ; le bord des paupières est noir, ainsi que le bout du museau ; les joues sont rayées de deux petites bandes noirâtres ; les moustaches sont noires, les plus grands poils ont deux pouces cinq lignes. Les oreilles n'ont que deux pouces de longueur sur quatorze lignes de largeur à leur base ; elles sont garnies, à l'entrée, d'un poil blanc et jaunâtre, et couvertes d'un poil court roux mêlé de brun. Cette couleur rousse s'étend des oreilles jusque sur le cou ; elle devient grisâtre vers la poitrine, qui est blanche ; et tout le milieu du ventre est d'un blanc jaunâtre, ainsi que le dedans des cuisses et des jambes de devant. Le poil de la tête et du corps est mélangé de noir, de fauve, de gris et de blanc. Le fauve domine sur la tête et les jambes ; mais il y a plus de gris sur le corps, à cause du grand nombre de poils blancs qui y sont mêlés. Les jambes sont menues, et le poil en est court ; il est comme celui des pieds, d'un brun foncé, mêlé d'un peu de roux. Les pieds sont petits et n'ont que dix-sept lignes jusqu'à l'extrémité du plus long doigt ; les ongles des pieds de devant ont cinq lignes et demie : le premier des ongles internes est plus fort que les autres ; il a six lignes de longueur et trois lignes de largeur à sa naissance ; ceux des pieds de derrière ont cinq lignes. Le tronçon de la queue a onze pouces ; il est couvert d'un petit poil jaunâtre tirant sur le gris ; le dessus de la queue a quelques nuances de brun, et son extrémité est noire.

Plusieurs personnes m'ont assuré qu'il y a de plus dans l'intérieur des terres de la Guiane, surtout dans les grands bois du canton d'Oyapok, une autre espèce de chiens des bois, plus petite que la précédente, dont le poil est noir et fort long, la tête très-grosse, et le museau plus allongé. Les sauvages élèvent ces animaux pour la chasse des agoutis et des accouchis.

Au reste, ces deux espèces chassent les agoutis, les pacas, etc. ; ils s'en saisissent et les tuent : faute de gibier, ils montent sur les arbres dont ils aiment les fruits, tels que ceux du bois rouge, etc. Ils marchent par troupes de six ou sept.

Ils ne s'apprivoisent que difficilement, et conservent toujours un caractère de méchanceté.

D'un Chien-turc et gredin.

Je donne encore ici la description d'une très-petite chienne qui appartenait à madame la présidente de Saint-Fargeau. Cette petite chienne était âgée de treize ans, et avait pour mère une gredine toute noire, plus grosse que celle-ci, qui n'avait qu'un pied de longueur depuis le bout du nez jusqu'à l'origine de la queue, sept pouces de hauteur aux jambes de devant, et sept pouces neuf lignes au train de derrière. La tête est très-grosse à l'occiput, et forme un enfoncement à la hauteur des yeux; le museau est court et menu; le dessus du nez, noir, ainsi que l'extrémité et les naseaux; les mâchoires, d'un brun noirâtre; le globe des yeux, fort gros; l'œil, noir, et les paupières bien marquées; la tête et le corps, d'un gris d'ardoise clair, mêlé de couleur de chair à quelques endroits; les oreilles droites et longues de deux pouces dix lignes sur quinze lignes de diamètre à la base; elles sont lisses et sans poil en dedans, et de couleur de chair, surtout à leur base; elles finissent en une pointe arrondie, et sont couvertes à l'extérieur de poils blanchâtres assez clair-semés. Ces poils sont longs surtout à la base de l'oreille, où ils ont seize lignes de longueur, et comme tout le tour de l'oreille est garni de longs poils blancs, il semble qu'elle soit bordée d'hermine : le corps au contraire est antérieurement nu, sans aucun poil ni duvet. La peau forme des rides sur le cou, le dos et le ventre, où l'on voit six petites mamelles. Il y a de longs poils, en forme de soies blanches, autour du cou et de la poitrine, ainsi qu'autour de la tête. Ces poils sont clair-semés sur le cou jusqu'aux épaules, mais ils sont comme collés sur le front et les joues; ce qui rend le tour de la face comme blanchâtre. La queue, qui a trois pouces onze lignes de longueur, est plus grosse à son origine qu'à son extrémité, et sans poils, comme le reste du corps. Les jambes sont de la couleur du corps, nues, et sans poils; les ongles sont fort longs, crochus et d'un noir grisâtre en dessus.

On voit, par cette description, que cette petite chienne, née d'une gredine noire, ressemble au chien-turc par la nudité et la couleur de son corps. Mais ce qui semble former un caractère particulier dans cette petite chienne, ce sont ses grandes oreilles toujours droites qui ont quelques rapports avec les oreilles du rat, ainsi que la queue, qui ne se relève pas, et qui est horizontalement droite ou pendante entre les jambes. Cependant cette queue n'est point écailleuse comme celle du rat; elle est seulement nue et comme noueuse en quelques endroits. Cette petite chienne ne tenait donc rien de sa mère, excepté le peu de poils aux endroits que nous avons indiqués. Elle avait l'habitude de tirer la langue et de la laisser pendante hors de sa gueule souvent de plus d'un pouce et demi de longueur; et l'on nous assura que cette habitude lui était naturelle, et qu'elle tirait ainsi la langue dès le temps de sa naissance.

Le grand Chien-loup.

M. le marquis d'Amezaga, par sa lettre datée de Paris, le 3 décembre 1782, m'a donné connaissance de ce chien.

M. le duc de Bourbon avait ramené ce chien de Cadix. Il a à très-peu près, quoique très-jeune, la forme et la grandeur d'un gros loup, bien fait et de grande taille; mais ce chien n'est pas, comme le loup, d'une couleur uniforme : il présente au contraire deux couleurs, le brun et le blanc, bien distinctes et assez irrégulièrement réparties; on voit du brun noirâtre sur la tête, les oreilles, autour des yeux, sur le cou, la poitrine, le dessus et les côtés du corps, et sur le dessus de la queue; le blanc se trouve sur les mâchoires, sur les côtés des joues, sur une partie du museau, dans l'intérieur des oreilles, sous la queue, sur les jambes, les faces internes des cuisses, le dessous du ventre et la poitrine.

Sa tête est étroite, son museau allongé; et cette conformation lui donne une physionomie fine. Le poil des moustaches est court, les yeux sont petits et l'iris en est verdâtre. On remarque une assez grande tache blanche au-dessus des yeux, et une petite en pointe au milieu du front. Les oreilles

sont droites et larges à la base. La queue a seize pouces de longueur jusqu'à l'extrémité des poils, qui sont longs de six pouces neuf lignes : il la porte haute ; elle représente une sorte de panache, et elle est recourbée en avant comme celle du chien-loup. Les poils qui sont sur le corps sont longs d'un pouce ; ils sont blancs à la racine, et bruns dans leur longueur jusqu'à leur extrémité. Les poils de dessous le ventre sont blancs, et ont trois pouces deux lignes ; ceux des cuisses ont cinq pouces : ils sont bruns dans leur longueur, et blancs à leur extrémité ; et en général au-dessous du long poil il y en a de plus court qui est laineux et de couleur fauve. La tête est pointue comme celle des loups-lévriers : « car les chas-
» seurs distinguent, dit M. d'Amezaga, les loups-mâtins et
» les loups-lévriers, dont l'espèce est beaucoup plus rare que
» l'autre. Ainsi la tête de ce chien ressemble à celle d'un
» lévrier ; le museau est pointu. Il n'est âgé que d'environ
» huit mois ; il paraît assez doux et fort caressant. Les oreilles
» sont très-courtes et ressemblent à celles des chiens de ber-
» ger ; le poil en est épais, mais fort court ; en dedans il est
» de couleur fauve, et châtain en dehors. Les pattes, depuis
» l'épaule et depuis la cuisse, sont aussi de couleur fauve ;
» elles sont larges et fortes, et le pied est exactement celui
» du loup. Il marque beaucoup de désir de courir après les
» poules. D'après cela j'ai pensé qu'il tirait son origine de la
» race primitive. Il paraît avoir l'odorat très-fin, et ne semble
» pas être sensible à l'amitié. »

Voilà tout ce que nous avons pu savoir des habitudes de ce chien, dont nous ignorons le pays natal.

Le grand Chien de Russie.

En 1783, mon fils amena de Pétersbourg à Paris un chien et une chienne d'une race différente de toutes celles dont j'ai donné la description. Le chien, quoique encore fort jeune, était déjà plus grand que le plus grand danois ; son corps était plus allongé et plus étroit à la partie des reins, la tête un peu plus petite, la physionomie fine et le museau fort allongé ; les oreilles étaient pendantes, comme dans le danois et le lévrier, les jambes fines et les pieds petits. Ce chien avait la queue pendante et touchant à terre dans ses moments de repos ; mais dans les mouvements de liberté il la portait élevée, et les grands poils dont elle était garnie formaient un panache replié en avant. Il diffère des grands lévriers non-seulement par la grande longueur de corps, mais encore par les grands poils qui sont autour des oreilles, sur le cou, sous le ventre, sur le derrière des jambes de devant, sur les cuisses et sur la queue, où ils sont le plus longs.

Il est presque entièrement couvert de poils blancs, à l'exception de quelques taches grisâtres qui sont sur le dos et entre les yeux et les oreilles. Le tour des yeux et le bout du nez sont noirs ; l'iris de l'œil est d'un jaune rougeâtre assez clair. Les oreilles, qui finissent en pointe, sont jaunes et bordées de noir ; le poil est brun autour du conduit auditif et sur une partie du dessus de l'oreille. La queue, longue d'un pied neuf pouces, est très-garnie de poils blancs, longs de cinq pouces ; ils n'ont sur le corps que treize lignes, sous le ventre deux pouces deux lignes, et sur les cuisses trois pouces.

La femelle était un peu plus petite que le mâle dont nous venons de donner la description ; sa tête était plus étroite, et le museau plus effilé. En général, cette chienne était de forme plus légère que le chien, et en proportion plus garnie de longs poils. Ceux du mâle étaient blancs presque sur tout le corps, au lieu que la femelle avait de très-grandes taches d'un brun marron sur les épaules, sur le dos, sur le train de derrière et sur la queue, qu'elle relevait moins souvent ; mais par tous les autres caractères elle ressemblait au mâle.

LE CHAT.

E chat est un domestique infidèle qu'on ne garde que par nécessité, pour l'opposer à un autre ennemi domestique encore plus incommode, et qu'on ne peut chasser : car nous ne comptons pas les gens qui, ayant du goût pour toutes les bêtes, n'élèvent les chats que pour s'en amuser; l'un est l'usage, l'autre l'abus; et quoique ces animaux, surtout quand ils sont jeunes, aient de la gentillesse, ils ont en même temps une malice innée, un caractère faux, un naturel pervers, que l'âge augmente encore, et que l'éducation ne fait que masquer. De voleurs déterminés ils deviennent seulement, lorsqu'ils sont bien élevés, souples et flatteurs comme les fripons; ils ont la même adresse, la même subtilité, le même goût pour faire le mal, le même penchant à la petite rapine; comme eux, ils savent couvrir leur marche, dissimuler leur dessein, épier les occasions, attendre, choisir l'instant de faire leur coup, se dérober ensuite au châtiment, fuir et demeurer éloignés jusqu'à ce qu'on les rappelle. Ils prennent aisément des habitudes de société, mais jamais des mœurs. Ils n'ont que l'apparence de l'attachement; on le voit à leurs mouvements obliques, à leurs yeux équivoques : ils ne regardent jamais en face la personne aimée; soit défiance ou fausseté, ils prennent des détours pour en approcher, pour chercher des caresses auxquelles ils ne sont sensibles que pour le plaisir qu'elles leur font. Bien différent de cet animal fidèle dont tous les sentiments se rapportent à la personne de son maître, le chat ne paraît sentir que pour soi, n'aimer que sous condition, ne se prêter au commerce que pour en abuser; et par cette convenance de naturel il est moins incompatible avec l'homme qu'avec le chien, dans lequel tout est sincère.

La forme du corps et le tempérament sont d'accord avec le naturel : le chat est joli, léger, adroit, propre et voluptueux : il aime ses aises, il cherche les meubles les plus mollets pour s'y reposer et s'ébattre.

Les jeunes chats sont gais, vifs, jolis, et seraient aussi très-propres à amuser les enfants, si les coups de patte n'étaient pas à craindre; mais leur badinage, quoique toujours agréable et léger, n'est jamais innocent, et bientôt il se tourne en malice habituelle; et comme ils ne peuvent exercer ces talents avec quelque avantage que sur les petits animaux, ils se mettent à l'affût près d'une cage, ils épient les oiseaux, les souris, les rats, et deviennent d'eux-mêmes, et sans y être dressés, plus habiles à la chasse que les chiens les mieux instruits. Leur naturel, ennemi de toute contrainte, les rend incapables d'une éducation suivie. On raconte néanmoins que des moines grecs de l'île de Chypre avaient dressé des chats à chasser, prendre et tuer les serpents dont cette île était infestée; mais c'était plutôt par le goût général qu'ils ont pour la destruction que par obéissance qu'ils chassaient; car ils se plaisent à épier, attaquer, détruire assez indifféremment tous les animaux faibles, comme les oiseaux, les jeunes lapins, les levreaux, les rats, les souris, les mulots, les chauve-souris, les taupes, les crapauds, les grenouilles, les lézards et les serpents. Ils n'ont aucune docilité ; ils manquent aussi de la finesse de l'odorat, qui, dans le chien, sont deux qualités éminentes; aussi ne poursuivent-ils pas les animaux qu'ils ne voient plus : ils ne les chassent pas, mais ils les attendent, les attaquent par surprise, et, après s'en être joués longtemps, ils les tuent sans aucune nécessité, lors même qu'ils sont le mieux nourris et qu'ils n'ont aucun besoin de cette proie pour satisfaire leur appétit.

La cause physique la plus immédiate de ce penchant qu'ils ont à épier et surprendre les autres animaux vient de l'avantage que leur donne la conformation particulière de leurs yeux. La pupille, dans l'homme, comme dans la plupart des animaux, est capable d'un certain degré de contraction et de dilatation : elle s'élargit un peu lorsque la lumière manque. et se rétrécit lorsqu'elle devient trop vive. Dans l'œil du chat et des oiseaux de nuit, cette contraction et cette dilatation sont si considérables, que la pupille, qui, dans l'obscurité, est ronde et large, devient au grand jour longue et étroite comme une ligne, et dès lors ces animaux voient mieux la nuit que le jour, comme on le remarque dans les chouettes, les hiboux, etc., car la forme de la pupille est toujours ronde dès qu'elle n'est pas contrainte. Il y a donc contraction continuelle dans l'œil du chat pendant le jour, et ce n'est pour ainsi dire que par effort qu'il voit à une grande lumière ; au lieu que dans le crépuscule, la pupille reprenant son état naturel, il voit parfaitement, et profite de cet avantage pour reconnaître, attaquer et surprendre les autres animaux.

On ne peut pas dire que les chats, quoique habitants de nos maisons, soient des animaux entièrement domestiques : ceux qui sont le mieux apprivoisés n'en sont pas plus asservis ; on peut même dire qu'ils sont entièrement libres ; ils ne font que ce qu'ils veulent, et rien au monde ne serait capable de les retenir un instant de plus dans un lieu dont ils voudraient s'éloigner. D'ailleurs la plupart sont à demi-sauvages, ne connaissent pas leurs maîtres, ne fréquentent que les greniers et les toits, et quelquefois la cuisine et l'office, lorsque la faim les presse. Quoiqu'on en élève plus que de chiens, comme on les rencontre rarement, ils ne font pas sensation pour le nombre ; aussi prennent-ils moins d'attachement pour les personnes que pour les maisons : lorsqu'on les transporte à des distances assez considérables, comme à une lieue ou deux, ils reviennent d'eux-mêmes à leur grenier, et c'est apparemment parce qu'ils en connaissent toutes les retraites à souris, toutes les issues, tous les passages, et que la peine du voyage est moindre que celle qu'il faudrait prendre pour acquérir les mêmes facilités dans un nouveau pays. Ils craignent l'eau, le froid et les mauvaises odeurs ; ils aiment à se tenir au soleil ; ils cherchent à se gîter dans les lieux les plus chauds, derrière les cheminées ou dans les fours. Ils aiment aussi les parfums, et se laissent volontiers prendre et caresser par les personnes qui en portent : l'odeur de cette plante que l'on appelle l'*herbe-aux-chats* les remue si fortement et si délicieusement, qu'ils en paraissent transportés de plaisir. On est obligé, pour conserver cette plante' dans les jardins, de l'entourer d'un treillage fermé : les chats la sentent de loin, accourent pour s'y frotter, passent et repassent si souvent par-dessus, qu'ils la détruisent en peu de temps.

A quinze ou dix-huit mois ces animaux ont pris tout leur accroissement; leur vie ne s'étend guère au delà de neuf ou dix ans; ils sont cependant très-durs, très-vivaces, et ont plus de nerf et de ressort que d'autres animaux qui vivent plus longtemps.

Les chats ne peuvent mâcher que lentement et difficilement : leurs dents sont si courtes et si mal posées, qu'elles ne leur servent qu'à déchirer et non pas à broyer les aliments : aussi cherchent-ils de préférence les viandes les plus tendres; ils aiment le poisson, et le mangent cuit ou cru. Ils boivent fréquemment. Leur sommeil est léger, et ils dorment moins qu'ils ne font semblant de dormir. Ils marchent légèrement, presque toujours en silence et sans faire aucun bruit; ils se cachent et s'éloignent pour rendre leurs excréments, et les recouvrent de terre. Comme ils sont propres, et que leur robe est toujours sèche et lustrée, leur poil s'électrise aisément, et l'on en voit sortir des étincelles dans l'obscurité lorsqu'on le frotte avec la main. Leurs yeux aussi brillent dans les ténèbres, à peu près comme les diamants, qui réfléchissent au dehors, pendant la nuit, la lumière dont ils se sont pour ainsi dire imbibés pendant le jour.

Le chat sauvage et le chat domestique ne font qu'une seule et même espèce. Quelques-uns de nos chats domestiques ressemblent tout à fait aux chats sauvages; la différence la plus réelle est à l'intérieur. Le chat domestique a ordinairement les boyaux beaucoup plus longs que le chat sauvage : cependant le chat sauvage est plus fort et plus gros que le chat domestique; il a toujours les lèvres noires, les oreilles plus raides, la queue plus grosse et les couleurs constantes. Dans ce climat on ne connaît qu'une espèce de chat sauvage, et il paraît, par le témoignage des voyageurs, que cette espèce se retrouve aussi dans presque tous les climats, sans être sujette à de grandes variétés. Il y en avait dans le continent du Nou-

veau-Monde avant qu'on en eût fait la découverte : un chasseur en porta un qu'il avait pris dans les bois à Christophe
Colomb. Ce chat était d'une grosseur ordinaire ; il avait le poil
gris-brun, la queue très-longue et très-forte. Il y avait aussi
de ces chats sauvages au Pérou, quoiqu'il n'y en eût point de
domestiques : il y en a en Canada, dans le pays des Illi-
nois, etc. On en a vu dans plusieurs endroits de l'Afrique,
comme en Guinée, à la côte d'Or, à Madagascar, où les naturels du pays avaient même des chats domestiques, au cap de
Bonne-Espérance, où Kolbe dit qu'il se trouve aussi des chats
sauvages de couleur bleue, quoiqu'en petit nombre. Ces chats
bleus, ou plutôt couleur d'ardoise, se retrouvent en Asie. « Il
» y a en Perse, dit Pietro della Valle, une espèce de chats qui
» sont proprement de la province du Korazan ; leur grandeur
» et leur forme sont comme celles du chat ordinaire ; leur
» beauté consiste dans leur couleur et dans leur poil qui est
» gris, sans aucune moucheture et sans nulle tache, d'une
» même couleur par tout le corps, si ce n'est qu'elle est un
» peu plus obscure sur le dos et sur la tête, et plus claire sur la
» poitrine et sur le ventre, qui va quelquefois jusqu'à la blan-
» cheur, avec ce tempérament agréable de clair-obscur, comme
» parlent les peintres, qui, mêlés l'un dans l'autre, font un
» merveilleux effet ; de plus, leur poil est délié, fin, lustré,
» mollet, délicat comme la soie, et si long, que quoiqu'il ne
» soit pas hérissé, mais couché, il est annelé en quelques
» endroits, et particulièrement sous la gorge. Ces chats sont
» entre les autres chats ce que les barbets sont entre les
» chiens. Le plus beau de leur corps est la queue, qui est
» fort longue et toute couverte de poils longs de cinq ou six
» doigts : ils l'étendent et la renversent sur leur dos comme
» font les écureuils, la pointe en haut en forme de panache.
» Ils sont fort privés. Les Portugais en ont porté de Perse
» jusqu'aux Indes. » Pietro della Valle ajoute qu'il en avait
quatre couples, qu'il comptait porter en Italie. On voit par
cette description que ces chats de Perse ressemblent par la
couleur à ceux que nous appelons *chats chartreux*, et qu'à
la couleur près, ils ressemblent parfaitement à ceux que nous
appelons *chats d'Angora*. Il est donc vraisemblable que les

chats du Korazan en Perse, le chat d'Angora en Syrie et le chat chartreux, ne font qu'une même race, dont la beauté vient de l'influence particulière du climat de Syrie, comme les chats d'Espagne, qui sont rouges, blancs et noirs, et dont le poil est aussi très-doux et très-lustré, doivent cette beauté à l'influence du climat de l'Espagne. On peut dire en général que de tous les climats de la terre habitable, celui d'Espagne et celui de Syrie sont les plus favorables à ces belles variétés de la nature : les moutons, les chèvres, les chats, les lapins, etc., ont en Espagne et en Syrie la plus belle laine, les plus beaux et les plus longs poils, les couleurs les plus agréables et les plus variées : il semble que ce climat adoucisse la nature et embellisse la forme de tous les animaux. Le chat sauvage a les couleurs dures et le poil un peu rude, comme la plupart des autres animaux sauvages : devenu domestique, le poil s'est radouci, les couleurs ont varié, et dans le climat favorable du Korazan et de la Syrie le poil est devenu plus long, plus fin, plus fourni, et les couleurs se sont uniformément adoucies ; le noir et le roux sont devenus d'un brun-clair, le gris-brun est devenu gris cendré ; et en comparant un chat sauvage de nos forêts avec un chat chartreux, on verra qu'ils ne diffèrent en effet que par cette dégradation nuancée de couleurs. Dans le chat d'Espagne, qui n'est qu'une autre variété du chat sauvage, les couleurs, au lieu de s'être affaiblies par nuances uniformes comme dans le chat de Syrie, se sont, pour ainsi dire, exaltées dans le climat d'Espagne, et sont devenues plus vives et plus tranchées ; le roux est devenu presque rouge, le brun est devenu noir et le gris est devenu blanc. Ces chats, transportés aux îles de l'Amérique, ont conservé leurs belles couleurs et n'ont pas dégénéré. « Il y a aux Antilles, dit le P. Du Tertre, grand » nombre de chats qui vraisemblablement y ont été apportés » par les Espagnols : la plupart sont marqués de roux, de » blanc et de noir. Plusieurs de nos Français, après en avoir » mangé la chair, emportent les peaux en France pour les » vendre. Ces chats, au commencement que nous fûmes dans » la Guadeloupe, étaient tellement accoutumés à se repaître de » perdrix, de tourterelles, de grives et d'autres petits oiseaux,

» qu'ils ne daignaient pas regarder les rats ; mais le gibier
» étant actuellement fort diminué, ils ont rompu la trève avec
» les rats, ils leur font bonne guerre, etc. » En général les
chats ne sont pas, comme les chiens, sujets à s'altérer et à dégénérer lorsqu'on les transporte dans les climats chauds.

« Les chats d'Europe, dit Bosman, transportés en Guinée,
» ne sont pas sujets à changer comme les chiens ; ils gardent
» la même figure, etc. » Ils sont, en effet, d'une nature beaucoup plus constante ; et, comme leur domesticité n'est ni aussi
entière, ni aussi universelle, ni peut-être aussi ancienne que
celle du chien, il n'est pas surprenant qu'ils aient moins varié.
Nos chats domestiques, quoique différents les uns des autres
par les couleurs, ne forment point de races distinctes et séparées ; les seuls climats d'Espagne et de Syrie ou du Korazan
ont produit des variétés constantes, et qui se sont perpétuées :
on pourrait encore y joindre le climat de la province de Pe-
chi-ly à la Chine, où il y a des chats à longs poils avec les
oreilles pendantes, que les dames chinoises aiment beaucoup.
Ces chats domestiques à oreilles pendantes, dont nous n'a-
vons pas une ample description, sont sans doute encore plus
éloignés que les autres qui ont les oreilles droites, de la race
du chat sauvage, qui néanmoins est la race originaire et primitive de tous les chats.

. Nous terminerons ici l'histoire du chat, et en même temps
l'histoire des animaux domestiques. Le cheval, l'âne, le bœuf,
la brebis, la chèvre, le cochon, le chien et le chat, sont nos
seuls animaux domestiques. Nous n'y joignons pas le chameau, l'éléphant, le renne, et les autres, qui, quoique domestiques ailleurs, n'en sont pas moins étrangers pour nous.
D'ailleurs, comme le chat n'est, pour ainsi dire, qu'à demi-
domestique, il fait la nuance entre les animaux domestiques
et les animaux sauvages ; car on ne doit pas mettre au nombre
des domestiques, des voisins incommodes, tels que les souris,
les rats, les taupes, qui, quoique habitants de nos maisons
ou de nos jardins, n'en sont pas moins libres et sauvages,
puisqu'au lieu d'être attachés et soumis à l'homme, ils le
fuient, et que, dans leurs retraites obscures, ils conservent
leurs mœurs, leurs habitudes et leur liberté tout entière.

On a vu dans l'histoire de chaque animal domestique combien l'éducation, l'abri, le soin, la main de l'homme, influent sur le naturel, sur les mœurs, et même sur la forme des animaux : on a vu que ces causes, jointes à l'influence du climat, modifient, altèrent et changent les espèces, au point d'être différentes de ce qu'elles étaient originairement, et rendent les individus si différents entre eux dans le même temps et dans la même espèce. On a vu que les différentes races de ces animaux domestiques suivent dans les différents climats le même ordre à peu près que les races humaines; qu'ils sont, comme les hommes, plus forts, plus grands et plus courageux, dans les pays froids; plus civilisés, plus doux, dans le climat tempéré; plus lâches, plus faibles et plus laids, dans les climats trop chauds; que c'est encore dans les climats tempérés et chez les peuples les plus policés que se trouvent la plus grande diversité, le plus grand mélange, et les plus nombreuses variétés dans chaque espèce : et ce qui n'est pas moins digne de remarque, c'est qu'il y a dans les animaux plusieurs signes évidents de l'ancienneté de leur esclavage; les oreilles pendantes, les couleurs variées, les poils longs et fins, sont autant d'effets produits par le temps, ou plutôt par la longue durée de leur domesticité. Presque tous les animaux libres et sauvages ont les oreilles droites : le sanglier les a droites et raides, le cochon domestique les a inclinées et demi-pendantes. Chez les Lapons, chez les sauvages de l'Amérique, chez les Hottentots, chez les Nègres, et les autres peuples non policés, tous les chiens ont les oreilles droites, au lieu qu'en Espagne, en France, en Angleterre, en Turquie, en Perse, à la Chine, et dans tous les pays civilisés, la plupart les ont molles et pendantes. Les chats domestiques n'ont pas les oreilles si raides que les chats sauvages, et l'on voit qu'à la Chine, qui est un empire très-anciennement policé, et où le climat est fort doux, il y a des chats domestiques à oreilles pendantes. C'est par cette même raison que la chèvre d'Angora, qui a les oreilles pendantes, doit être regardée entre toutes les chèvres comme celle qui s'éloigne le plus de l'état de la nature. L'influence si générale et si marquée du climat de Syrie, jointe à la domesticité de ces animaux chez un peuple très-anciennement policé, aura produit avec le temps cette variété, qui ne se maintiendrait pas dans un autre climat. Les chèvres d'Angora nées en France n'ont pas les oreilles aussi longues ni aussi pendantes qu'en Syrie, et reprendraient vraisemblablement le poil et les oreilles de nos chèvres après un certain nombre de générations.

*J'ai dit *que les chats dormaient moins qu'ils ne font semblant de dormir.* Quelques personnes ont pensé, d'après ce passage, que j'étais dans l'opinion que les chats ne dormaient point du tout. Cependant je savais très-bien qu'ils dorment; mais j'ignorais que leur sommeil fût quelquefois très-profond : à cette occasion, j'ai reçu de M. Pasumot, de l'Académie de Dijon, qui est fort instruit dans les différentes parties de l'histoire naturelle, une lettre dont voici l'extrait :

« Permettez-moi, monsieur, de remarquer que je crois que
» vous avez dit, au sujet du chat, qu'il ne dormait point. Je
» puis vous assurer qu'il dort. A la vérité, il dort rarement;
» mais son sommeil est si fort, que c'est une espèce de léthar-
» gie. Je l'ai observé dix fois au moins sur les différents chats.
» J'étais assez jeune quand j'en fis l'observation pour la pre-
» mière fois. De coutume je couchais avec moi, dans mon lit,
» un chat que je plaçais toujours à mes pieds; dans une nuit,
» que je ne dormais pas, je repoussai le chat, qui me gênait :
» je fus étonné de le trouver d'un poids si lourd, et en même
» temps si immobile, que je le crus mort; je le tirai bien vite
» avec la main, et je fus encore tout étonné en le tirant de ne
» lui sentir aucun mouvement : je le remuai bien fort, et à
» force de l'agiter, il se réveilla, mais ce fut avec peine et len-
» tement. J'ai observé le même sommeil par la suite, et la
» même difficulté dans le réveil; presque toujours ç'a été dans
» la nuit; je l'ai aussi observé durant le jour, mais une seule
» fois, à la vérité, et c'est depuis que j'ai eu lu ce que vous
» dites du défaut de sommeil dans cet animal; je n'ai même
» cherché à l'observer qu'à cause de ce que vous en avez dit.
» Je pourrais vous citer encore le témoignage d'une personne
» qui, comme moi, a souvent observé le sommeil d'un chat,
» même en plein jour et avec les mêmes circonstances. Cette
» personne a même reconnu de plus que, quand cet animal

» dort en plein jour, c'est dans le fort de la chaleur, et surtout
» lors de la proximité des orages. »

M. de Lestrée, négociant, de Châlons en Champagne, qui
faisait coucher souvent des chats avec lui, a remarqué :

« 1° Que, dans le temps que ces animaux font une espèce
» de ronflement, lorsqu'ils sont tranquilles ou qu'ils semblent
» dormir, ils font quelquefois une inspiration un peu longue,
» et aussitôt une forte expiration, et que, dans ce moment,
» ils exhalent par la bouche une odeur qui ressemble beau-
» coup à l'odeur du musc ou de la fouine.

» 2° Quand ils aperçoivent quelque chose qui les surprend,
» comme un chien ou un autre objet qui les frappe inopiné-
» ment, ils font une sorte de sifflement faux, qui répand en-
» core la même odeur. Cette remarque n'est pas particulière
» aux mâles ; car j'ai fait la même observation sur des chattes
» comme sur des chats de différentes couleurs et de différents
» âges. »

De ces faits, M. de Lestrée semblerait croire que le chat
aurait dans la poitrine ou l'estomac quelques vésicules remplies d'une odeur parfumée, qui se répand au dehors par la
bouche ; mais l'anatomie ne nous démontre rien de semblable.

Nous avons dit qu'il y avait à la Chine des chats à oreilles
pendantes : cette variété ne se trouve nulle part ailleurs, et
fait peut-être une espèce différente de celle du chat; car les
voyageurs, parlant d'un animal appelé *Sumxu*, qui est tout à
fait domestique à la Chine, disent qu'on ne peut mieux le
comparer qu'au chat, avec lequel il a beaucoup de rapports.
Sa couleur est noire ou jaune, et son poil extrêmement luisant. Les Chinois mettent à ces animaux des colliers d'argent
au cou, et les rendent extrêmement familiers : comme ils ne
sont pas communs, on les achète fort cher, tant à cause de
leur beauté que parce qu'ils font aux rats la plus cruelle
guerre.

Il y a aussi à Madagascar des chats sauvages rendus domestiques, dont la plupart ont la queue tortillée; on les appelle
Saca : mais ces chats sauvages sont de la même espèce que
les chats domestiques de ce pays.

Une autre variété que nous avons observée, c'est que, dans notre climat, il naît quelquefois des chats avec des pinceaux à l'extrémité des oreilles. M. de Sève, que j'aurai occasion de citer plusieurs fois, m'écrit (16 novembre 1773) qu'il est né dans sa maison, à Paris, une petite chatte de la race que nous avons appelée *chat d'Espagne*, avec des pinceaux au bout des oreilles; et quelques mois après, les pinceaux de cette jeune chatte étaient aussi grands, à proportion de sa taille, que ceux du lynx de Canada.

On m'a envoyé récemment de Cayenne la peau d'un animal qui ressemble beaucoup à celle de notre chat sauvage. On appelle cet animal *Haïra* dans la Guiane, où l'on en mange la chair, qui est blanche et de bon goût; cela seul suffit pour faire présumer que le haïra, quoique fort ressemblant au chat, est néanmoins d'une espèce différente : mais il se peut que le nom *haïra* soit mal appliqué ici; car je présume que ce nom est le même que *taira*, et il n'appartient pas à un chat, mais à une petite fouine.

Chat sauvage de la Nouvelle-Espagne.

On m'a envoyé d'Espagne la notice suivante d'un chat tigre ou chat des bois.

« Chat tigre, chat des bois ou chat sauvage de la Nouvelle-
» Espagne : sa hauteur est près de trois pieds; sa longueur,
» depuis le bout du nez jusqu'à la naissance de la queue, de
» plus de quatre pieds; il a les yeux petits et la queue assez
» courte; le poil d'un gris cendré bleuâtre, moucheté de noi-
» râtre; ce poil est assez rude pour qu'on en puisse faire des
» pinceaux à pointe fixe et ferme. »

Ce chat tigre ou chat des bois de la Nouvelle-Espagne paraît être le même que le serval.

FIN DES ANIMAUX DOMESTIQUES EN FRANCE.

ANIMAUX SAUVAGES

EN FRANCE.

ᴀɴꜱ les animaux domestiques et dans l'homme nous n'avons vu la nature que contrainte, rarement perfectionnée, souvent altérée, et toujours environnée d'entraves ou chargée d'ornements étrangers; maintenant elle va paraître nue, parée de sa seule simplicité, mais plus piquante par sa beauté naïve, sa démarche légère, son air libre, et par les autres attributs de la noblesse et de l'indépendance. Nous la verrons, parcourant en souveraine la surface de la terre, partager son domaine avec les animaux, assigner à chacun son élément, son climat, sa subsistance : nous la verrons dans les forêts, dans les eaux, dans les plaines, dictant ses lois simples mais immuables, imprimant sur chaque espèce ses caractères inaltérables, et dispensant avec équité ses dons, compenser le bien et le mal, donner aux uns la force et le courage, accompagnés du besoin et de la voracité; aux autres, la douceur, la tempérance, la légèreté du corps, avec la crainte, l'inquiétude, et la timidité; à tous la liberté avec des mœurs constantes.

Ces animaux, que nous appelons sauvages, parce qu'ils ne nous sont pas soumis, ont-ils besoin de plus pour être heureux? Ils ont encore l'égalité; ils ne sont ni les esclaves ni les tyrans de leurs semblables; l'individu n'a pas à craindre, comme l'homme, tout le reste de son espèce; ils ont entre eux la paix, et la guerre ne leur vient que des étrangers ou de nous. Ils ont donc raison de fuir l'espèce humaine, de se dérober à notre aspect, de s'établir dans les solitudes éloignées de nos habitations, de se servir de toutes les ressources de leur instinct pour se mettre en sûreté, et d'employer, pour se soustraire à la puissance de l'homme, tous les moyens de liberté que la nature leur a fournis en même temps qu'elle leur a donné le désir de l'indépendance.

Les uns, et ce sont les plus doux, les plus innocents, les plus tranquilles, se contentent de s'éloigner, et passent leur vie dans nos campagnes; ceux qui sont plus défiants, plus farouches, s'enfoncent dans les bois; d'autres, comme s'ils savaient qu'il n'y a nulle sûreté sur la surface de la terre, se creusent des demeures souterraines, se réfugient dans dés cavernes, ou gagnent les sommets des montagnes les plus inaccessibles; enfin, les plus féroces, ou plutôt les plus fiers, n'habitent que les déserts, et règnent en souverains dans ces climats brûlants où l'homme, aussi sauvage qu'eux, ne peut leur disputer l'empire.

Et comme tout est soumis aux lois physiques, que les êtres, même les plus libres, y sont assujettis, et que les animaux éprouvent, comme l'homme, les influences du ciel et de la terre, il semble que les mêmes causes qui ont adouci, civilisé l'espèce humaine dans nos climats, ont produit de pareils effets sur toutes les autres espèces : le loup, qui dans cette zone tempérée est peut-être de tous les animaux le plus féroce, n'est pas, à beaucoup près, aussi terrible, aussi cruel que le tigre, la panthère, le lion de la zone torride, ou l'ours blanc, le loup-cervier, l'hyène de la zone glacée. Et non-seulement cette différence se trouve en général, comme si la nature, pour mettre plus de rapport et d'harmonie dans ses productions, eût fait le climat pour les espèces, ou les espèces pour le climat, mais même on trouve dans chaque espèce en particulier le climat fait pour les mœurs, et les mœurs pour le climat.

En Amérique, où les chaleurs sont moindres, où l'air et la terre sont plus doux qu'en Afrique, quoique sous la même ligne, le tigre, le lion, la panthère, n'ont rien de redoutable que le nom [1] : ce ne sont plus ces tyrans des forêts, ces ennemis de l'homme aussi fiers qu'intrépides, ces monstres altérés de sang et de carnage ; ce sont des animaux qui fuient d'ordinaire devant les hommes, qui, loin de les attaquer de front, loin même de faire la guerre à force ouverte aux autres bêtes sauvages, n'emploient le plus souvent que l'artifice et la ruse pour tâcher de les surprendre ; ce sont des animaux qu'on peut dompter comme les autres, et presque apprivoiser. Ils ont donc dégénéré, si leur nature était la férocité jointe à la cruauté, ou plutôt ils n'ont qu'éprouvé l'influence du climat : sous un ciel plus doux leur naturel s'est adouci, ce qu'ils avaient d'excessif s'est tempéré, et par les changements qu'ils ont subis, ils sont seulement devenus plus conformes à la terre qu'ils ont habitée.

Les végétaux qui couvrent cette terre, et qui y sont encore attachés de plus près que l'animal qui broute, participent aussi plus que lui à la nature du climat ; chaque pays, chaque degré de température, a ses plantes particulières. On trouve au pied des Alpes celles de France et d'Italie. On trouve à leur sommet celles des pays du Nord ; on retrouve ces mêmes plantes du Nord sur les cimes glacées des montagnes d'Afrique. Sur les monts qui séparent l'empire du Mogol du royaume de Cachemire, on voit du côté du midi toutes les plantes des Indes, et l'on est surpris de ne voir de l'autre côté que des plantes de l'Europe. C'est aussi des climats excessifs que l'on tire les drogues, les parfums, les poisons, et toutes les plantes dont les qualités sont excessives : le climat tempéré ne produit, au contraire, que des choses tempérées ; les herbes les plus douces, les légumes les plus sains, les fruits les plus suaves, les animaux les plus tranquilles, les hommes les plus polis, sont l'apanage de cet

[1] Ces animaux ne se trouvent pas en Amérique. (N. E.)

heureux climat. Ainsi la terre fait les plantes; la terre et les
plantes font les animaux; la terre, les plantes et les animaux
font l'homme : car les qualités des végétaux viennent immédiatement de la terre et de l'air; le tempérament et les autres
qualités relatives des animaux qui paissent l'herbe, tiennent
de près à celles des plantes dont ils se nourrissent; enfin les
qualités physiques de l'homme et des animaux qui vivent sur
les autres animaux autant que sur les plantes, dépendent,
quoique de plus loin, de ces mêmes causes, dont l'influence
s'étend jusque sur leur naturel et sur leurs mœurs. Et ce qui
prouve encore mieux que tout se tempère dans un climat
tempéré, et que tout est excès dans un climat excessif, c'est
que la grandeur et la forme, qui paraissent être des qualités
absolues, fixes et déterminées, dépendent cependant, comme
les qualités relatives, de l'influence du climat. La taille de
nos animaux quadrupèdes n'approche pas de celle de l'éléphant, du rhinocéros, de l'hippopotame; nos plus gros oiseaux sont fort petits, si on les compare à l'autruche, au
condor, au casoar, et quelle comparaison des poissons, des
lézards, des serpents de nos climats, avec les baleines, les
cachalots, les narvals qui peuplent les mers du Nord, et avec
les crocodiles, les grands lézards et les couleuvres énormes
qui infestent les terres et les eaux du Midi! Et si l'on considère encore chaque espèce dans différents climats, on y trouvera des variétés sensibles pour la grandeur et pour la forme;
toutes prennent une teinture plus ou moins forte du climat.
Ces changements ne se font que lentement, imperceptible-
ment : le grand ouvrier de la nature est le temps; comme il
marche toujours d'un pas égal, uniforme et réglé, il ne fait
rien par sauts, mais par degrés, par nuances, par succession;
il fait tout; et ces changements d'abord imperceptibles, deviennent peu à peu sensibles, et se marquent enfin par des
résultats auxquels on ne peut se méprendre.

Cependant les animaux sauvages et libres sont peut-être,
sans même en excepter l'homme, de tous les êtres vivants les
moins sujets aux altérations, aux changements, aux variations de tout genre : comme ils sont absolument les maîtres
de choisir leur nourriture et leur climat, et qu'ils ne se con-

traignent pas plus qu'on ne les contraint, leur nature varie moins que celle des animaux domestiques, que l'on asservit, que l'on transporte, que l'on maltraite, et qu'on nourrit sans consulter leur goût. Les animaux sauvages vivent constamment de la même façon; on ne les voit point errer de climats en climats; le bois où ils sont nés est une patrie à laquelle ils sont fidèlement attachés; ils s'en éloignent rarement, et ne la quittent jamais que lorsqu'ils sentent qu'ils ne peuvent y vivre en sûreté. Et ce sont moins leurs ennemis qu'ils fuient que la présence de l'homme; la nature leur a donné des moyens et des ressources contre les autres animaux; ils sont de pair avec eux; ils connaissent leur force et leur adresse; ils jugent leurs desseins, leurs démarches; et s'ils ne peuvent les éviter, au moins ils se défendent corps à corps; ce sont, en un mot, des espèces de leur genre : mais que peuvent-ils contre des êtres qui savent les trouver sans les voir, et les abattre sans les approcher?

C'est donc l'homme qui les inquiète, qui les écarte, qui les disperse, et qui les rend mille fois plus sauvages qu'ils ne le seraient en effet; car la plupart ne demandent que la tranquillité, la paix, et l'usage aussi modéré qu'innocent de l'air et de la terre; ils sont même portés par la nature à demeurer ensemble, à se réunir en familles, à former des espèces de sociétés. On voit encore des vestiges de ces sociétés dans les pays dont l'homme ne s'est pas totalement emparé; on y voit même des ouvrages faits en commun, des espèces de projets qui, sans être raisonnés, paraissent être fondés sur des convenances raisonnables, dont l'exécution suppose au moins l'accord, l'union et le concours de ceux qui s'en occupent. Et ce n'est point par force ou par nécessité physique, comme les fourmis, les abeilles, etc., que les castors travaillent et bâtissent; car ils ne sont contraints, ni par l'espace, ni par le temps, ni par le nombre; c'est par le choix qu'ils se réunissent; ceux qui se conviennent demeurent ensemble; ceux qui ne se conviennent pas s'éloignent; et l'on en voit quelques-uns qui, toujours rebutés par les autres, sont obligés de vivre solitaires. Ce n'est aussi que dans les pays reculés, éloignés, et où ils craignent peu la rencontre des hommes, qu'ils cherchent à s'établir et à rendre leur demeure plus fixe et plus commode, en y construisant des habitations, des espèces de bourgades, qui représentent assez bien les faibles travaux et les premiers efforts d'une république naissante. Dans les pays, au contraire, où les hommes se sont répandus, la terreur semble habiter avec eux; il n'y a plus de société parmi les animaux; toute industrie cesse, tout art est étouffé, ils ne songent plus à bâtir, ils négligent toute commodité; toujours pressés par la crainte et la nécessité, ils ne cherchent qu'à vivre, ils ne sont occupés qu'à fuir et se cacher; et si, comme on doit le supposer, l'espèce humaine continue dans la suite des temps à peupler également toute la surface de la terre, on pourra dans quelques siècles regarder comme une fable l'histoire de nos castors.

On peut donc dire que les animaux, loin d'aller en augmentant, vont au contraire en diminuant de facultés et de talents; le temps même travaille contre eux : plus l'espèce humaine se multiplie, se perfectionne, plus ils sentent le poids d'un empire aussi terrible qu'absolu, qui, leur laissant à peine leur existence individuelle, leur ôte tout moyen de liberté, toute idée de société, et détruit jusqu'au germe de leur intelligence. Ce qu'ils sont devenus, ce qu'ils deviendront encore, n'indique peut-être pas assez ce qu'ils ont été, ni ce qu'ils pourraient être. Qui sait, si l'espèce humaine était anéantie, auquel d'entre eux appartiendrait le sceptre de la terre?

LE CERF.

—

OICI un de ces animaux innocents, doux et tranquilles, qui ne semblent être faits que pour embellir,
animer la solitude des forêts, et occuper loin de nous
les retraites paisibles de ces jardins de la nature. Sa
forme élégante et légère, sa taille aussi svelte que bien prise,
ses membres flexibles et nerveux, sa tête parée plutôt qu'armée d'un bois vivant, et qui, comme la cime des arbres, tous
les ans se renouvelle; sa grandeur, sa légèreté, sa force, le
distinguent assez des autres habitants des bois; et, comme il
est le plus noble d'entre eux, il ne sert aussi qu'aux plaisirs
des plus nobles des hommes; il a dans tous les temps occupé
le loisir des héros. L'exercice de la chasse doit succéder aux
travaux de la guerre, il doit même les précéder; savoir ma-
nier les chevaux et les armes sont des talents communs au
chasseur, au guerrier. L'habitude au mouvement, à la fatigue,
l'adresse, la légèreté du corps, si nécessaires pour soutenir et
même pour seconder le courage, se prennent à la chasse, et se
portent à la guerre; c'est l'école agréable d'un art nécessaire;
c'est encore le seul amusement qui fasse diversion entière aux
affaires, le seul délassement sans mollesse, le seul qui donne
un plaisir vif sans langueur, sans mélange et sans satiété.

Que peuvent faire de mieux les hommes qui, par état, sont
sans cesse fatigués de la présence des autres hommes? Toujours environnés, obsédés et gênés, pour ainsi dire, par le
nombre; toujours en butte à leurs demandes, à leurs empres-
sements; forcés de s'occuper de soins étrangers et d'affaires:
agités par de grands intérêts, et d'autant plus contraints
qu'ils sont plus élevés, les grands ne sentiraient que le poids
de la grandeur, et n'existeraient que pour les autres, s'ils ne

se dérobaient par instants à la foule même des flatteurs. Pour
jouir de soi-même, pour rappeler dans l'âme les affections
personnelles, les désirs secrets, ces sentiments intimes, mille
fois plus précieux que les idées de la grandeur, ils ont besoin
de solitude : et quelle solitude plus variée, plus animée, que
celle de la chasse? quel exercice plus sain pour le corps? quel
repos plus agréable pour l'esprit?

Il serait aussi pénible de toujours représenter que de toujours méditer. L'homme n'est pas fait par la nature pour la
contemplation des choses abstraites; et de même que s'occuper sans relâche d'études difficiles, d'affaires épineuses, mener une vie sédentaire et faire de son cabinet le centre de
son existence, est un état peu naturel, il semble que celui
d'une vie tumultueuse, agitée, entraînée, pour ainsi dire,
par le mouvement des autres hommes, et où l'on est obligé
de s'observer, de se contraindre et de représenter continuellement à leurs yeux, est une situation encore plus forcée.
Quelque idée que nous voulions avoir de nous-mêmes, il est
aisé de sentir que représenter n'est pas être, et aussi que
nous sommes moins faits pour penser que pour agir; pour
raisonner que pour jouir : nos vrais plaisirs consistent dans
le libre usage de nous-mêmes; nos vrais biens sont ceux de
la nature; c'est le ciel, c'est la terre, ce sont ces campagnes,
ces plaines, ces forêts, dont elle nous offre la jouissance
utile, inépuisable. Aussi le goût de la chasse, de la pêche,
des jardins, de l'agriculture, est un goût naturel à tous les
hommes; et dans les sociétés plus simples que la nôtre, il
n'y a guère que deux ordres, tous deux relatifs à ce genre de
vie : les nobles, dont le métier est la chasse et les armes;
et les hommes en sous-ordre, qui ne sont occupés qu'à la culture de la terre.

Et comme dans les sociétés policées on agrandit, on perfectionne tout; pour rendre le plaisir de la chasse plus vif et
plus piquant, pour ennoblir encore cet exercice, le plus noble
de tous, on en a fait un art. La chasse du cerf demande des
connaissances qu'on ne peut acquérir que par l'expérience;
elle suppose un appareil royal, des hommes, des chevaux,
des chiens, tous exercés, stylés, dressés, qui, par leurs

mouvements, leurs recherches et leur intelligence, doivent aussi concourir au même but. Le veneur doit juger l'âge et le sexe; il doit savoir distinguer et reconnaître précisément si le cerf qu'il a détourné avec son limier est un daguet, un jeune cerf, un cerf de dix cors jeunement, un cerf de dix cors, ou un vieux cerf; et les principaux indices qui peuvent donner cette connaissance sont le pied et les fumées. Le pied du cerf est mieux fait que celui de la biche; sa jambe est plus grosse et plus près du talon; ses voies sont mieux tournées, et ses allures plus grandes; il marche plus régulièrement; il porte le pied de derrière dans celui de devant; au lieu que la biche a le pied plus mal fait, les allures plus courtes, et ne pose pas régulièrement le pied de derrière dans la trace de celui de devant. Dès que le cerf est à sa quatrième tête, il est assez reconnaissable pour ne pas s'y méprendre : mais il faut de l'habitude pour distinguer le pied du jeune cerf de celui de la biche, et pour être sûr, on doit y regarder de près et en revoir souvent. Les cerfs de dix cors jeunement, de dix cors, etc., sont encore plus aisés à reconnaître : ils ont le pied de devant beaucoup plus gros que celui de derrière; et plus ils sont vieux, plus les côtés des pieds sont gros et usés : ce qui se juge aisément par les allures, qui sont aussi régulières que celles des jeunes cerfs, le pied de derrière posant toujours assez exactement sur le pied de devant, à moins qu'ils n'aient mis bas leurs têtes; car alors les vieux cerfs se méjugent presque autant que les jeunes, mais d'une manière différente, et avec une sorte de régularité que n'ont ni les jeunes cerfs, ni les biches; ils posent le pied de derrière à côté de celui de devant, et jamais au delà ni en deçà.

Lorsque le veneur, dans les sécheresses de l'été, ne peut juger par le pied, il est obligé de suivre le contre-pied de la bête pour tâcher de trouver les fumées et de la reconnaître par cet indice, qui demande autant et peut-être plus d'habitude que la connaissance du pied : sans cela, il ne lui serait pas possible de faire un rapport juste à l'assemblée des chasseurs. Et lorsque, sur ce rapport, l'on aura conduit les chiens à ses brisées, il doit encore savoir animer son limier et le faire appuyer sur les voies jusqu'à ce que le cerf soit lancé : dans cet instant, celui qui laisse courre sonne pour faire découpler les chiens; et dès qu'ils le sont, il doit les appuyer de la voix et de la trompe; il doit aussi être connaisseur et bien remarquer le pied de son cerf, afin de le reconnaître dans le change, ou dans le cas qu'il soit accompagné. Il arrive souvent alors que les chiens se séparent et font deux chasses : les piqueurs doivent se séparer aussi et rompre les chiens qui se sont fourvoyés, pour les ramener et les rallier à ceux qui chassent le cerf de meute. Le piqueur doit bien accompagner ses chiens, toujours les animer sans trop les presser, les aider sur le change, sur un retour, et, pour ne se pas méprendre, tâcher de revoir du cerf aussi souvent qu'il est possible; car il ne manque jamais de faire des ruses : il passe et repasse souvent deux ou trois fois sur sa voie, il cherche à se faire accompagner d'autres bêtes pour donner le change; et alors il perce et s'éloigne tout de suite, ou bien il se jette à l'écart, se cache et reste sur le ventre. Dans ce cas, lorsqu'on est en défaut, on prend les devants, on retourne sur les derrières; les piqueurs et les chiens travaillent de concert : si l'on ne retrouve pas la voie du cerf, on juge qu'il est resté dans l'enceinte dont on vient de faire le tour, on la foule de nouveau; et lorsque le cerf ne s'y trouve pas, il ne reste d'autre moyen que d'imaginer la refuite qu'il peut avoir faite, vu le pays où l'on est, et d'aller l'y chercher. Dès qu'on sera retombé sur les voies et que les chiens auront relevé le défaut, ils chasseront avec plus d'avantage, parce qu'ils sentent bien que le cerf est déjà fatigué; leur ardeur augmente à mesure qu'il s'affaiblit; et leur sentiment est d'autant plus distinct et plus vif que le cerf est plus échauffé : aussi redoublent-ils de jambes et de voix; et quoiqu'il fasse alors plus de ruses que jamais, comme il ne peut plus courir aussi vite, ni par conséquent s'éloigner beaucoup des chiens, ses ruses et ses détours sont inutiles; il n'a d'autre ressource que de fuir la terre qui le trahit et de se jeter à l'eau pour dérober son sentiment aux chiens. Les piqueurs traversent ces eaux, ou bien ils tournent autour, et remettent ensuite les chiens sur la voie du cerf, qui ne peut aller loin dès qu'il a battu l'eau, et qui bientôt est aux abois, où il tâche encore de défendre sa vie, et blesse souvent de coups d'andouillers les chiens et même les chevaux des chasseurs trop ardents, jusqu'à ce que l'un d'entre eux lui coupe le jarret pour le faire tomber, et l'achève ensuite en lui donnant un coup de couteau au défaut de l'épaule. On célèbre en même temps la mort du cerf par des fanfares, on le laisse fouler aux chiens, et on les fait jouir pleinement de leur victoire en leur faisant curée.

Toutes les saisons, tous les temps ne sont pas également bons pour courre le cerf; au printemps, lorsque les feuilles naissantes commencent à parer les forêts, que la terre se couvre d'herbes nouvelles et s'émaille de fleurs, leur parfum rend moins sûr le sentiment des chiens, et comme le cerf est alors dans sa plus grande vigueur, pour peu qu'il ait d'avance, ils ont beaucoup de peine à le joindre. Aussi les chasseurs conviennent-ils que cette saison est celle de toutes où la chasse est la plus difficile, et que dans ces temps les chiens quittent souvent un cerf mal mené, pour tourner à une biche qui bondit devant eux; et de même, au commencement de l'automne, les limiers quêtent sans ardeur : peut-être aussi tous les cerfs ont-ils, dans ce temps, à peu près la même odeur. En hiver, pendant la neige, on ne peut pas courre le cerf; les limiers n'ont pas de sentiment et semblent suivre les voies plutôt à l'œil qu'à l'odorat. Dans cette saison, comme les cerfs ne trouvent pas à viander dans les forts, ils en sortent, vont et viennent dans les pays plus découverts, dans les petits taillis, et même dans les terres ensemencées : ils se mettent en hardes dès le mois de décembre; et, pendant les grands froids, ils cherchent à se mettre à l'abri des côtes ou des endroits bien fourrés, où ils se tiennent serrés les uns contre les autres et se réchauffent de leur haleine. A la fin de l'hiver, ils gagnent le bord des forêts et sortent dans les blés. Au printemps, ils mettent bas; la tête se détache d'elle-même ou par un petit effort qu'ils font en s'accrochant à quelque branche : il est rare que les deux côtés tombent précisément en même temps, et souvent il y a un jour ou deux d'intervalle entre la chute de chacun des côtés de la tête. Les vieux cerfs sont ceux qui mettent bas les premiers, vers la fin de février ou au com-

mencement de mars ; les cerfs de dix cors ne mettent bas
que vers le milieu ou la fin de mars ; ceux de dix cors jeunement, dans le mois d'avril ; les jeunes cerfs au commencement, et les daguets vers le milieu et la fin de mai : mais
il y a sur tout cela beaucoup de variétés, et l'on voit quelquefois de vieux cerfs mettre bas plus tard que d'autres qui
sont plus jeunes. Au reste, la mue de la tête des cerfs avance
lorsque l'hiver est doux, et retarde lorsqu'il est rude et de
longue durée.

Dès que les cerfs ont mis bas, ils se séparent les uns des
autres, et il n'y a plus que les jeunes qui demeurent ensemble.
Ils ne se tiennent pas dans les forts ; mais ils gagnent les
beaux pays, les buissons, les taillis clairs, où ils demeurent
tout l'été, pour y refaire leur tête ; et, dans cette saison, ils
marchent la tête basse, crainte de la froisser contre les branches ; car elle est sensible tant qu'elle n'a pas pris son entier
accroissement. La tête des plus vieux cerfs n'est encore qu'à
moitié refaite vers le milieu du mois de mai, et n'est tout à
fait allongée et endurcie que vers la fin de juillet. Celle des
plus jeunes cerfs, tombant plus tard, repousse et se refait
aussi plus tard ; mais dès qu'elle est entièrement allongée et
qu'elle a pris de la solidité, les cerfs la frottent contre les
arbres pour la dépouiller de la peau dont elle est revêtue ; et,
comme ils continuent à la frotter pendant plusieurs jours de
suite, on prétend qu'elle se teint de la couleur de la sève du
bois auquel ils touchent ; qu'elle devient rousse contre les
hêtres et les bouleaux, brune contre les chênes, et noirâtre
contre les charmes et les trembles. On dit aussi que les têtes
des jeunes cerfs, qui sont lisses et peu perlées, ne se teignent
pas à beaucoup près autant que celles des vieux cerfs, dont les
perlures sont fort près les unes des autres, parce que ce sont
ces perlures qui retiennent la sève qui colore le bois ; mais je
ne puis me persuader que ce soit là la vraie cause de cet effet,
ayant eu des cerfs privés enfermés dans des enclos où il n'y
avait aucun arbre, où par conséquent ils n'avaient pu toucher
au bois, desquels cependant la tête était colorée comme celle
de tous les autres.

Les biches ont grand soin de dérober leur faon à la poursuite des chiens; elles se présentent et se font chasser elles-mêmes pour les éloigner, après quoi elles viennent le rejoindre. Le faon ne porte ce nom que jusqu'à six mois environ; alors les bosses commencent à paraître, et il prend le nom de hère, jusqu'à ce que ces bosses, allongées en dagues, lui fassent prendre le nom de daguet. Il ne quitte pas sa mère dans les premiers temps, quoiqu'il prenne un assez prompt accroissement; il la suit pendant tout l'été. En hiver, les biches, les hères, les daguets et les jeunes cerfs se rassemblent en hardes et forment des troupes d'autant plus nombreuses que la saison est plus rigoureuse. Au printemps, ils se divisent; les biches se recèlent, et dans ce temps il n'y a guère que les daguets et les jeunes cerfs qui aillent ensemble. En général, les cerfs sont portés à demeurer les uns avec les autres, à marcher de compagnie, et ce n'est que la crainte ou la nécessité qui les disperse ou les sépare.

La production du bois vient uniquement de la surabondance de la nourriture; on le voit par la différence qui se trouve entre les têtes des cerfs de même âge, dont les unes sont très-grosses, très-fournies, et les autres grêles et menues, ce qui dépend absolument de la quantité de la nourriture : car un cerf qui habite un pays abondant, où il viande à son aise, où, après avoir repu tranquillement, il peut ensuite ruminer en repos, aura toujours la tête belle, haute, bien ouverte, l'empaumure large et bien garnie, le merrain gros et bien perlé, avec grand nombre d'andouillers forts et longs; au lieu que celui qui se trouve dans un pays où il n'a ni repos ni nourriture suffisante n'aura qu'une tête mal nourrie, dont l'empaumure sera serrée, le merrain grêle et les andouillers menus et en petit nombre; en sorte qu'il est toujours aisé de juger par la tête d'un cerf s'il habite un pays abondant et tranquille, et s'il a été bien ou mal nourri. Ceux qui se portent mal, qui ont été blessés, ou seulement qui ont été inquiétés et courus, prennent rarement une belle tête et une bonne venaison; il leur a fallu plus de temps pour refaire leur tête, et ils ne la mettent bas qu'après les autres. Ainsi tout concourt à faire voir que ce bois n'est que le superflu, rendu sensible, de la nourriture organique, qui ne peut être employée tout entière au développement, à l'accroissement ou à l'entretien du corps de l'animal.

La disette retarde donc l'accroissement du bois, et en diminue le volume très-considérablement; peut-être même ne serait-il pas impossible, en retranchant beaucoup la nourriture, de supprimer en entier cette production, et ce qui fait que dans cette espèce, aussi bien que dans celles du daim, du chevreuil et de l'élan, les femelles n'ont point de bois, c'est qu'elles mangent moins que les mâles. Et l'exception que peut faire ici la femelle du renne, qui porte un bois comme le mâle, est plus favorable que contraire à cette explication; car de tous les animaux qui portent un bois, le renne est celui qui, proportionnellement à sa taille, l'a d'un plus gros et d'un plus grand volume, puisqu'il s'étend en avant et en arrière, souvent tout le long de son corps : c'est aussi de tous celui qui se charge le plus abondamment de venaison, et d'ailleurs le bois que portent les femelles est fort petit en comparaison de celui des mâles. Cet exemple prouve donc seulement que quand la surabondance est si grande, elle se répand au dehors, et forme dans la femelle, comme dans le mâle, une production semblable, un bois qui est d'un plus petit volume, parce que cette surabondance est aussi en moindre quantité.

Ce que je dis ici de la nourriture ne doit pas s'entendre de la masse ni du volume des aliments, mais uniquement de la quantité des molécules organiques que contiennent ces aliments : c'est cette seule matière qui est vivante, active et productrice; le reste n'est qu'un marc qui peut être plus ou moins abondant sans rien changer à l'animal. Et comme le lichen, qui est la nourriture ordinaire du renne, est un aliment plus substantiel que les feuilles, les écorces ou les boutons des arbres dont le cerf se nourrit, il n'est pas étonnant qu'il y ait plus de surabondance de cette nourriture organique, et par conséquent plus de bois et plus de venaison dans le renne que dans le cerf. Cependant il faut convenir que la matière organique qui forme le bois dans ces espèces d'animaux n'est pas parfaitement dépouillée des parties brutes auxquelles elle était jointe, et qu'elle conserve encore, après avoir passé par le corps de l'animal, des caractères de son premier état dans le végétal. Le bois du cerf pousse, croît et se compose comme le bois d'un arbre; sa substance est peut-être moins osseuse que ligneuse[1]; c'est pour ainsi dire un végétal greffé sur un animal, et qui participe de la nature des deux, et forme une de ces nuances auxquelles la nature aboutit toujours dans les extrêmes, et dont elle se sert pour rapprocher les choses les plus éloignées.

Dans l'animal, comme nous l'avons dit, les os croissent par les deux extrémités à la fois : le point d'appui, contre lequel s'exerce la puissance de leur extension en longueur est dans le milieu de la longueur de l'os : cette partie du milieu est aussi la première formée, la première ossifiée; et les deux extrémités vont toujours en s'éloignant de la partie du milieu, et restent molles jusqu'à ce que l'os ait pris son entier accroissement dans cette dimension. Dans le végétal, au contraire, le bois ne croît que par une seule de ses extrémités ; le bouton qui se développe, et qui doit former la branche, est attaché au vieux bois par l'extrémité inférieure ; et c'est sur ce point d'appui que s'exerce la puissance de son extension en longueur. Cette différence si marquée entre la végétation des os des animaux et des parties solides des végétaux ne se trouve point dans le bois qui croît sur la tête des cerfs ; au contraire, rien n'est plus semblable à l'accroissement du bois d'un arbre. Le bois du cerf ne s'étend que par une de ses extrémités, l'autre lui sert de point d'appui ; il est d'abord tendre comme l'herbe et se durcit ensuite comme le bois : la peau, qui s'étend et qui croît avec lui, est son écorce, et il s'en dépouille quand il a pris son entier accroissement ; tant qu'il croît, l'extrémité supérieure demeure toujours molle. Il se divise aussi en plusieurs rameaux ; le merrain est l'arbre, les andouillers en sont les branches. En un mot, tout est semblable, tout est conforme dans le développement et dans l'accroissement de l'un et de l'autre, et dès lors les molécules organiques, qui constituent la substance vivante du bois du

---

[1] Il n'est pas douteux que cette substance soit osseuse et non ligneuse (N. E.)